辽宁省“双高建设”立体化教材
全国船舶工业职业教育教学指导委员会特色教材

液压与气动技术项目化教程

主　编　姜昊宇
副主编　陆显峰

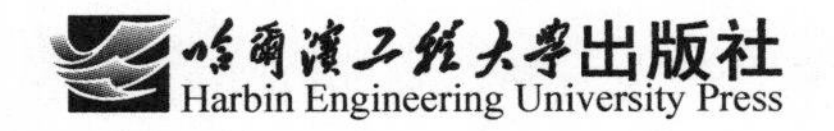
哈爾濱工程大學出版社
Harbin Engineering University Press

内容简介

本书以液压传动为主，气压传动为辅，共分为十一个项目，主要包括：液压传动系统的认知，液压动力元件、执行元件、辅助元件的选用，方向控制阀、压力控制阀、流量控制阀及其回路的构建，典型液压系统举例、气压传动系统的认知、气动阀及其回路的构建，典型气动系统举例等。具有知识结构清晰，内容简单易懂，教学资源丰富的特点。项目后附有思考题，附录列出常用液压与气动元件图形符号。

本书可作为高职高专院校机械类和近机械类专业的教材，也可作为应用型本科、开放大学、成人教育、自学考试、中职学校和技工培训班教材，以及流体传动与控制工程技术人员的参考书。

图书在版编目(CIP)数据

液压与气动技术项目化教程/姜昊宇主编. —哈尔滨：哈尔滨工程大学出版社，2021.4

ISBN 978-7-5661-2903-1

Ⅰ.①液… Ⅱ.①姜… Ⅲ.①液压传动-高等职业教育-教材②气压传动-高等职业教育-教材 Ⅳ.①TH137②TH138

中国版本图书馆CIP数据核字(2021)第054465号

液压与气动技术项目化教程

YEYA YU QIDONG JISHU XIANGMUHUA JIAOCHENG

选题策划 史大伟 薛 力

责任编辑 唐欢欢

封面设计 李海波

出版发行 哈尔滨工程大学出版社

社　　址 哈尔滨市南岗区南通大街145号

邮政编码 150001

发行电话 0451-82519328

传　　真 0451-82519699

经　　销 新华书店

印　　刷 哈尔滨市石桥印务有限公司

开　　本 787 mm×1 092 mm 1/16

印　　张 16

字　　数 412千字

版　　次 2021年4月第1版

印　　次 2021年4月第1次印刷

定　　价 49.00元

http://www.hrbeupress.com

E-mail:heupress@hrbeu.edu.cn

前　言

随着国民经济的不断发展，生产领域的自动化程度不断提高，液压与气压传动技术的应用日益广泛。为满足液压与气动相关领域工作岗位对技术应用型人才的需求，编者总结多年的教学经验，吸取同类教材的编写特点，整理本课程领域内的应用实例，为高职高专机械类及相关专业，精心编写了本教材。

本书以实用为目标，注重培养学生理论联系实际的能力，突出职业素养和技能培养。全书层次清晰、内容丰富，在介绍理论知识的同时，强调实践操作，加强分析、解决实际问题的能力和工程应用素质的发展。理论知识力求简单明了，实践操作力求标准规范，将学科知识与企业生产实际相结合，以任务为驱动介绍液压与气压传动的基本知识和应用。

本书设置十一个学习项目，每个项目根据内容需要，选取典型生产实例作为工作任务，各任务按照任务引入、任务分析、相关知识、任务实施、知识拓展的模式组织内容。项目后附有思考题，附录中摘录了流体传动系统及元件图形符号和回路图的最新国家标准(《GB/T786.1—2009》)供读者参阅。

本书打破传统教材形式单一的知识呈现方式，根据知识的特点，灵活运用图片、动画、实操视频、讲解视频等方式呈现内容，图文并茂、形象直观，既便于教师进行日常信息化教学，又有效提升了学生的自主学习能力和探究、解决问题的能力。

本书由姜昊宇任主编，陆显峰任副主编，杜世法、孙立、郝春玲参与编写，张丽华任主审。姜昊宇编写项目一、二、三、五和附录，陆显峰编写项目四、六，杜世法编写项目七、八，孙立编写项目九、十，郝春玲编写项目十一，姜昊宇负责全书内容的组织和统稿。

本书在编写过程中，参阅了同类著作和文献资料，得到许多同行的关心和帮助，多家企业的技术人员提供了宝贵的资料和建议，在此一并表示感谢。

鉴于编者学识及经验有限，书中难免有疏漏之处，敬请广大读者批评指正。

编　者
2019 年 3 月

目　　录

项目一　液压传动系统的认知 …… 1

任务 1　认识液压传动系统 …… 1

任务 2　分析磨床工作台液压传动系统 …… 5

项目二　液压动力元件的选用 …… 11

任务 1　认识液压动力元件 …… 11

任务 2　齿轮泵的认知与拆装 …… 14

任务 3　叶片泵的认知与拆装 …… 22

任务 4　柱塞泵的认知与拆装 …… 30

任务 5　液压泵的选用 …… 38

项目三　液压执行元件的选用 …… 42

任务 1　液压缸的选用 …… 42

任务 2　液压缸的拆装与检修 …… 50

任务 3　液压马达的选用 …… 60

项目四　液压辅助元件的选用与安装 …… 69

任务 1　蓄能器的选用与安装 …… 69

任务 2　油箱的结构与安装 …… 74

任务 3　过滤器的选用与安装 …… 78

任务 4　管件的选择与拆接 …… 84

项目五　方向控制阀及其回路的构建 …… 88

任务 1　认识方向控制阀 …… 88

任务 2　工件推送装置液压回路的构建 …… 103

任务 3　汽车起重机支腿锁紧回路的构建 …… 109

项目六　压力控制阀及其回路的构建 …… 114

任务 1　认识压力控制阀 …… 114

任务 2　塔吊顶升液压回路的构建 …… 124

任务 3　数控车床卡盘夹紧回路的构建 …… 129

任务 4　起升机构液压平衡回路的构建 …… 134

任务 5　压力机自动补油保压回路的构建 …… 139

项目七　流量控制阀及其回路的构建 …… 145
任务1　认识流量控制阀 …… 145
任务2　带锯床锯条进给回路的构建 …… 150
任务3　钻床钻削进给回路的构建 …… 163
项目八　典型液压系统举例 …… 170
任务1　组合机床动力滑台系统的分析、安装与调试 …… 170
任务2　注塑机液压系统的分析、保养与维护 …… 175
任务3　数控车床液压系统的故障分析与排除 …… 180
项目九　气压传动系统的认知 …… 189
任务1　认识气压传动系统 …… 189
任务2　气源装置及其附件的选用 …… 193
任务3　气动执行元件 …… 201
项目十　气动控制阀及其回路的构建 …… 211
任务1　剪切装置气动控制回路的构建 …… 211
任务2　气动压床压力控制回路的构建 …… 221
任务3　剪板机气动控制回路的构建 …… 227
项目十一　典型气动系统举例 …… 233
任务1　气动夹紧控制系统的分析、装调与维护 …… 233
任务2　数控加工中心气动换刀系统的故障分析与排除 …… 236
附录　液压及气动常用图形符号 …… 244
参考文献 …… 250

项目一　液压传动系统的认知

任务1　认识液压传动系统

【任务引入】

千斤顶是一种起重高度较低(低于1 m)的简单起重设备,主要用于厂矿、交通运输等部门作为车辆修理及其他起重、支撑等工作。其结构轻巧坚固、灵活可靠,一人即可携带和操作。千斤顶有机械千斤顶和液压千斤顶等类型,如图1-1所示为车用立式液压千斤顶外形,它是依靠液压传动系统来传递动力,完成对重物的举升。请分组操作液压千斤顶并分析其工作原理。

1—大活塞;2—千斤顶主体;3—截止阀;4—手柄套管;5—小活塞;6—手柄。

图1-1　液压千斤顶外形图

液压千斤顶

【任务分析】

液压传动所基于的最基本的原理是帕斯卡定律,不可压缩静止流体中任一点受外力产生压力增值后,此压力增值瞬时传至静止流体各点。人们经常见到的液压千斤顶就是利用了这个原理来达到力的传递。

【相关知识】

一、液压传动系统的工作原理

图1-2是液压千斤顶的工作原理图。工作时关闭截止阀11,当提起杠杆手柄1使小活塞3向上移动时,小活塞下端油腔容积增大,形成局部真空;此时,油箱12中的油液会在大气压力的作用下,经吸油管5顶开单向阀4进入小液压缸2的下腔;用力压下手柄,小活塞下移,小液压缸下腔压力升高,单向阀4关闭,小液压缸下腔的油液经管道6顶开单向阀

7,进入大液压缸 9 的下腔,迫使大活塞 8 向上移动,顶起重物。

再次提起手柄 1 吸油时,单向阀 7 自动关闭,使大液压缸中的油液不能倒流,从而保证了重物不会自行下落。反复上下扳动杠杆手柄,则液压油会不断地被吸入小液压缸,再补充进入大液压缸,重物就会慢慢升起。

打开截止阀 11,大液压缸下腔的油液在重力的作用下通过管道 10、截止阀 11 排流回油箱,重物随大活塞一起向下移动并落回原位。

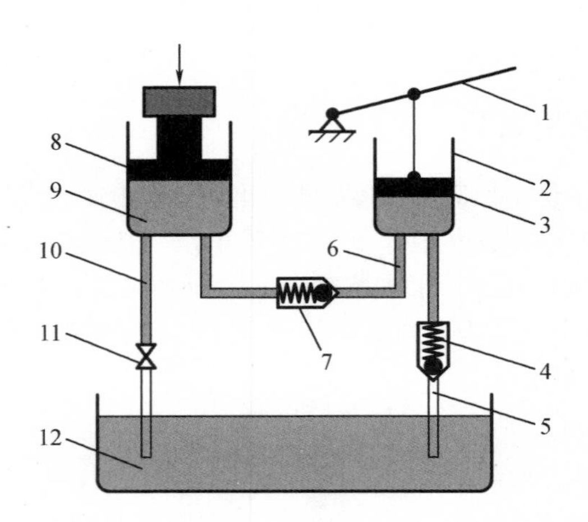

1—杠杆手柄;2—小液压缸;3—小活塞;4,7—单向阀;5—吸油管;
6,10—管道;8—大活塞;9—大液压缸;11—截止阀;12—油箱。

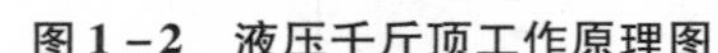

图 1－2　液压千斤顶工作原理图

液压千斤顶的工作原理

通过对液压千斤顶工作过程的分析,可以初步了解到液压传动的基本工作原理。压下杠杆手柄时,小液压缸 2 输出压力油将机械能转换成油液的压力能,压力油经过管道 6 及单向阀 7 推动大活塞 8 举起重物,将油液的压力能又转换成机械能。大活塞 8 举升的速度取决于单位时间内流入大液压缸 9 中压力油的多少。

由上述分析可知,液压传动是以液体为工作介质,利用流体的压力能来传递运动和动力的一种传动方式。通过驱动装置将原动机的机械能转换为液压的压力能,然后通过管路、液压控制及调节装置等,借助执行装置将液体的压力能转换为机械能,驱动负载实现直线或回转运动。

二、液压传动系统的特点

1. 液压传动的优点

与其他传动方式(如机械传动、电力传动、气压传动)相比,液压传动具有以下优点。

(1)传动平稳。在液压传动装置中,由于油液的压缩量非常小,在通常压力下可以认为不可压缩,依靠油液的连续流动进行传动。由于油液有吸振能力,在油路中还可以设置液压缓冲装置,故不像机械机构因加工和装配误差而引起振动和撞击,从而使传动十分平稳,便于实现频繁的换向。因此,它广泛地应用于要求传动平稳的机械上。

(2)质量轻、体积小。在输出同样功率的条件下,液压传动的体积更小、质量更轻,因此惯性小、动作灵敏,这对液压仿形、液压自动控制和要求减轻质量的机器非常重要。

(3)承载能力大。液压传动易于获得很大的力和转矩,因此广泛用于压制机、隧道掘进机、万吨轮船操舵机和万吨水压机、集装箱龙门吊等。

(4)容易实现无级调速。在液压传动中，调节液体的流量即可实现无级调速，并且调速范围很大。

(5)易于实现过载保护。液压系统中采取了很多安全保护措施，能够自动防止过载，避免发生事故。

(6)液压元件能够自动润滑。由于采用液压油作为工作介质，使液压传动装置能自动润滑，因此元件的使用寿命较长。

(7)容易实现复杂的动作。采用液压传动能获得各种复杂的机械动作，如仿形车床的液压仿形刀架、数控铣床的液压工作台，可加工出不规则形状的零件。

(8)简化结构。采用液压传动可大大地简化机械结构，从而减少了机械零部件数目。

(9)便于实现自动化。在液压系统中，液体的压力、流量和方向是非常容易控制的，再加上电气装置的配合，很容易实现复杂的自动工作循环。目前，液压传动在要求比较高的组合机床和自动线上应用很普遍。

2. 液压传动的缺点

(1)工作过程中常有较多的能量损失(如摩擦损失、泄漏损失等)、漏油等因素影响到液压运动的平稳性和正确性，不能保证严格的传动比，且不宜远距离传动。

(2)液压传动对油温的变化比较敏感，工作稳定性容易受温度的影响，不宜在温度变化大的环境下工作。

(3)为了减少泄漏及性能上的要求，液压元件的配合件制造精度较高，加工工艺较为复杂，造价较高，对工作介质的污染比较敏感。

(4)液压传动发生故障不易检查和排除，因此对维修人员的要求很高，需要系统地掌握液压传动知识并有一定的实践经验。

(5)随着工作过程要求高压、高速、高效率和大流量，液压元件和系统的噪声增大，泄漏增多，容易造成环境污染。

【任务实施】

一、任务说明

车用立式液压千斤顶实物如图 1－1 所示，学生通过分组练习来操作液压千斤顶，掌握液压千斤顶的使用方法和结构原理。

二、操作步骤

(1)用手柄的开槽端顺时针方向旋紧放油阀；

(2)使用前估计起重物体的质量，切忌超载使用，选择着力点，正确放置于起升部位下方；

(3)将千斤顶手柄插入手柄套管中，上下摇动手柄使活塞杆平稳上升，起升重物至理想高度；

(4)卸下手柄，缓慢地逆时针方向转动手柄，放松放油阀。有载荷时，手柄转动不能太快，且放油阀松开一圈为宜。

三、注意事项

(1)操作时,基础应稳固牢靠;
(2)载荷应与千斤顶轴线一致;
(3)液压千斤顶不能倒置使用。

【知识拓展】

液压传动技术的发展与应用

从公元前200多年到17世纪初,包括希腊人发明的螺旋提水工具和中国出现的水枪等,可以说是液压技术最古老的应用。1795年,英国制造了世界上第一台水压机,距今已有200多年的历史。但直到20世纪30年代,水压机才较普遍地用于起重机、机床及工程机械。第二次世界大战期间,由于军事上的需要,出现了以电液伺服系统为代表的响应快、精度高的液压元件和控制系统,从而使液压技术得到了迅猛发展。

20世纪50年代,随着世界各国经济的恢复和发展以及生产过程自动化的不断增长,液压技术很快转入民用工业,在机械制造、起重运输机械及各类施工机械、船舶、航空等领域得到了广泛的应用和发展。

20世纪60年代以来,随着原子能、航空航天技术、微电子技术的发展,液压技术在更深、更广阔的领域得到了发展,60年代出现了板式、叠加式液压阀系列,发明了以比例电磁铁为电气－机械转换器的电液比例控制阀,并将其广泛用于工业控制中,提高了电液控制系统的抗污染能力和性价比。

当前液压技术正向高效率、高精度、高性能的方向迈进,液压元件正向着体积小、质量轻、微型化和集成化方向发展,静压技术、交流液压等新兴液压技术正在开拓。同时,新型液压元件和液压系统的计算机辅助设计(CAD)、计算机辅助测试(CAT)、计算机直接控制(CDC)、机电一体化技术、可靠性技术等方面也是液压传动及控制技术发展和研究的方向。

液压技术渗透在各个工业领域中,与我们的日常生活关系密切,其典型应用领域见表1－1。

表1－1　液压传动技术的典型应用领域

类别	典型应用举例
一般工业	塑料加工机械(注塑机)、压力机械(锻压机)、重型机械(废钢压块机)、机床(全自动六角车床、平面磨床)等
行走机械	工程机械(挖掘机)、起重机械(汽车吊)、建筑机械(打桩机)、农业机械(联合收割机)、汽车(转向器、减震器)等
钢铁工业	冶金机械(轧钢机)、提升装置(升降机)、轧辊调整装置等
土木工程	防洪闸门及堤坝装置(浪潮防护挡板)、河床升降装置、桥梁操纵机构和矿山机械(凿岩机)等
发电厂	液压系统涡轮机(调速装置)等

表 1-1(续)

类别	典型应用举例
特殊技术	巨型天线控制装置、测量浮标、飞机起落架的收放装置及方向舵控制装置、升降旋转舞台等
船舶及海洋	甲板起重机械(绞车)、船头门、舱壁阀、船尾推进器、石油钻探平台等
军事工业	火炮操纵装置、舰船减摇装置、坦克火炮控制系统、飞行器仿真等
智能机械	折臂式小汽车装卸器、数字式体育锻炼机、工业机械手等

任务 2 分析磨床工作台液压传动系统

【任务引入】

磨床是以砂轮的周边磨削工件的平面和复杂成形面的精加工机床,其磨削力及变化量不大,外形如图 1-3 所示。磨床上工作台的运动是一种连续往复直线运动,它对速度变化、运动平稳性、换向精度、换向频率都有较高的要求,因此,磨床广泛采用了液压传动。图 1-4 为用半结构式图形绘出的某磨床工作台液压传动系统图,认真观察其液压系统的结构组成,试分析控制工作台移动方向、速度和动力的分别是哪种液压元件,分别用什么符号表示? 并完成【任务实施】的内容。

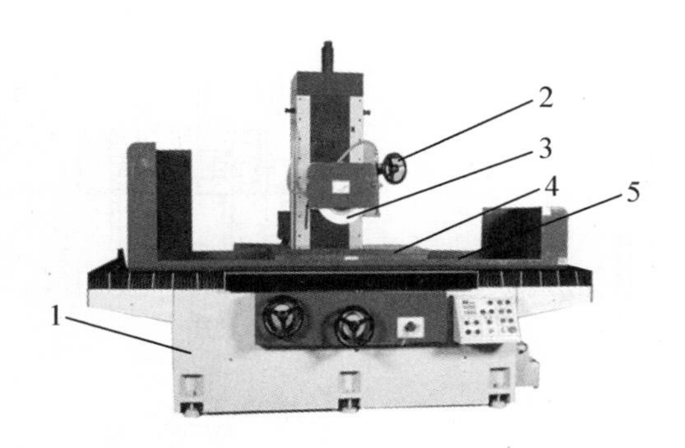

1—床身;2—手轮;3—砂轮;4—电磁吸盘;5—工作台。

图 1-3 磨床外形图

视频演示

【相关知识】

图 1-4 是磨床工作台液压传动系充工作原理图,电动机(图中未画出)带动液压泵 4 的主轴旋转,油箱 1 中的油液经过滤器 2 吸入液压泵 4。在图 1-4(a)所示状态下,液压泵输出的压力油通过手动换向阀 9、节流阀 13 和手动换向阀 15 进入液压缸 18 左腔,推动活塞使工作台 19 向右移动。液压缸 18 右腔的压力油,经换向阀 15 和回油管 14 流回油箱。

如果手动换向阀 15 此时处于图 1-4(b)所示状态,液压泵输出的压力油通过手动换向阀9、节流阀13和手动换向阀15进入液压缸18右腔,推动活塞使工作台19向左移动。液压缸18左腔的压力油,经换向阀15和回油管14流回油箱。

如果将手动换向阀9转换成图1-4(c)所示状态,液压泵输出的压力油经手动换向阀9直接流回油箱,这时工作台停止运动,液压系统处于卸荷状态。

工作台19的移动速度由节流阀13来调节,当节流阀开度增大时,进入液压缸18的油液增多,工作台的移动速度增大;当节流阀关小时,工作台的移动速度减小。

系统的工作压力由溢流阀7调定,其调定值略高于液压缸的工作压力,以克服管道、节流阀13和溢流阀7的压力损失。液压系统的工作压力不会超过溢流阀的调定值,因此溢流阀对整个系统还能起过载保护作用。

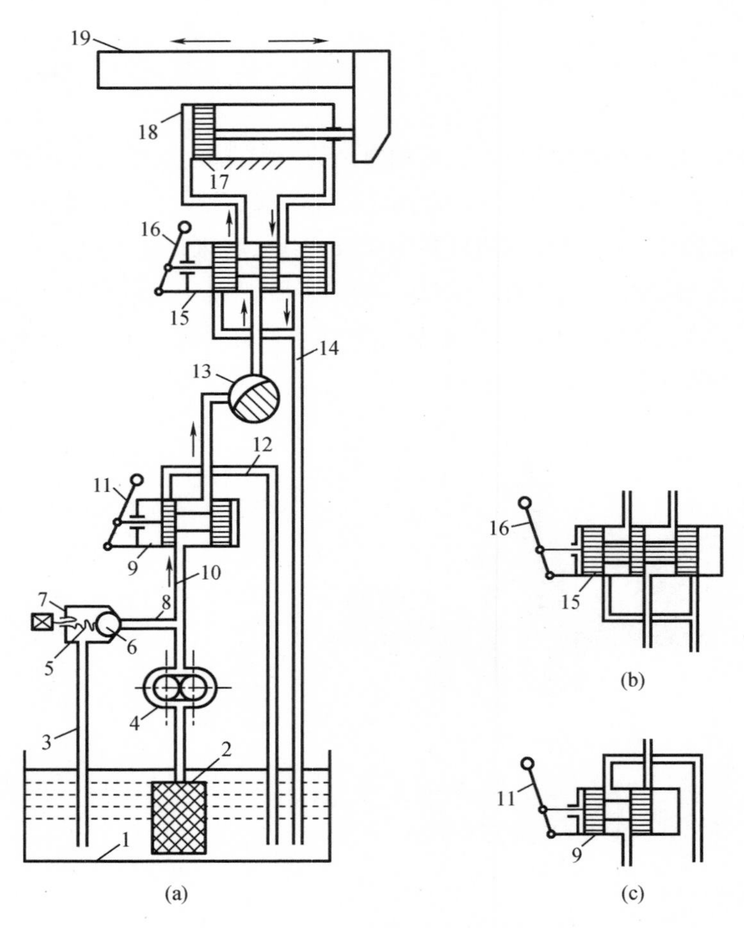

1—油箱;2—过滤器;3,12,14—回油管;4—液压泵;5—弹簧;6—钢球;7—溢流阀;8,10—压力油管;
9,15—手动换向阀;11,16—换向手柄;13—节流阀;17—活塞;18—液压缸;19—工作台。

图1-4　磨床工作台液压传动系统工作原理

一、液压传动系统的组成

一个完整液压传动系统的组成见表 1 –2。

表 1 –2　液压传动系统的组成

系统组成部分	作用	举例	比喻
动力元件	将原动机输出的机械能转换为液体压力能，向液压系统提供压力油	齿轮泵、叶片泵	心脏
执行元件	将液体压力能转换为机械能以驱动工作机构	液压缸、液压马达	四肢
控制元件	对系统中油液方向、压力、流量进行控制和调节	方向控制阀、压力控制阀、流量控制阀	神经
辅助元件	除上述三类元件以外，液压系统必不可少的其他元件	管路、蓄能器、油箱、过滤器	骨骼、皮肤、关节等
工作介质	传递能量的媒介物质	液压油	血液

液压传动系统在工作过程中的能量传递和转换关系如图 1 –5 所示。

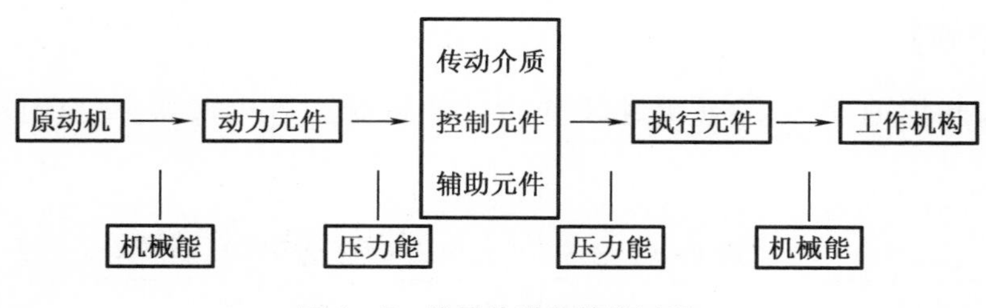

图 1 –5　能量传递与转换过程

二、液压传动系统的图形符号

图 1 –4 所示为一种半结构式的液压系统工作原理图，它具有直观易懂的优点，但绘制过程较为复杂，目前我国已经制定了用规定的图形符号来表示液压原理图中各元件和连接管路的国家标准。将图形符号脱离元件的具体结构，只表示元件的职能，可使液压系统便于阅读、分析、设计和绘制。对于这些图形符号有以下几条基本规定：

(1)图形符号只表示元件的职能，不表示元件的具体结构和参数，也不表示元件在机器中的实际安装位置；

(2)图形符号内的油液流动方向用箭头表示，线段两端都有箭头的情况，表示流动方向可逆；

(3)图形符号均以元件的静止位置或中间零位置表示，当系统的动作另有说明时可作例外。

如图 1 –6 所示即为用液压图形符号绘制的磨床工作台系统工作原理图，本书全部图形符号另见附录部分。

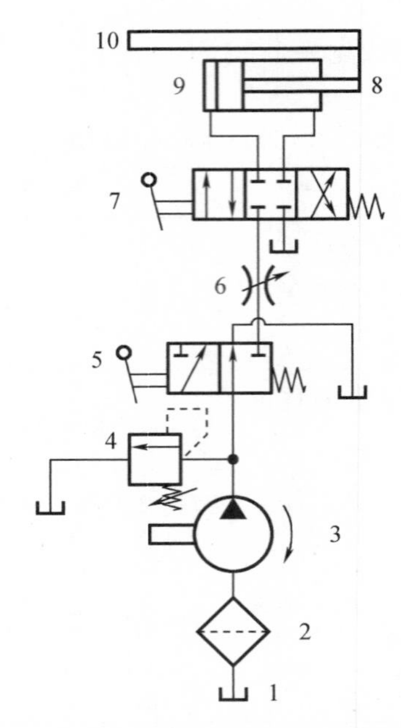

1—油箱;2—过滤器;3—液压泵;4—溢流阀;5,7—手动换向阀;6—节流阀;8—活塞;9—液压缸;10—工作台。

图1-6　用液压图形符号表示的磨床工作台系统图

【任务实施】

通过相关知识的学习,分析磨床工作台液压系统中各类液压元件的作用,并填写表1-3。

表1-3　磨床工作台液压系统分析表

元件作用	元件序号	元件名称	图形符号
向系统输入压力油	3	液压泵	
过滤油液			
控制工作台移动方向			
调整工作台移动速度			
调定系统工作压力			

【知识拓展】

液压传动介质

一、液压传动介质的种类

液压传动系统所用工作介质的种类很多,主要可分为矿油型、乳化型和合成型三大类,其中,矿油型液压油润滑性和防锈性好,黏度等级范围较宽,因而在液压系统中应用很广。

液压油主要品种及其特性和用途见表1－4。

表1－4　液压油的主要品种及其特性和用途

类型	名称	ISO代号	特性和用途
矿油型	通用液压油	L－HL	精制矿油加添加剂，提高抗氧化和防锈性能，适用于室内一般设备的中低压系统
	抗磨型液压油	L－HM	L－HL油加添加剂，改善抗磨性能，适用于工程机械、车辆液压系统
	低温液压油	L－HV	可用于环境温度在－40～－20 ℃的高压系统
	高黏度指数液压油	L－HR	L－HL油加添加剂，改善黏温特性，Ⅵ值达175以上，适用于对黏温特性有特殊要求的低压系统，如数控机床液压系统
	液压导轨油	L－HG	L－HM油加添加剂，改善黏温特性，适用于机床中液压和导轨润滑合用的系统
	全损耗系统用油	L－HH	浅度精制矿油，抗氧化性、抗泡沫性较差，主要用于机械润滑，可作液压代用油，用于要求不高的低压系统
	汽轮机油	L－TSA	深度精制矿油加添加剂，改善抗氧化性、抗泡沫性能，为汽轮机专用油，可作液压代用油，用于一般液压系统
乳化型	水包油乳化液	L－HFA	又称高水基液，特点是难燃、黏温特性好，有一定的防锈能力，润滑性差，易泄漏。适用于有抗燃要求、油液用量大且泄漏严重的系统
	油包水乳化液	L－HFB	既具有矿油型液压油的抗磨、防锈性能，又具有抗燃性，适用于有抗燃要求的中压系统
合成型	水－乙二醇液	L－HFC	难燃，黏温特性和抗蚀性好，能在－30～60 ℃温度下使用，适用于有抗燃要求的中低压系统
	磷酸酯液	L－HFDR	难燃，润滑抗磨性和抗氧化性良好，能在－54～135 ℃温度范围内使用，缺点是有毒。适用于有抗燃要求的高压精密系统

二、液压传动介质的要求

在液压传动中，液压油是传动介质，又兼作润滑油，对液压油的要求如下：

（1）要有适宜的黏度和良好的黏温特性，一般液压系统所选用的液压油的运动黏度为 $(13\sim68)\times10^{-6}\ m^2/s$（40 ℃）；

（2）具有良好的润滑性，以减少液压元件中相对运动表面的磨损；

（3）具有良好的热安定性和氧化安定性；

（4）具有较好的相容性，即对密封件、软管、涂料等无溶解的有害影响；

（5）质量要纯净，不含或含有极少量的杂质、水分和水溶性酸碱等；

（6）要具有良好的抗泡沫性，抗乳化性要好，腐蚀性要小，防锈性要好。液压油乳化会降低其润滑性，而使酸值增加，使用寿命缩短。液压油中产生泡沫会引起气穴现象；

(7)液压油用于高温场合时，为了防火安全，闪点要求要高；在温度低的环境下工作时，凝点要求要低；

(8)对人体无害，成本低。

三、液压传动介质的选用

液压油的选用应满足液压系统的要求，液压油的黏度对液压系统的性能有很大的影响，因此在选用液压油时要根据具体情况或系统的要求来选用黏度合适的油液。在确定黏度时应考虑以下几个方面：

(1)工作压力较高的液压系统宜选用黏度较大的液压油，以减少系统泄漏；反之，可选用黏度小的液压油，以减少管路压降损失；

(2)环境温度较高时宜选用黏度大的液压油；

(3)当系统工作压力较高、环境温度较高、工作部件运动速度较低时，为减少泄漏，宜采用黏度较高的液压油；

在液压系统的所有元件中，液压泵的转速最高，压力最大，温度相对较高。一般应根据液压泵的要求来确定液压油的黏度。表1－5是各种液压泵选用油液的黏度范围及推荐代号，选用时可供参考。

表1－5　液压泵用油的黏度范围及推荐牌号

名称	运动黏度/(mm^2/s)		工作压力/MPa	工作温度/℃	推荐用油
叶片泵 (1 200 r/min)	16～220	26～54	7	5～40	L－HH32，L－HH46
				40～80	L－HH46，L－HH68
叶片泵 (1 800 r/min)	20～220	25～54	>14	5～40	L－HL32，L－HL46
				40～80	L－HL46，L－HL68
齿轮泵	4～220	25～54	<12.5	5～40	L－HL32，L－HL46
				40～80	L－HL46，L－HL68
			10～20	5～40	
				40～80	L－HM46，L－HM68
			16～32	5～40	L－HM32，L－HM68
				40～80	L－HM46，L－HM68
径向柱塞泵	10～65	16～48	14～35	5～40	L－HM32，L－HM46
				40～80	L－HM46，L－HM68
轴向柱塞泵	4～76	16～47	>35	5～40	L－HM32，L－HM68
				40～80	L－HM68，L－HM100

思考与习题：

1. 什么是液压传动？液压传动的基本原理是什么？
2. 液压传动系统由哪几部分组成，各部分的作用是什么？
3. 与其他传动方式相比，液压传动的主要优、缺点是什么？

项目二　液压动力元件的选用

任务1　认识液压动力元件

【任务引入】

液压泵站(图2-1)按照主机的要求提供可控制方向、压力及流量的液压油，将液压泵站与主机上的执行机构用油管相连，液压设备即可进行工作循环并实现各种规定的动作。液压泵作为液压泵站的核心元件，由电机带动进行工作，将液压油从油箱抽出，注入液压系统。液压泵的工作原理是什么，又具有怎样的性能参数？下面引入液压泵的相关知识。

1—电机；2—液压泵；3—油箱；4—冷却器；5—集成块；6—空气滤清器；7—压力表；8—液位计。

图2-1　液压泵站外形图

【相关知识】

液压泵是液压系统的动力元件，它将原动机输出的机械能(力矩M，转速n)转化为液体的压力能(压力p，流量q)，为系统提供液压油。

一、液压泵的分类及图形符号

液压泵按结构形式可分为齿轮泵(外啮合齿轮泵、内啮合齿轮泵等)、叶片泵(单作用叶片泵、双作业叶片泵等)、柱塞泵(斜盘式与斜轴式轴向柱塞泵、单柱塞式与多柱塞式径向柱塞泵等)以及螺杆泵等；按其在单位时间内所输出的油液体积是否可调节而分为定量泵和变量泵两大类。

液压泵的图形符号如图2-2所示。

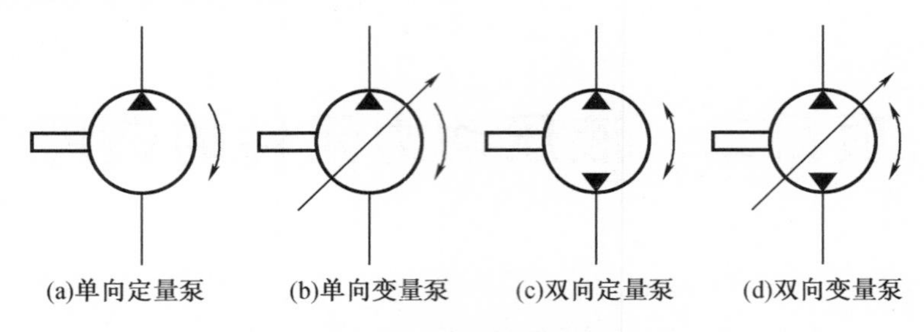

图 2－2　液压泵的图形符号

二、液压泵的工作原理

在液压系统中,所用的各类液压泵都是依靠密封工作腔的容积大小呈周期性变化进行工作的,这种泵称为容积式液压泵。

下面以单柱塞液压泵为例进行说明,单柱塞液压泵工作原理如图 2－3 所示。柱塞 2 安装在缸体 7 中形成一个密封容器,柱塞在弹簧 3 的作用下紧靠在偏心轮 1 上,当偏心轮旋转时,柱塞在弹簧的作用下在缸体中移动,使密封腔容积发生变化。当柱塞右移时,密封腔容积逐渐增大,形成局部真空,油箱中的油液在大气压作用下顶开单向阀 5 进入密封腔中,实现吸油。此时,单向阀 6 防止系统压力油液回流。当柱塞左移时,密封腔容积减小,已吸入的油液受挤压而产生压力,使单向阀 5 关闭,油液打开单向阀 6 并输入系统,实现排油。这样液压泵就将原动机输出的机械能转换成液体的压力能,原动机驱动偏心轮不断旋转,液压泵就能不断地吸油和排油。

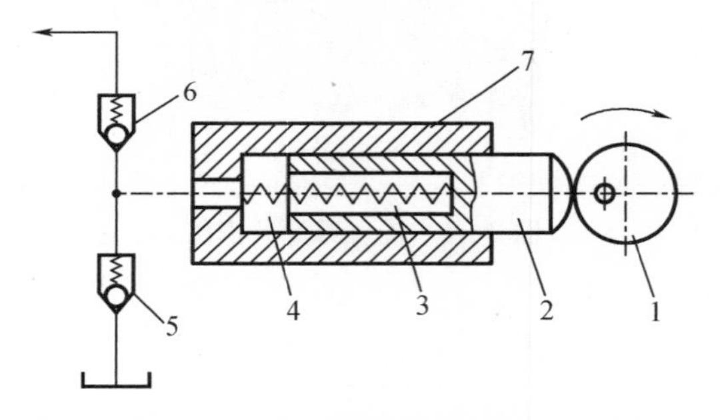

1—偏心轮;2—柱塞;3—弹簧;4—密封工作腔;5,6—单向阀;7—缸体。

图 2－3　单柱塞液压泵的工作原理

单向阀 5,6 可使吸、排油腔不相通,起到配流机构的作用。液压泵的结构原理不同,其配流机构也不相同。为了保证液压泵吸油充分,油箱必须和大气相通或采用封闭的充压油箱。

通过以上分析可以得出液压泵工作的基本条件如下:

(1)在结构上能形成密封的工作容积,密封的工作容积能实现周期性的变化,密封工作容积由小变大时与吸油腔相通,由大变小时与排油腔相通;

(2)有配流机构将吸油腔与排油腔相互隔开;

(3)油箱内液体的绝对压力必须恒等于或大于大气压力。

三、液压泵的主要性能参数

1. 压力(单位:MPa)

(1)工作压力 p:液压泵实际工作时输出油液的压力,其大小由外负载和排油管路的压力损失决定。

(2)额定压力 p_n:液压泵在正常工作条件下,按试验标准规定,允许连续运转的最高压力。它受液压泵本身的泄漏和结构强度所制约,超过此压力值就是过载。

(3)最高允许压力 p_{max}:在超过额定压力的条件下,根据试验标准规定,允许液压泵短暂运行的最高压力值。超过这个压力,压泵很容易损坏。

压力分级表见表 2-1。

表 2-1 压力分级表

压力分级	低压	中压	中高压	高压	超高压
压力/MPa	≤2.5	2.5~8	8~16	16~32	>32

2. 排量(单位:mL/r)和流量(单位:L/min)

(1)排量 V:在没有泄露的情况下,液压泵轴每转一周,由其密封容积几何尺寸变化计算而得出排出的油液体积。排量的大小取决于液压泵密封工作腔的几何尺寸,排量可调节的液压泵为变量泵;排量固定的液压泵为定量泵。

(2)理论流量 q_t:在不考虑液压泵泄漏流量的情况下,在单位时间内所排出的液体体积的平均值。理论流量与工作压力无关,等于排量 V 和转速 n(单位:r/s)的乘积,即

$$q_t = V \cdot n \tag{2-1}$$

(3)实际流量 q:液压泵在一定工况下,考虑泵的泄漏及压缩损失等因素下,单位时间内由泵排出的实际输出流量。实际流量等于理论流量减去泄漏及压缩等损失的流量,即

$$q = q_t - \Delta q \tag{2-2}$$

(4)额定流量 q_n:在泵的正常工作条件下,试验标准规定(如在额定压力和额定转速下)必须保证的流量。

3. 功率(单位:kW)

液压泵由电动机驱动,输入量是转矩和转速,输出量是液体的压力和流量。液压马达则刚好相反,输入量为液体的压力和流量,输出量是转矩和转速。

(1)输入功率 p_i:作用在液压泵轴上的机械功率,即驱动液压泵的电动机所需的功率。当输入转矩为 T_i、转角速度为 ω 时,

$$p_i = T_i\omega = T_i \cdot 2\pi n \tag{2-3}$$

(2)输出功率 p_o:液压泵在工作过程中输出的液压功率,等于实际吸、压油口间的压差 Δp 和实际流量 q 的乘积,即

$$p_o = \Delta p \cdot q \tag{2-4}$$

4. 效率

在液压泵的实际工作过程中,将机械能转换为压力能,液压泵效率由容积效率和机械效率两部分组成。

（1）容积效率 η_v：由于泵存在泄漏（高压区流向低压区内的泄漏、泵体内流向泵体外的泄漏），泵的实际输出流量 q 总是小于其理论流量 q_t，其容积效率为

$$\eta_v = \frac{q}{q_t} \tag{2-5}$$

（2）机械效率 η_m：由于泵内有各种摩擦损失（机械摩擦、液体摩擦），泵的实际输入转矩 T（单位：N·m）总是大于理论转矩 T_t，其机械效率为

$$\eta_m = \frac{T_t}{T} = \frac{T-\Delta T}{T} = 1 - \frac{\Delta T}{T} \tag{2-6}$$

（3）总效率 η：由于泵在能量转换时有能量损失，泵的输出功率总是小于泵的输入功率，即总效率为

$$\eta = \frac{p_o}{p_i} = \eta_v \cdot \eta_m \tag{2-7}$$

液压泵输入功率、输出功率间的关系如图 2－4 所示。

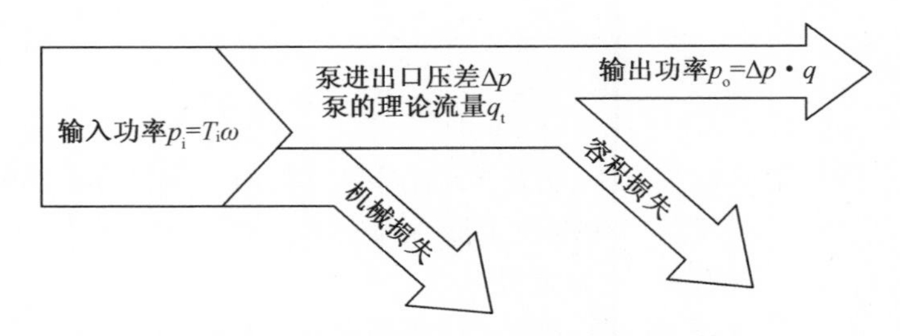

图 2－4　液压泵输入功率、输出功率间的关系

【任务实施】

某液压泵的排量为 10 mL/r，工作压力为 10 MPa，转速为 1 500 r/min，泄漏量为 1.2 L/min，机械效率为 0.9，求泵的实际流量、总效率、输入功率和输出功率。

（1）理论流量 $q_t = V \cdot n = 10\ \text{mL/r} \times 1\ 500(\text{r/min})/1\ 000 = 15\ \text{L/min}$

实际流量 $q = q_t - \Delta q = 15\ \text{L/min} - 1.2\ \text{L/min} = 13.8\ \text{L/min}$

（2）容积效率 $\eta_v = \frac{q}{q_t} = 13.8(\text{L/min})/15(\text{L/min}) = 0.92$

总效率 $\eta = \eta_v \cdot \eta_m = 0.92 \times 0.9 = 0.828$

（3）输出功率 $p_o = \Delta p \cdot q = 10\ \text{kPa} \times 13.8(\text{L/min})/60 = 2.3\ \text{kW}$

输入功率 $p_i = \frac{p_o}{\eta} = 2.3\ \text{kW}/0.828 \approx 2.777\ 8\ \text{kW}$

任务 2　齿轮泵的认知与拆装

【任务引入】

齿轮泵是一种常用的液压泵，具有结构简单、工作可靠、自吸能力强、对油液的污染不

敏感等优点,也具有流量脉动大、噪声大等缺点。按照齿轮啮合形式可分为外啮合齿轮泵和内啮合齿轮泵两大类,其中外啮合齿轮泵应用最广。CB－B 型齿轮泵属于中低压泵,不能承受较高的压力,其额定压力为 2.5 MPa,排量为 2.5～125 mL/r,转速为 1 450 r/min,主要用于机床补油、润滑和冷却等液压系统。试以 CB－B 型齿轮泵为例,分析齿轮泵的结构组成、工作原理和工作性能,并根据【任务实施】完成齿轮泵的拆装。

【相关知识】

一、外啮合齿轮泵的工作原理

外啮合齿轮泵的工作原理如图 2－5 所示,在泵体内有一对齿数相同的外啮合齿轮,齿轮两侧由泵盖盖住(图中已拆掉)。泵体、泵盖和齿轮之间形成了密封腔,并由两个齿轮的齿面啮合线将左右两腔隔开,形成吸、压油腔并分别与吸油口和压油口相通。当主动轴带动主动齿轮按图示方向旋转时,工作过程如下。

吸油过程:在吸油腔中,两齿轮的轮齿逐渐脱开啮合,使密封容积逐渐增大,形成局部真空,油箱中的油液在大气压力作用下被吸入泵体;齿间槽充满的油液随着齿轮转动,沿箭头所示的流向进入压油腔。

排油过程:在压油腔中,两齿轮的轮齿逐渐进入啮合,使密封容积逐渐减小,压油腔的油液被挤压经压油口排出。

齿轮不停地转动,泵就不停地吸油和排油。齿轮泵啮合点处的齿面啮合线将吸油腔和压油腔分开,起到了配流作用,因此在齿轮泵中不需要设置专门的配流机构。

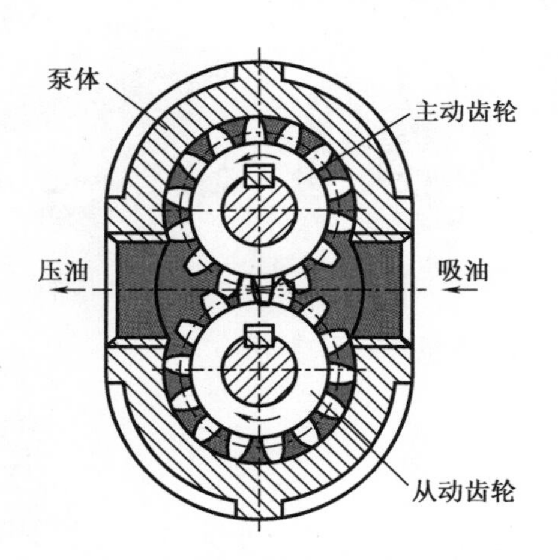

图 2－5 外啮合齿轮泵的工作原理

外啮合齿轮泵的工作原理

二、外啮合齿轮泵的结构性能

CB－B 型齿轮泵的结构如图 2－6 所示。主动轴 10 上装有主动齿轮 6,从动轴 1 上装有从动齿轮,用定位销 11 和螺钉 5 等把泵体 7、后泵盖 4 和前泵盖 8 装在一起,形成齿轮泵的密封腔。泵体两端面开有卸荷槽 d,从而降低泵体与端盖接合面上的油压对泵盖造成的推力,减少螺钉所受载荷;孔道 a、b、c 可以将流入轴承腔的泄漏油排入吸油腔。齿轮泵的立体结构如图 2－7 所示。

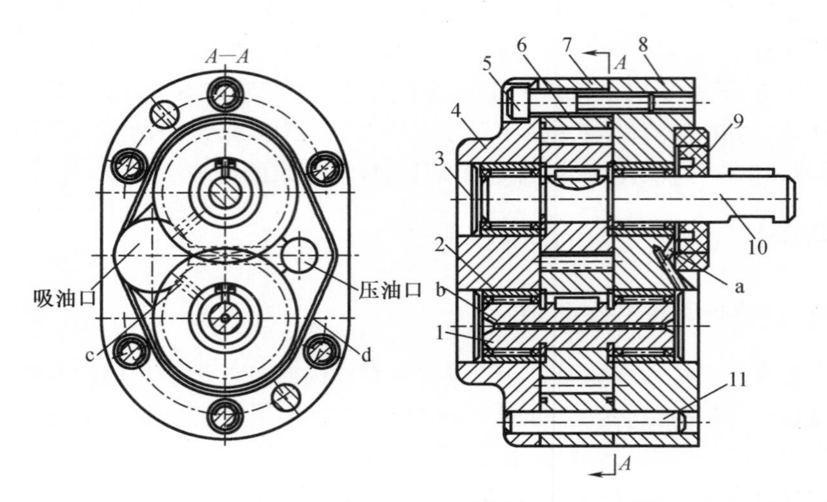

1—从动轴;2—滚针轴承;3—堵头;4—后泵盖;5—螺钉;6—主动齿轮;7—泵体;
8—前泵盖;9—密封环;10—主动轴;11—定位销;a、b、c—孔道;d—卸荷槽。

图2－6　CB－B型齿轮泵结构图

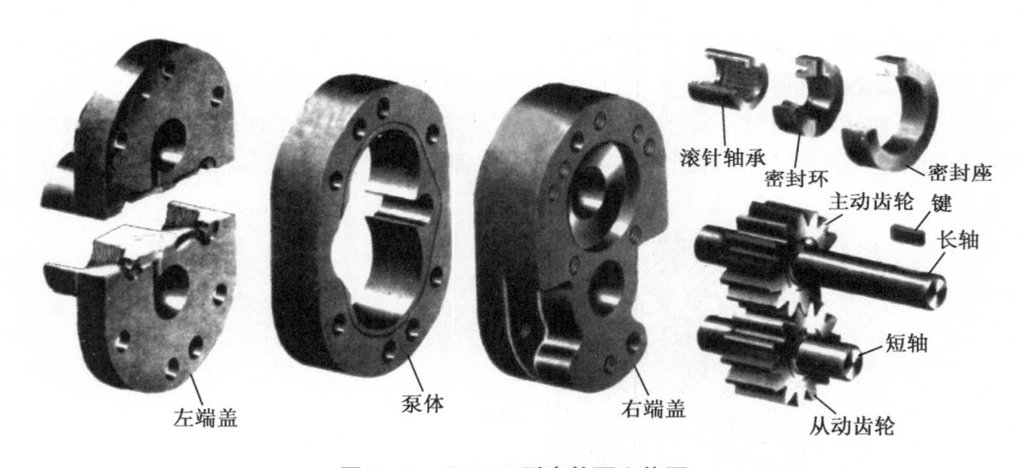

图2－7　CB－B型齿轮泵立体图

外啮合齿轮泵结构性能如下。

1. 困油现象

齿轮泵的困油现象

为保证齿轮连续平稳地运转，齿轮啮合时轮齿的重合度必须大于1，即一对轮齿尚未脱开啮合，另一对轮齿已进入啮合。在运转时，同时啮合的两对轮齿间的油液就被困在两对轮齿所形成的密封腔中。这个密封腔的大小随齿轮转动而变化，先从最大(图2－8(a))逐渐减到最小(图2－8(b))，又由最小逐渐增到最大(图2－8(c))。当密封腔逐渐减小时，被困油液受到挤压，高压油从一切可能泄漏的缝隙强行挤出，从而使零件发生强烈的振动，轴承受到很大的附加载荷，降低了轴承的寿命，造成功率损失、油液发热；密封腔逐渐增大会造成局部真空，溶于油液中的气体分离出来产生气穴，引起噪声、振动和气蚀，这种现象为齿轮泵的困油现象。

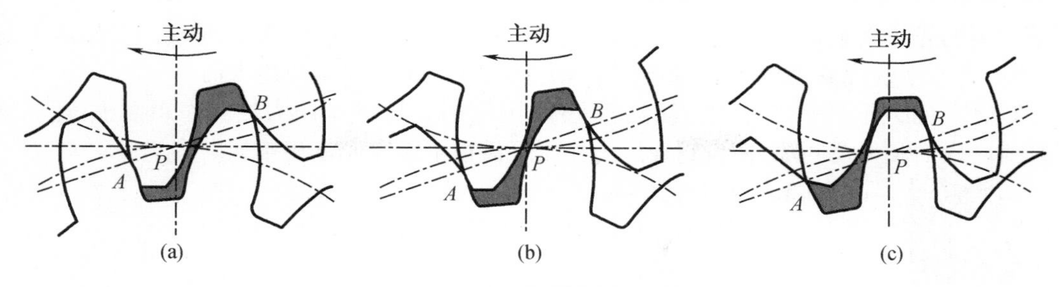

图 2-8 齿轮泵困油现象

消除困油现象的方法通常是在泵盖(或轴承座)上对应困油区的位置开卸荷槽,如图2-9所示。当密封腔减小时,卸荷槽与压油腔相通,可及时排油;当密封腔增大时,卸荷槽与吸油腔相通,及时补油。

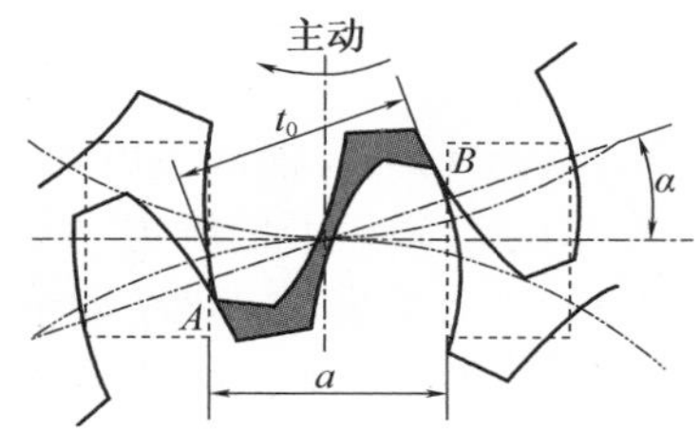

图 2-9 齿轮泵困油现象消除措施

2. 齿轮泵的径向力

齿轮泵的径向力

齿轮泵的径向力不平衡如图 2-10 所示,齿轮泵液压力在压油腔分布为螺壳式,这是因为液压力每次通过齿轮的齿顶都要产生压降。其合力在主动轮上为 F_1,从动轮上为 F_1',齿轮的啮合力作用于啮合点上,将啮合力分别平移至主动轮上为 F_2,至从动轮上为 F_2',液压力同齿轮的啮合力组成的合力就是齿轮上的径向力。

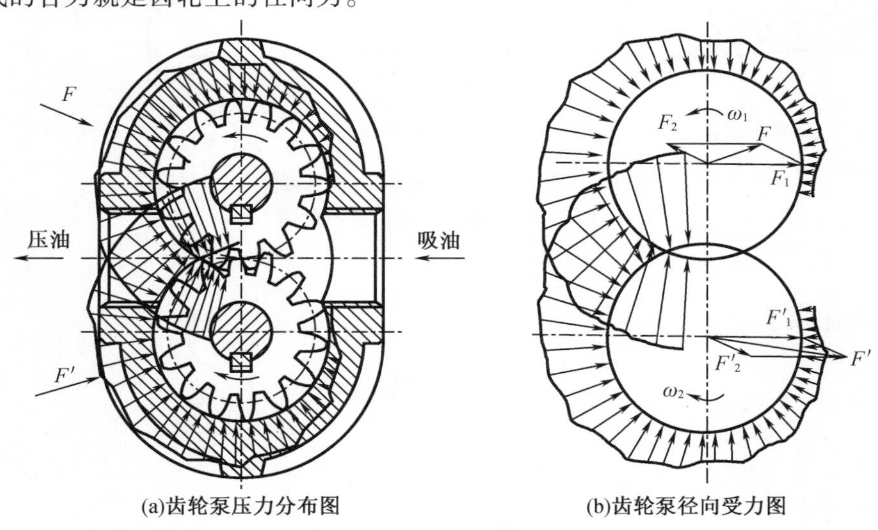

(a)齿轮泵压力分布图 (b)齿轮泵径向受力图

图 2-10 齿轮泵的径向力不平衡

在主动轮上的径向力为 F,从动轮上的径向力为 F',显然 $F' > F$,从动轮在径向力的作用下同泵的壳体接触产生摩擦，引起油温上升、齿轮振动、噪声增大等现象。工作压力越大，径向力不平衡现象也越严重，甚至使泵轴弯曲，大大缩短泵的使用寿命。

减轻径向力不平衡现象的方法通常是缩小压油口，以减小压力油的作用面积；适当增大泵体内表面和齿顶间隙，使齿轮在压力作用下齿顶不能和壳体相接触。

齿轮泵的泄漏

3. 齿轮泵的泄漏

齿轮泵内部从高压区向低压区的泄漏途径。

(1)轴向间隙

齿轮的端面同泵盖间存在着间隙，此间隙沿着轴的方向，称为轴向间隙，该间隙的泄漏量占总泄漏量的70% ~80%。

(2)径向间隙

齿轮顶部同泵体内孔存在着间隙，此间隙沿着轴的径向，称为径向间隙，该间隙的泄漏量占总泄漏量的15% ~20%。

(3)齿侧间隙

齿轮啮合线处存在的间隙，其泄漏量约占总泄漏量的5%。

为解决内泄漏问题，提高齿轮泵的寿命和工作压力，可采用静压平衡原理使轴向间隙自动补偿。在齿轮和盖板之间增加一个补偿零件，如浮动轴套或浮动侧板，在浮动零件的背面引入压力油，让作用在背面的液压力稍大于正面的液压力，其差值由一层很薄的油膜承受。轴套或侧板始终自动贴紧齿轮端面，减小齿轮泵内通过端面的泄漏，达到提高压力的目的。

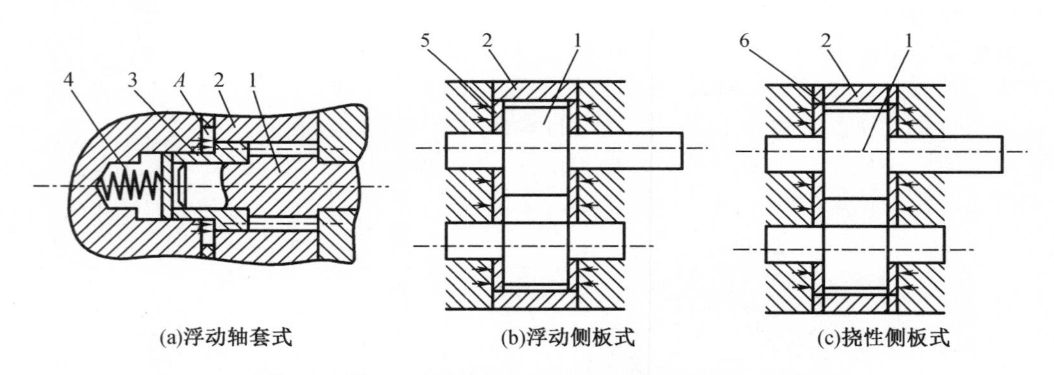

(a)浮动轴套式　(b)浮动侧板式　(c)挠性侧板式

1—齿轮；2—泵体；3—浮动轴套；4—弹簧；5—浮动侧板；6—挠性侧板。

图2-11　间隙补偿装置示意图

【知识拓展】

内啮合齿轮泵

内啮合齿轮泵有渐开线齿形和摆线齿形两种结构类型(图2-12)，其工作原理和主要特点与外啮合齿轮泵相同。

内啮合齿轮泵结构紧凑、尺寸小、质量轻，由于齿轮转向相同，故磨损小、使用寿命长且运转平稳、噪声小、流量脉动小，但齿形复杂、加工精度高，导致加工困难、价格昂贵，故内啮合齿轮泵远不如外啮合齿轮泵使用广泛。

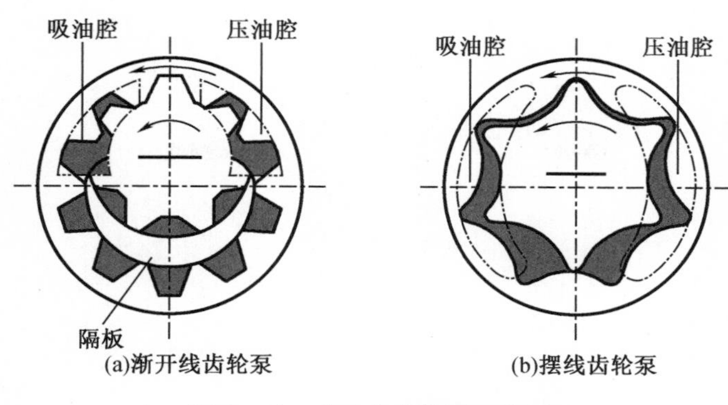

图 2-12 内啮合齿轮泵工作原理

一、渐开线内啮合齿轮泵

主动小齿轮和从动内齿圈之间装有月牙形隔板，将吸油腔和压油腔隔开，小齿轮和内齿圈间存在偏心距。当传动轴带动小齿轮旋转时，轮齿脱开啮合一侧，密封腔增大，为吸油腔；轮齿进入啮合一侧密封腔减小，为压油腔，当泵轴连续转动，即完成了液压泵的吸、压油工作。

二、摆线内啮合齿轮泵

摆线内啮合齿轮泵又称摆线转子泵，其内外转子相差一齿且存在偏心距，无须设置隔板。当内转子带动外转子转动时，所有内转子的轮齿都进入啮合，形成几个独立的密封腔，随着内外转子的啮合旋转，各密封腔的容积发生变化，从而进行吸油和压油。

【任务实施】

一、任务说明

按照操作步骤，完成外啮合齿轮泵的拆装（图 2-13）过程，注意观察其内部结构，对照工作原理图，分析其工作原理和结构性能。

齿轮泵拆卸

齿轮泵装配

图 2-13 齿轮泵的拆装

二、使用工具

弹性挡圈钳、锤子、铜棒、内六角扳手、耐油橡胶垫。

三、操作步骤

拆卸:
(1)先用内六角扳手在对称位置松开6个紧固螺钉;
(2)取出定位销;
(3)分离泵盖,观察吸油腔、压油腔的结构,观察卸荷槽的形状和位置并分析其作用;
(4)从泵体中取出主动齿轮轴和从动齿轮轴、齿轮轴套及密封圈;
(5)分解泵盖与轴承、齿轮和传动轴、泵盖与油封,如损坏须及时更换。
安装:
(1)将主动齿轮和从动齿轮安装在主动轴和从动轴上;
(2)安装泵体应按拆卸时所做记号对应装入,切不可装反;
(3)密封件的装配位置要正确,松紧合适;
(4)对准定位销与定位孔后,装右侧端盖;
(5)旋紧螺栓,应一边转动主动轴一边拧,并对称拧紧,以保证端面间隙均匀一致。

四、注意事项

(1)拆装中应用铜棒轻轻敲打零部件,以免损坏零部件和轴承;
(2)拆卸过程中,遇到元件卡住的情况时,不要乱敲硬砸;
(3)装配时,遵循"先拆后安"原则,即先拆的零件后安装、后拆的零件先安装;
(4)脏污的零部件应用煤油清洗后方可安装,安装完毕应检查泵是否转动灵活平稳,确保没有阻塞、卡死现象。

【故障排除】

齿轮泵的常见故障及排除方法见表2-2。

表2-2　齿轮泵的常见故障及排除方法

故障现象	故障原因	排除方法
不吸油液或输油量不足与压力低	1. 电动机转向错误	1. 纠正电动机转向
	2. 管道或滤油器堵塞	2. 疏通管道清洗滤油器,除去堵物,更换新油
	3. 轴向间隙或径向间隙过大	3. 修复或更换有关零件
	4. 各连接处泄漏而引起空气混入	4. 紧固各连接处螺钉,避免泄漏,严防空气混入
	5. 油液黏度太大或油液温升太高	5. 油液应根据温升变化选用

表 2－2(续)

故障现象	故障原因	排除方法
噪声及压力波动严重	1. 吸入管及滤油器部分堵塞或入口滤油器容量小	1. 除去脏物，使油管通畅或改用容量适合的滤油器
	2. 从吸入管或轴密封处吸入空气，或者油中有气泡	2. 在连接部位或者密封处加点油，如噪音减小，可拧紧接头处或更换密封圈；回油管口应在油面以下，与吸油管要有一定距离
	3. 泵与联轴节不同轴或擦伤	3. 调整同轴，排除擦伤
	4. 齿轮本身的齿形精度不高	4. 更换齿轮或对研修整
	5. 齿轮泵骨架式油封损坏，或装轴时骨架油封内弹簧脱落	5. 检查骨架油封，损坏时更换，以免吸入空气
泵旋转不灵活	1. 轴向间隙及径向间隙过大	1. 修配有关零件
	2. 装配不良，CB 型盖板与轴的同轴度不好，长轴的弹簧固紧脚太长，滚针套质量较差	2. 根据要求重新装配
	3. 泵和电动机的联轴器同轴度不好	3. 调整使其不同轴度不超过 0.2 mm
	4. 油液中杂质被吸入泵体内	4. 严防周围灰沙、铁屑及冷却水等物进入油池，保持油液洁净
泵排油压力虽能上升，但效率过低	1. 泵内密封件损伤	1. 检修泵，更换密封件
	2. 泵内滑动件严重磨损	2. 检修泵或更换新泵
	3. 溢流阀或换向阀磨损或活动件间隙过大	3. 检修溢流阀或更换新阀
	4. 泵内有脏物或间隙过大	4. 清除脏物，过滤油液
	5. 泵转速过低或过高	5. 使泵在规定转速范围内运转
	6. 油箱内出现负压	6. 增大空气过滤器的容量
液压泵温升过快	1. 压力过高，转速太快，侧板研伤	1. 适当调节溢流阀，降低转速到规定值，修理泵
	2. 油黏度过高或内部泄漏严重	2. 换合适的油液，检查密封
	3. 回油路的背压过高	3. 检查背压过高的原因
	4. 油箱太小，散热不良	4. 改善油箱散热条件
	5. 油的黏度不当，温度过低	5. 换合适黏度的油或给油加热
漏油	1. 管路连接部分的密封老化、损伤或变质等	1. 检查并更换密封件
	2. 油温过高，油黏度过低	2. 换黏度较高的油或消除油温过高的原因
	3. 管道应力未消除，密封处接触不良	3. 消除管道应力，更换密封件
	4. 密封件规格不对，密封性不良	4. 更换合适密封件

任务3　叶片泵的认知与拆装

【任务引入】

叶片泵被广泛应用于专用机床、自动生产线、船舶、压铸机及冶金设备等中低压液压系统中。其优点是结构紧凑、外形尺寸小、运转平稳、流量均匀、噪声小;缺点是结构复杂、吸油特性差、对油液的污染较敏感。叶片泵可分为单作用叶片泵和双作用叶片泵,一般工作压力约为7 MPa,结构经改进的高压叶片泵最大工作压力为16 ~ 21 MPa。图2 - 14为两种叶片泵的实物图,请根据【任务实施】完成叶片泵的拆装,了解两种叶片泵的结构特点,并对比分析其工作原理。

叶片泵介绍

(a)双作用叶片泵

(b)单作用叶片泵

图2 - 14　叶片泵实物图

【相关知识】

一、双作用叶片泵

1. 双作用叶片泵的结构

YB1型双作用叶片泵的结构如图2 - 15所示。两个长螺钉13将左右配油盘、定子、转子和叶片组成一个组件,其头部作为定位销插入后泵体的定位孔内,并保证上吸、压油口的位置与定子内表面的过渡曲线相对应。转子4上开有若干狭槽,叶片3安装在槽内,并可在槽内自由滑动。转子通过内花键与主动轴相配合,泵轴由两个滚动轴承支承,以使其工作可靠。油封10安装在泵盖8上,用来防止油液泄漏和空气渗入。

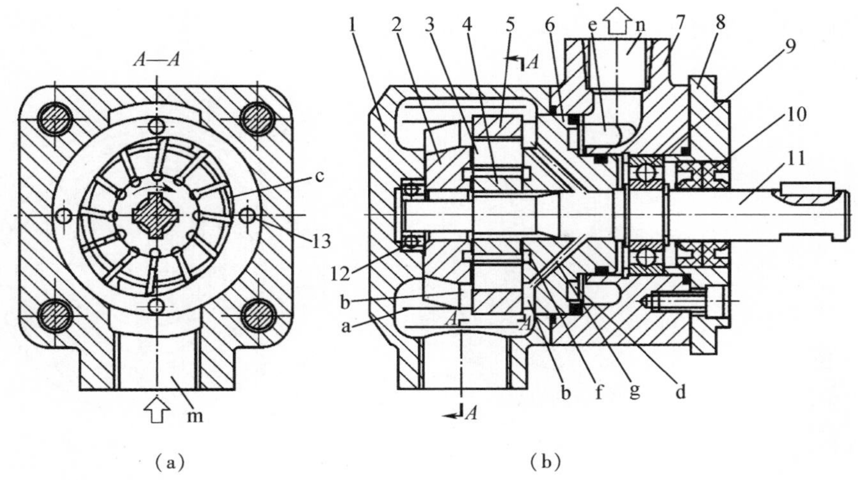

1—左泵体;2—左配油盘;3—叶片;4—转子;5—定子;6—右配油盘;7—右泵体;
8—泵盖;9,12—滚动轴承;10—油封;11—泵轴;13—连接螺钉。

图2-15 YB1型叶片泵的结构

2. 结构特点

(1) YB1型叶片泵的叶片如图2-16(a)所示,左右两缺口是吸油窗口,上下两个腰形孔是压油窗口,环形槽引进压力油作用于叶片底部,保证叶片紧贴在定子内表面,使密封可靠。

(2)定子(图2-16(b))内表面曲线由两段大圆弧和两段小圆弧及四段过渡曲线组成,泵的动力学特性在很大程度上受过渡曲线的影响。理想的过渡曲线不仅应使叶片在槽中滑动时的径向速度变化均匀,且应使叶片转到过渡曲线和圆弧段交接点处的加速度突变不大,以减小冲击和噪声。

(3)叶片前倾。为了减小叶片对转子槽侧面的压紧力和磨损,将叶片相对转子旋转方向向前倾斜角度θ,通常取$\theta=13°$。

(4)为了使径向力完全平衡工作,封闭腔数(即叶片数)应当是双数,如图2-16(c)所示转子上的叶片槽。

(5)不能作为马达使用。该泵在装配后旋转方向是固定的,如欲反转必须将定子、转子、叶片和组件翻转180°再重新装配,由于结构上的原因它不能作为液压马达使用。

图2-16 YB1型叶片泵内部零件

3. 双作用叶片泵的工作原理

图2-17(a)为双作用叶片泵的内部结构,该泵工作时,主动轴带动转子转动,叶片在离心力和根部压力油的作用下,在转子槽内作径向移动,并紧靠在定子内表面上,由叶片、定

子内表面、转子外表面和两侧间形成若干个密封空间。当转子按图 2 – 17(b)所示方向旋转时,工作过程如下。

双作用叶片泵的工作原理

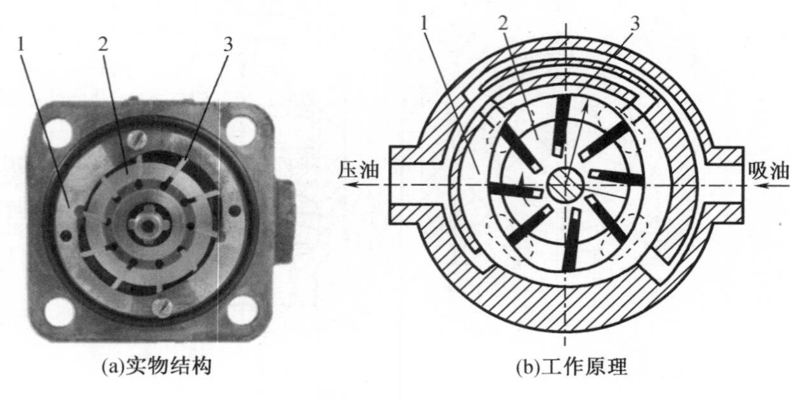

(a)实物结构　(b)工作原理

1—定子;2—转子;3—叶片。

图 2 – 17　双作用叶片泵

吸油过程:处在小圆弧上的叶片经过渡曲线向大圆弧运动,叶片外伸,密封腔的容积增大,油箱中的油液在大气压力的作用下被吸入腔内,实现吸油。

排油过程:叶片从大圆弧经过渡曲线运动到小圆弧的过程中,叶片被定子内壁逐渐压进槽内,密封腔的容积变小,将油液从压油口排出。

这种液压泵的转子转一周,密封腔吸、排油各两次,故称双作用叶片泵。双作用叶片泵一般为定量泵,有两对互相对称的吸油腔和压油腔,作用在转子上的径向力互相平衡。

二、单作用叶片泵

1. 单作用叶片泵的结构

YBX 型单作用叶片泵如图 2 – 18 所示。该泵的转子 10 通过键和轴向挡圈固定联结在传动轴上,被传动轴带动同步旋转。转子外安装有定子 6,叶片 9 安装在转子槽内。限压弹簧 2 和弹簧座 3 顶在定子外表面上,调压螺钉 1 用来调节弹簧的预紧力。定子右侧紧靠在活塞 7 上,流量调节螺钉 8 用来调节定子和转子间的偏心距 e。滑块 4 用以支撑定子,并承受压力油对定子的作用力,滑块支撑在水平滚道的滚针 5 上,当油压变化时,可提高定子随滑块移动的灵敏度。

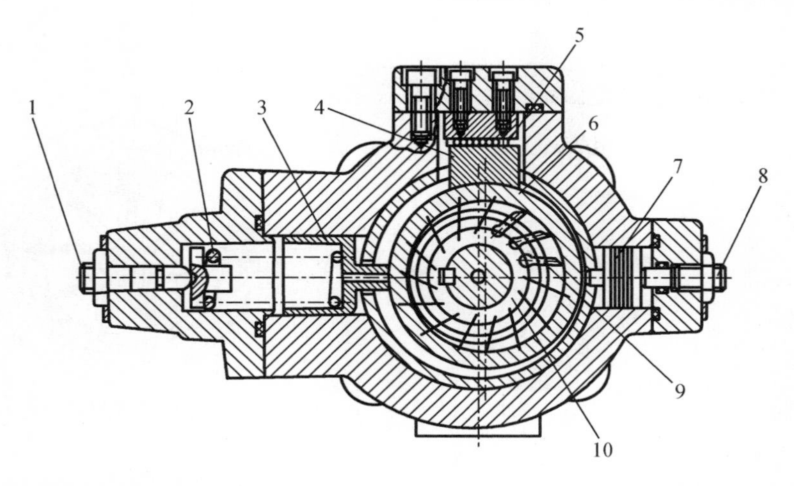

1—调压螺钉;2—限压弹簧;3—弹簧座;4—滑块;5—滚针;6—定子;7—活塞;8—流量调节螺钉;9—叶片;10—转子。

图 2-18 YBX 型叶片泵的结构

2. 结构特点

(1)叶片后倾。为了有利于叶片在惯性力作用下向外伸出,单作用叶片泵的叶片安装不是沿径向的。转子上叶片槽后倾,即叶片有一个与旋转方向相反的倾斜角,称为后倾角,一般为24°。

(2)单作用叶片泵为一般变量泵,改变定子和转子之间的偏心距 e 便可改变流量;反向偏心,则吸油和压油方向亦反向。

(3)定子的内表面是圆柱形,易加工且在泵工作过程中磨损不大。

(4)由于转子受到不平衡的径向液压力作用,轴承负荷较大,使这种泵的工作压力和排量的提高受到限制。

(5)有困油现象。单作用叶片泵的定子不存在与转子同心的圆弧段,在吸、排油过渡区,当叶片间的密封腔容积发生变化时,会产生与齿轮泵类似的困油现象,通常通过排油窗口边缘开卸荷槽的方法来消除困油现象。

3. 单作用叶片泵的工作原理

图 2-19(a)为单作用叶片泵的内部结构,叶片在转子槽内可灵活滑动,在转子转动时,叶片在离心力以及叶片根部压力油的作用下向外伸出,顶部紧贴在定子内壁上,相邻叶片、定子和转子间就形成了密封工作腔。在上开有两个腰形的配流窗口,其中一个与吸油口相通,为吸油窗口;另一个与压油口相通,为压油窗口。当转子按图 2-19(b)所示方向旋转时,工作过程如下。

吸油过程:右侧的叶片向外伸出,密封工作腔逐渐增大,产生真空,于是通过吸油口和上面的吸油窗口将油吸入。

排油过程:左侧的叶片被定子内壁逐渐压进槽内,密封工作腔逐渐减小,密封腔中的油液经上面的压油口被压出而输出到系统中去。

转子不停地旋转,泵就不断地吸油、排油。这种叶片泵的转子转一周,密封腔吸油、排油各一次,称为单作用叶片泵。它的转子受径向不平衡力,故又称非平衡式叶片泵。

(a)实物

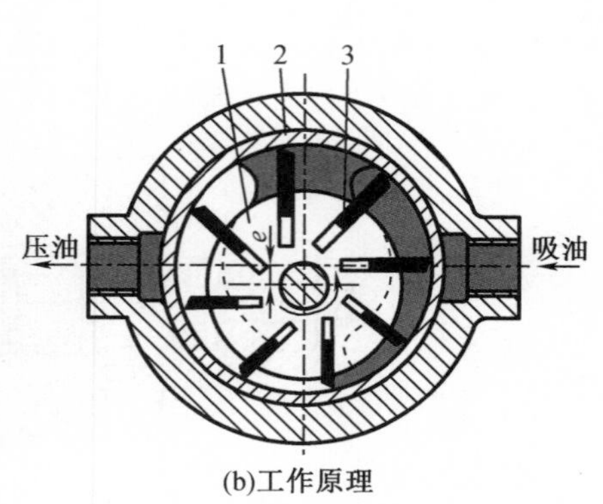

(b)工作原理

单作用叶片泵的工作原理

1—转子;2—定子;3—叶片。

图 2-19 单作用叶片泵

4. 单作用叶片泵的变量原理

单作用叶片泵变量时,改变偏心距 e 需要改变定子与转子的相对位置,转子轴是固定在轴承中的,因此,移动定子在结构上比较容易实现,移动定子的推力则称为操纵力。如果操纵力是来自泵内部的排油压力,就称叶片泵为内反馈变量叶片泵;如果操纵力是来自泵外部的排油压力,就称叶片泵为外反馈变量叶片泵。下面主要介绍外反馈变量叶片泵的变量原理。

如图 2-20 所示为限压式外反馈变量叶片泵的工作原理图,转子 1 的中心 O 是固定不动的,定子 3 可沿滑块的滚针轴承左右移动,其中心为 O_1。在左端限压弹簧 2 的作用下,定子被推向右端,紧靠在反馈柱塞 5 上,反馈柱塞 5 的右腔与泵的压油腔及出口相通。最大流量调节螺钉 6 处的柱塞缸,能根据泵出口负载压力的大小自动调节泵的排量,调节过程如下所述。

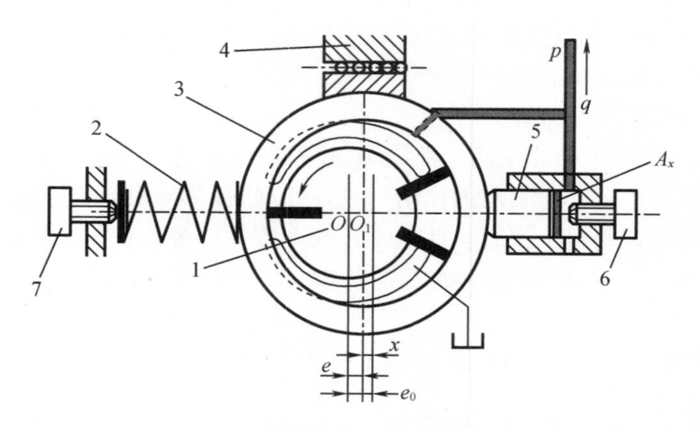

1—转子;2—限压弹簧;3—定子;4—滑块滚针支承;5—反馈柱塞;6—最大流量调节螺钉;7—调压螺钉。

图 2-20 限压式外反馈变量叶片泵的工作原理图

设限压弹簧 2 的预紧力为 F_x,反馈柱塞 5 受液压力的面积为 A_x,则作用在定子上的反馈柱塞推力为 pA_x。

(1)当 $pA_x < F_x$时,弹簧2把定子及反馈柱塞推向最右边,使其靠在最大流量调节螺钉6上,此时泵的偏心量达到预调值 e_0,泵的出口流量为最大值。

(2)当 $pA_x > F_x$时,反馈柱塞推力克服弹簧预紧力,限压弹簧2被压缩,定子左移距离 x,偏心量减小,泵输出流量也减小;且压力越高,偏心距越小,输出流量也越小。

(3)当工作压力达到某一极限值时,定子移到最左端位置,偏心量减至最小,使泵内偏心所产生的流量全部用于补偿泄漏,泵的输出流量为零。此时,不管外负载如何加大,泵的输出压力也不会再升高,所以这种泵被称为限压式变量叶片泵。

内反馈式变量液压泵的工作原理与外反馈式相同(图2-21),但偏心距 e 的改变不是依靠外反馈活塞,而是依靠内部液压力对定子的直接作用。

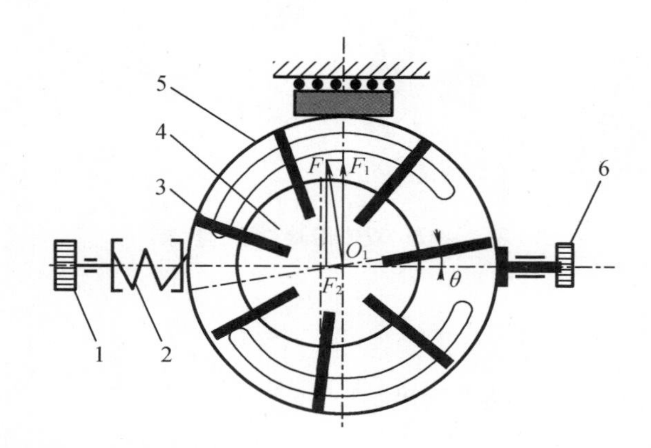

1—调压螺钉;2—限压弹簧;3—叶片;4—转子;5—定子;6—最大流量调节螺钉。

图2-21 限压式内反馈泵变量叶片泵

三、两种叶片泵的比较

表2-3 单作用叶片泵和双作用叶片泵的主要区别

区别	单作用叶片泵	双作用叶片泵
作用次数	一次	两次
定子内表面	圆柱形	两段大圆弧、两段小圆弧和四段过渡曲线组成
转子与定子相对位置	偏心	同心
通油窗口数量	两个窗口	四个窗口
径向力	不平衡	平衡
叶片倾角	后倾	前倾
可否变量	可以	不可以

【任务实施】

一、任务说明

按照操作步骤，完成双作用叶片泵的拆装（图 2 – 22）过程，熟悉叶片泵的结构及各部分作用，培养实际操作能力。

图 2 – 22　双作用叶片泵的拆装

二、使用工具

钳子、铜棒、内六角扳手、耐油橡胶垫。

三、操作步骤

1. 双作用叶片泵的拆卸

(1) 先拆掉盖板螺钉，取下密封盖板；

(2) 卸下泵体连接螺钉，拆开泵体；

(3) 取出右配油盘，观察结构；

(4) 取出转子传动轴组件和叶片，注意观察叶片的倾斜角度和方向；

(5) 取出定子，观察定子内表面的四段圆弧和过渡曲线；

(6) 再取出左配油盘，观察结构。

2. 双作用叶片泵的安装

(1) 将叶片装入转子内（注意叶片的安装方向）；

(2) 将左配油盘装入左泵体内，再放入定子；

(3) 将装好的转子放入定子内；

(4) 装入传动轴和右配油盘（注意方向）；

(5) 装入密封圈和右泵体，并用螺钉拧紧。

四、注意事项

(1) 拆卸叶片泵时，先用内六角扳手松开泵体连接螺钉，取下后用铜棒轻轻敲打使花键轴、右泵体及端盖震落；

(2) 拆卸过程中，遇到元件卡住的情况，不要盲目敲打；

(3) 装配时，遵循“先拆后安”原则，即先拆的零件后安装、后拆的零件先安装；

(4)叶片泵的安装必须按照出厂规定的泵体表面箭头指示，安装完毕后应使泵转动灵活平稳，没有卡死现象；

(5)注意叶片在定子槽中的安装方向，叶片端部有一倒角 A，要在旋转方向的后部，如图 2－23 所示，若装反会损坏与定子的接触面；

(6)左右、定子、转子及轴与轴承之间是预先组成一体的，不能分离的部分不要强拆。

双作用叶片泵的拆卸

双作用叶片泵的安装

单作用叶片泵的拆卸

单作用叶片泵的安装

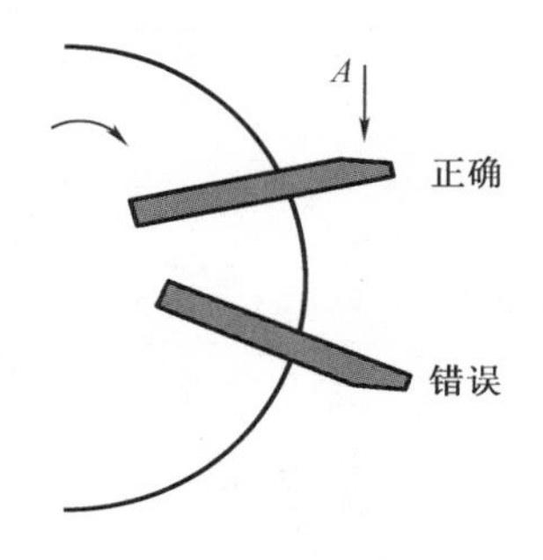

图 2－23 叶片安装方向

【故障排除】

叶片泵的常见故障及排除方法见表 2－4。

表 2－4 叶片泵的常见故障及排除方法

故障现象	故障原因	排除方法
外泄露	1. 密封件老化	1. 更换密封件
	2. 进出油口连接部位松动	2. 紧固管接头或螺钉
	3. 密封面磕碰或泵体砂眼	3. 修磨密封面或更换壳体
过度发热	1. 油温过高	1. 改善油箱散热条件或使用冷却器
	2. 油黏度太大、内泄过大	2. 选用合适液压油
	3. 工作压力过高	3. 降低工作压力
	4. 回油口直接接到泵入口	4. 回油口接至油液液面以下
泵不吸油或无压力油	1. 泵转向不对或漏装传动键	1. 纠正转向或重装传动键
	2. 泵转速过低或油箱液面过低	2. 提高转速或补油至最低液面以上
	3. 油温过低或油液黏度过大	3. 加热至合适黏度后使用
	4. 吸油管路或过滤器堵塞	4. 疏通管路、清洗过滤器
	5. 吸油管路漏气	5. 密封吸油管路

表2－4(续)

故障现象	故障原因	排除方法
输油量不足或压力不足	1. 叶片移动不灵活	1. 不灵活叶片单独配研
	2. 各连接处漏气	2. 加强密封
	3. 间隙过大(端面、径向)	3. 修复或更换零件
	4. 吸油不畅或液面太低	4. 清洗过滤器或向油箱内补油
	5. 叶片和定子内表面接触不良	5. 定子磨损发生在吸油区，双作用叶片泵可将定子旋转180°后重新定位装配
噪声、振动过大	1. 吸油不畅或液面太低	1. 清洗过滤器或向油箱内补油
	2. 有空气侵入	2. 检查吸油管、注意液位
	3. 油液黏度过高	3. 适当降低油液黏度
	4. 转速过高	4. 降低转速
	5. 泵与原动机不同轴	5. 调整同轴度至规定值
	6. 端面与内孔不垂直或叶片垂直度差	6. 修磨端面或提高叶片垂直度

任务4　柱塞泵的认知与拆装

【任务引入】

齿轮泵和叶片泵受使用寿命和容积效率的影响，一般适宜用于中、低压系统，对于高压、大流量、大功率的系统，如龙门刨床、工程机械、矿山冶金机械、船舶等，往往可选用柱塞泵。柱塞泵按柱塞的排列方式可分为轴向柱塞泵和径向柱塞泵，如图2－24所示，请查询柱塞泵的相关资料，了解其特点和应用场合。根据【任务实施】完成轴向柱塞泵的拆装，掌握其结构组成和工作原理。

(a)轴向柱塞泵

(b)径向柱塞泵

图2－24　柱塞泵实物

【相关知识】

柱塞泵是依靠柱塞在缸体内往复运动，使密封容积发生变化来实现吸油和压油的液压泵，具有效率高、压力高、结构紧凑、调节方便等优点，其缺点是结构复杂、价格高、加工精度和日常维护要求高、对油液的污染较敏感。

一、轴向柱塞泵

轴向柱塞泵将多个柱塞配置在同一缸体的圆周上，且柱塞中心线和缸体中心线平行，轴向柱塞泵有直轴式（斜盘式）和斜轴式（摆缸式）两种形式，如图 2－25 所示。

(a)直轴式(斜盘式)轴向柱塞泵

(b)斜轴式(摆缸式)轴向柱塞泵

图 2－25 轴向柱塞泵实物

1. 直轴式轴向柱塞泵的结构

如图 2－26 所示为 CY14－1B 型轴向柱塞泵，该泵右侧为主体部分，左侧为变量机构。缸体 5 安装在中间泵体 1 和前泵体 7 内，由传动轴 8 通过花键带动旋转，在缸体的轴向柱塞孔内装有柱塞 9。为了避免柱塞头部与斜盘 15 直接接触而产生磨损，在柱塞的头部装滑靴 12 通过底平面与斜盘接触。变量机构用来改变斜盘 15 的倾角以调节泵的流量。当缸体由传动轴带动旋转时，柱塞相对缸体做往复运动，缸体中柱塞底部的密封工作腔是通过与泵的进、出油口相通的。

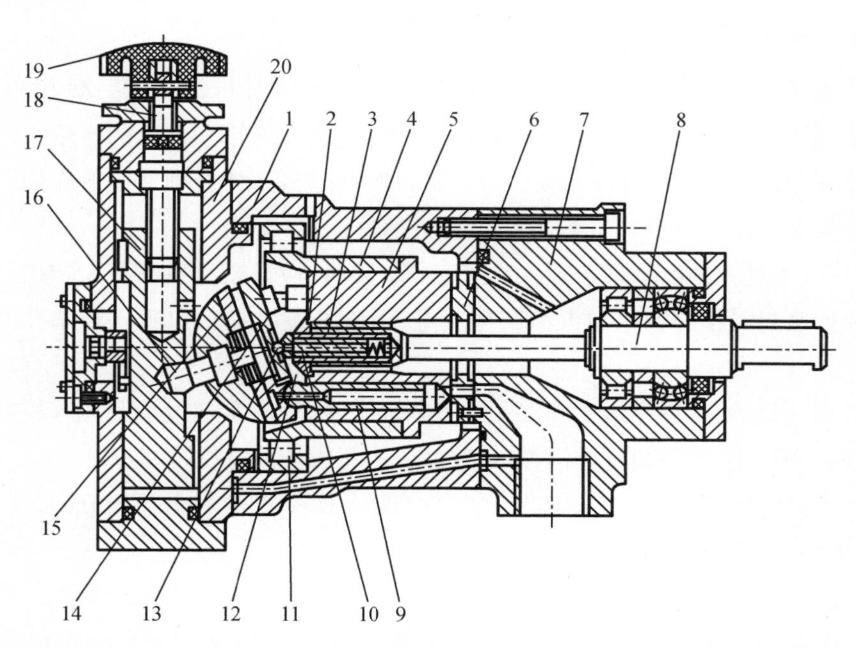

1—中间泵体；2—外套；3—中心弹簧；4—钢套；5—缸体；6—配油盘；7—前泵体；8—传动轴；9—柱塞；10—内套；11—轴承；12—滑靴；13—钢球；14—回程盘；15—斜盘；16—轴销；17—变量活塞；18—丝杆；19—手轮；20—变量机构壳体。

图 2－26 直轴式轴向柱塞泵结构图

2. 结构特点

(1)在斜盘式轴向柱塞泵中,若各柱塞以球形头部直接接触斜盘,称为点接触式轴向柱塞泵,其接触应力大,极易磨损。

(2)一般轴向柱塞泵都在柱塞头部装一滑靴(滑履),如图 2-27 所示,缸体中的压力油经过柱塞球头中间小孔流入滑靴底部油室,使滑靴和斜盘间形成液体润滑,改善了柱塞头部和斜盘的接触情况,有利于提高轴向柱塞泵的压力和其他参数,使其在高压、高速下工作。

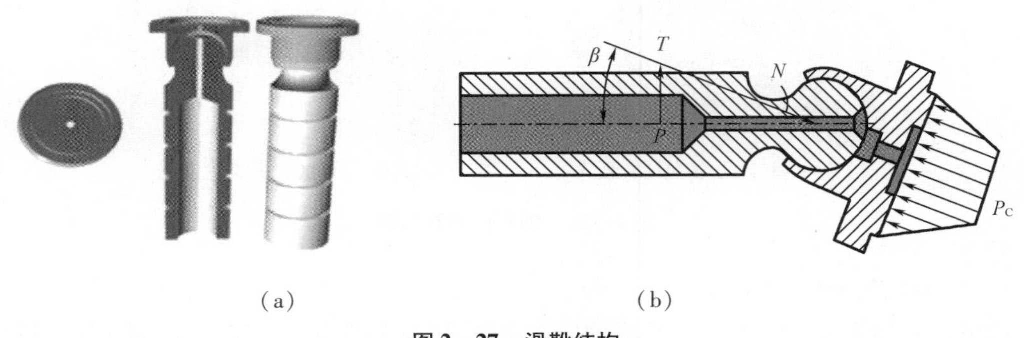

图 2-27　滑靴结构

(3)中心弹簧机构

柱塞泵要想正常工作,柱塞头部的滑靴必须始终紧贴斜盘。若在每个塞底部加一个弹簧,随着柱塞的往复运动,弹簧易于疲劳损坏。图 2-26 采用一个中心弹簧 3,通过钢球 13 和回程盘 14 将滑靴压向斜盘,这种结构中的弹簧只受静载荷,不易疲劳损坏,具有较好的自吸能力。

3. 轴向柱塞泵的工作原理

从柱塞泵结构中分离出缸体、斜盘等主要结构进行原理分析,如图 2-28 所示。缸体上开有若干个圆周均布的轴向柱塞孔,孔内装有柱塞,柱塞在弹簧和油压的作用下,其头部通过滑靴压紧在斜盘上。当缸体由传动轴带动旋转时,在斜盘、弹簧和油压的作用下,柱塞在缸体内做往复运动。

吸油过程:当柱塞从图中最下方位置向上方旋转时,被滑靴从柱塞孔中拉出,使柱塞与柱塞孔形成的密封工作腔容积加大而产生真空,油液通过吸油窗口吸入柱塞孔,完成吸油过程。

排油过程:当柱塞从图中最上方位置向下方旋转时,被斜盘通过滑靴压入柱塞孔内,使密封工作腔容积减小,油液通过排油窗口排出泵外,完成排油过程。

如果改变斜盘倾角 γ 的大小,就改变了泵的排量;如果改变斜盘倾斜方向,就改变了泵的吸、排油方向,成为双向变量液压泵。

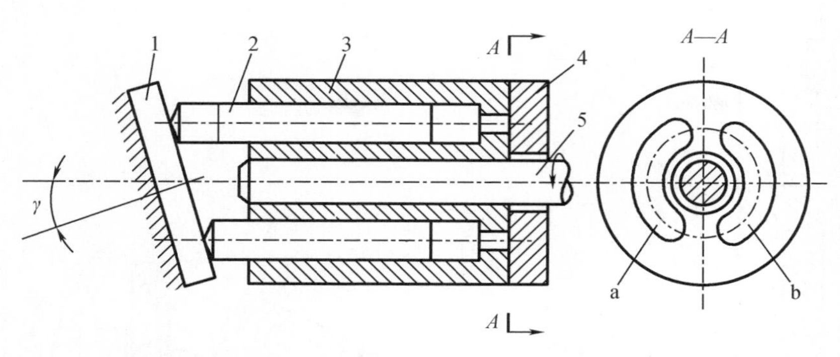

1—斜盘;2—柱塞;3—缸体;4—配流盘;5—传动轴;a—吸油窗口;b—压油窗口。

图 2 – 28 斜盘式轴向柱塞泵工作原理

斜盘式轴向柱塞泵的工作原理

4. 柱塞泵的变量机构

(1)手动变量机构

如图 2 – 26 所示,转动手轮 19 使丝杠 18 转动带动变量活塞 17 做轴向移动,通过销轴 16 使斜盘 15 绕变量机构壳体上的圆弧导轨面的中心(即钢球中心)旋转,从而使斜盘倾角改变,达到变量的目的。这种变量机构结构简单,但操纵不轻便,且不能在工作过程中实现变量。

(2)手动伺服变量机构

功率大的泵用手动变量机构不足以推动传动构件,借助液压力实现,须采用手动伺服变量机构。如图 2 – 29 所示是手动伺服变量机构简图,该机构的 c、d 和 e 三个孔道分别通向变量活塞壳体 1 的下腔 a、上腔 b 和油箱。主体部分的斜盘 4 或缸体通过适当的机构与变量活塞 2 下端相连,利用变量活塞的上下移动来改变倾角。当用手柄操纵伺服阀芯 3 向下移动时,上面的阀口打开,a 腔中压力油经孔道 c 通向 b 腔,活塞因上腔面积大于下腔的面积而向下移动,变量活塞移动时又使伺服阀的阀口关闭,最终使变量活塞停止运动。同理,当阀芯向上移动时,下面的阀口打开,b 腔经孔道 d 和 e 接通油箱,活塞在 a 腔压力油的作用下向上移动,并在该阀口关闭时自行停止运动。

由上述可知,何服变量机构是利用泵输出的压力油推动变量活塞实现变量的,故施加在拉杆上的力很小,控制灵敏。拉杆可用手动方式或机械方式操作,在工作过程中泵的吸、压油方向可以变换,是双向变量液压泵。

5. 斜轴式轴向柱塞泵

斜轴式轴向柱塞泵的工作原理如图 2 – 30 所示,其传动轴线与缸体的轴线相交成一个夹角 γ,柱塞通过连杆与主轴盘铰接并由连杆的强制作用使柱塞做往复运动,使柱塞腔的密封容积变化,从而输出液压油。这种柱塞泵变量范围大、强度大,但结构较复杂,外形尺寸和质量都较大。

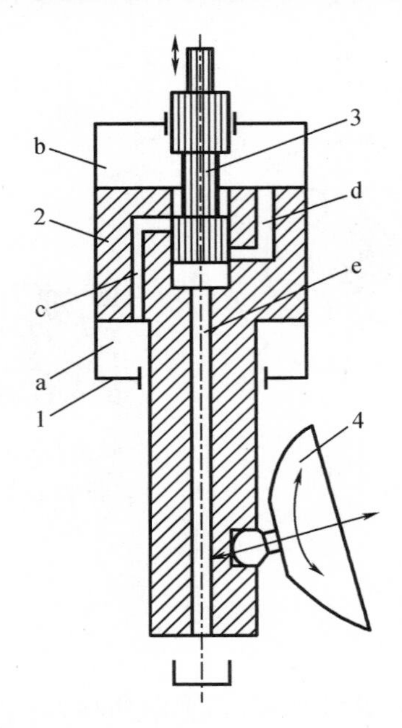

1—变量活塞壳体;2—变量活塞;
3—伺服阀芯;4—斜盘及变量头组件;
a—下腔;b—上腔;c、d、e—孔道。

图 2-29　手动伺服变量机构简图

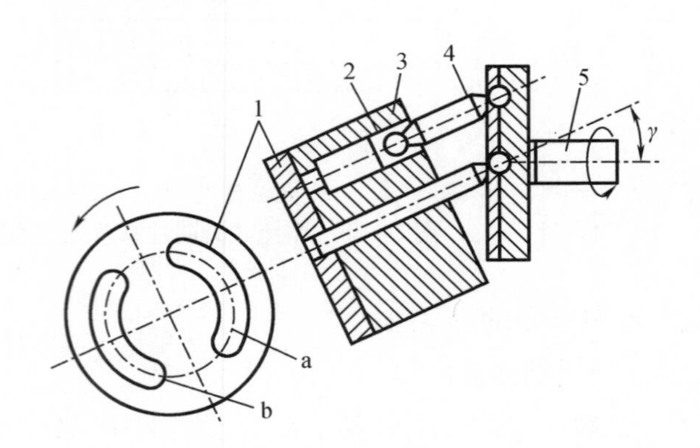

1—配流盘;2—柱塞;3—缸体;
4—连杆;5—传动轴;a—吸油窗口;b—压油窗口。

图 2-30　斜轴式轴向柱塞泵的工作原理图

二、径向柱塞泵

1. 径向柱塞泵的工作原理

如图 2-31 所示为径向柱塞泵的工作原理图,径向柱塞泵的定子与转子偏心安装,转子中径向均布着柱塞孔,柱塞 1 可在其中自由滑动,衬套 3 固定在转子孔内并随转子一起转动。配油轴 5 固定不动并把衬套的内孔分隔为上、下两个分油室,两个油室分别通过配油轴上的轴向孔与泵的吸、压油口相通。

吸油过程:柱塞在上半周由内向外伸出,其底部的密封容积逐渐增大,产生局部真空,通过固定在配油轴窗口 a 吸油。

排油过程:柱塞处于下半周时,其底部的密封容积逐渐减小,通过配油轴窗口 b 把油液排出。

转子转一周,每个柱塞吸、压油一次。若改变定子和转子的偏心距,则泵的输出流量也改变,即为径向柱塞变量泵。改变偏心距 e 的方向,则进油口和排油口互换,即为双向径向柱塞变量泵。

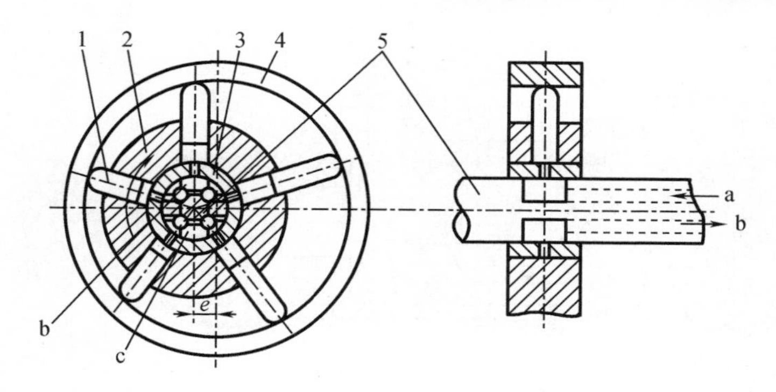

1—柱塞;2—缸体;3—衬套;4—定子;5—配油轴;a、b—配油轴窗口。

图 2－31　径向柱塞泵工作原理图

2. 径向柱塞泵的特点

径向柱塞泵的优点是制造工艺性好(主要配合面为圆柱面),较容易实现输出流量的改变,工作压力较高,轴向尺寸小,便于做成多排柱塞的形式。其缺点是径向尺寸大,配油轴在径向不平衡液压力的作用下易磨损,泄漏间隙不能补偿,配油轴中吸、排油流道的尺寸受到配油轴尺寸的限制不能做大,因而影响泵的吸入性能。

【知识拓展】

螺　杆　泵

螺杆泵属于一种转子型液压泵,按照泵内的螺杆根数可分为单螺杆泵、双螺杆泵、三螺杆泵及多螺杆泵。与其他类型液压泵相比,具有结构紧凑、体积小、质量较轻、运动平稳、流量脉动小、噪声小、转速范围大、容积效率较高和对油液污染不敏感等优点;但其螺杆结构复杂、加工困难、生产成本高且精度不高。在一些精密机床、精密机械、食品、化工、石油、纺织等机械中广泛使用。

图 2－32 所示为三螺杆泵的工作原理图,三个互相啮合的双线螺杆装在壳体内,主动螺杆 2 和两根从动螺杆 3 与泵体一起组成密封工作腔。三根螺杆的外圆与壳体对应弧面保持着良好的配合,其间隙很小。在横截面内,它们的尺廓由几对共轭摆线组成,螺杆的啮合线将主动螺杆和从动螺杆的螺旋槽分割成多个相互隔离的密封工作腔。随着螺杆逆时针方向旋转,这些密封工作腔一个接一个地在左端形成,并不断地从左向右移动,至右端消失。主动螺杆每转一周,每个密封工作腔移动一个螺旋导程。密封工作腔在左端形成时容积逐渐增大并吸油,在右端消失时,容积逐渐缩小而将油液压出。

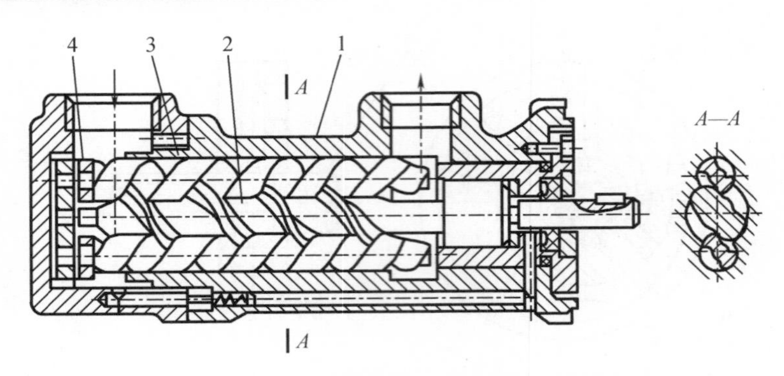

1—泵体;2—主动螺杆(凸螺杆);3—从动螺杆(凹螺杆);4—轴承。

图2-32 螺杆泵工作原理

【任务实施】

一、任务说明

轴向柱塞泵的结构复杂,拆装难度大,按照操作步骤完成轴向柱塞泵的拆装(图2-33)过程。结合柱塞泵的工作原理,熟悉柱塞泵各部分的结构和作用,学会使用各种工具正确拆装柱塞泵,培养实际操作能力。

图2-33 轴向柱塞泵的拆装

二、使用工具

钳子、铜棒、内六角扳手、耐油橡胶垫。

三、操作步骤

(1)松开泵体与变量头的连接螺钉,卸下变量头并妥善放置和防尘;

(2)松开泵体与壳体的连接螺钉,将泵体与壳体分解(但泵体上的定位销不能取下),取下泵体;

(3)取下柱塞与滑靴组件,如发现柱塞卡死在缸体中,已研伤缸体,则应报废此泵而换新,观察柱塞球形头部与滑靴的连接形式;

(4)从传动轴上取出球铰、弹簧等组件并分解成单个零件;

(5)取出缸体及其外镶缸套,两者为过盈配合不分解;

(6)逐一检查拆下的零件(包括各密封件及各轴承)的状态并对已磨损或失效的零件进行修理或更换;

(7)拆下变量头组件,卸下止推板和销轴;

(8)卸掉法兰盘螺钉及法兰盘和密封件;

(9)松开锁紧螺母,拆卸上法兰,取出调节螺杆及变量活塞(对于液压控制变量头,则应拆解变量控制阀后再取下调节螺杆及变量活塞)。

四、注意事项

(1)拆卸柱塞泵检修时,首先应对照装配图或使用说明书对泵进行拆卸;

(2)在泵装配中特别要注意,谨防中心弹簧的钢球落入泵内,落入泵内的钢球会在泵运转时打坏泵内所有零件,导致泵无法修复;

(3)避免在对泵的结构原理不了解又无现成的备用易损件时盲目拆解柱塞泵;

(4)拆装过程中,遇到元件卡住的情况,不要盲目敲打;

(5)装配时,遵循“先拆后装”原则,即先拆的零件后安装、后拆的零件先安装。

主体部分的拆卸

变量部分的拆卸

变量部分的安装

主泵体的安装

【故障排除】

柱塞泵的常见故障、原因及排除方法见表 2-5。

表 2-5 柱塞泵的常见故障、原因及排除方法

故障现象	故障原因	排除方法
泵吸不上油	1. 与缸体贴合处有磨损、凹坑或拉伤	1. 修磨与缸体贴合面
	2. 柱塞与缸体孔间隙过大	2. 换新柱塞与缸体孔配研
	3. 中心弹簧折断或不能顶紧	3. 更换中心弹簧
	4. 油温过高或过低	4. 依油温变化范围选择适合的油
	5. 泵体内部事先加油不充分,存有空气	5. 泵启动前,先往泵内注满油液,并彻底排空泵内空气
	6. 油箱液面太低,过滤器裸露在油面之上,吸油管漏气或过滤器阻力过大	6. 应补油至油箱油标规定线,并清洗过滤器

表 2-5(续)

故障现象	故障原因	排除方法
过度发热	1. 内部漏损较大	1. 检查和研修有关密封配合面
	2. 柱塞外径磨损或拉伤	2. 刷镀柱塞外径,修复或更换
	3. 油液黏度过低,油温过高导致泵内泄露损失大	3. 更换黏度适合的油液
	4. 油箱散热不良	4. 加大油箱容量或假装冷却装置
	5. 电机与泵轴安装不同轴,或联轴器挠性件破损	5. 矫正电机与泵轴同轴度,更换联轴器挠性件
滑靴与斜盘贴合面磨损	1. 油液不净,柱塞中心孔和滑靴孔被堵塞	1. 清洁油液
	2. 滑靴与变量头间隙有污物,引起拉毛磨损或卡死	2. 滑靴小孔阻塞后可用 φ0.8 mm 的钢丝穿通,并清洗
输油量不足或压力不足	1. 与缸体贴合处有磨损、凹坑或拉伤	1. 修磨与缸体贴合面
	2. 柱塞与缸体孔间出现磨损	2. 刷镀柱塞外圆,研磨缸体孔
	3. 流量调节螺钉过调,或变量调节装置失灵使斜盘倾角太小	3. 正确调节流量调节螺钉,清洗变量控制装置
	4. 因污物等原因与缸体贴合不良	4. 拆洗与缸体
噪声、振动过大	1. 泵内有空气	1. 排除空气,检查空气进入部位
	2. 轴承装配不当,单边磨损或损伤	2. 检查轴承损坏情况,及时更换
	3. 油液黏度过高	3. 适当降低油液黏度
	4. 油面过低或液压泵吸气	4. 按油标高度注油,并检查密封
	5. 泵与电机装配不同心,增加了径向载荷	5. 重新调整,使之在允许范围内
	6. 柱塞与球头连接松动或脱落	6. 检查修理或更换组件
变量机构失灵	1. 变量控制杠缸体卡在柱塞上	1. 清洗
	2. 偏置油缸卡在柱塞上	2. 清洗
	3. 偏置弹簧折断或漏装	3. 更换或补装偏置弹簧
	4. 斜盘与轴承面间磨损严重,摆动不灵活	4. 刮研轴承与斜盘面,使二者摆动灵活

任务 5 液压泵的选用

【任务引入】

合理选用液压泵对于降低液压系统的能耗、提高系统的效率、降低噪声、改善工作性能和保证系统可靠地工作都十分重要。已知某液压压力机的工作压力为 10 MPa,进入液压缸的流量为 6 L/min,请为其选择合适的液压泵。

【相关知识】

一、液压泵类型的选取

选用液压泵首先要根据主机工况、功率大小和系统对工作性能的要求，确定液压泵的类型，然后按系统所要求的压力、流量大小确定其规格型号。

一般在轻载小功率的液压设备上可选用齿轮泵、双作用叶片泵，精度较高的机械设备可用双作用叶片泵、螺杆泵；对负载较大并有快、慢速进给的机械设备（如组合机床），可选用限压式变量叶片泵、双联叶片泵；负载大、功率大的设备（如刨床、拉床、压力机），可选用柱塞泵；机械设备的辅助装置，如送料、夹紧等不重要的场合，可选用价格低廉的齿轮泵。各种泵的性能及应用见表 2－6。

表 2－6 常用液压泵的技术性能及应用

项目	齿轮泵	双作用叶片泵	单作用叶片泵	轴向柱塞泵	径向柱塞泵	螺杆泵
工作压力（MPa）	<20	6.30～20	≤7	20～35	10～20	<10
转速范围（r/min）	300～7 000	500～4 000	500～2 000	600～6 000	700～4 000	1 000～18 000
流量调节	不能	不能	能	能	能	不能
容积效率	0.70～0.95	0.80～0.95	0.80～0.90	0.90～0.98	0.85～0.95	0.70～0.95
总效率	0.60～0.85	0.75～0.85	0.70～0.85	0.85～0.95	0.75～0.92	0.60～0.85
流量脉动率	大	小	中等	中等	中等	很小
自吸特性	好	较差	较差	较差	差	好
对油的污染敏感性	不敏感	敏感	敏感	敏感	敏感	不敏感
噪声	大	小	较大	大	较大	很小
单位功率造价	最低	中等	较高	高	高	较高
应用范围	机床、工程机械、农业机械、航空、船舶、一般机械	机床、注塑机、液压机、起重运输机械、工程机械、航空	机床、注塑机	机床、工程机械、锻压机械、起重运输机械、矿山机械、冶金机械、船舶、航空	机床、液压机、船舶	精密机床、精密机械、视频机械、化工机械、石油机械、防止机械等

二、液压泵的工作压力

液压泵的工作压力 p_B 应满足系统中执行机构所需的最大工作压力 p_{max}，即

$$p_B \geqslant K_P p_{max}$$

式中，K_P是系统的压力损失系数，一般取1.3～1.5。

在液压泵产品样本中往往标明额定压力值和最大压力值，应按额定压力值选择液压泵，只有在短暂超载的场合或产品说明书中特殊说明的情况，才允许按最大压力值选取液压泵。

三、液压泵的流量

液压泵的流量 q_{VB}应满足液压系统中同时工作的执行机构所需的最大流量之和，即

$$q_{VB} \geqslant K_q \sum q_{max}$$

式中　K_q——系统的泄漏系数，一般取1.1～1.3；

　　q_{max}——执行元件所需的最大流量。

在液压泵产品样本中，标明了每种泵的额定流量或排量的数值，是在额定转速和额定压力下盖泵输出的实际流量。根据系统中需要的流量选定液压泵时，必须保证该泵对应于额定流量的规定转速，要避免用改变转速的方法增减流量。

确定液压泵的流量和工作压力的取值后，可以参考有关手册，查出各类液压泵的技术性能、特点和应用范围并考虑使用环境、温度、清洁状况、安置位置、维护保养、使用寿命、经济性能等方面，确定液压泵的类型。

【任务实施】

例子中系统的泄漏系数取 $K_q = 1.2$，液压泵的流量 $q_{VB} = 7.2$ L/min。

系统的压力损失系数 $K_P = 1.4$，液压泵的工作压力 $p_B = 14$ MPa。

通过查手册，选择柱塞泵的型号为10YCY14－1B，泵的转速为1 445 r/min，额定压力为31.5 MPa，额定流量为10 L/min。

【知识拓展】

一、液压泵的安装

液压泵安装不当会引起噪声、振动，影响工作性能和降低寿命，应按照以下要求来进行安装。

(1)泵的支座或法兰和电动机应有共同的安装基础，且法兰或支座都必须有足够的刚度。在底座下面及法兰和支架之间装上橡胶隔振垫，以降低噪声。

(2)液压泵一般不允许承受径向负载，因此常用电动机直接通过弹性联轴器来传动。安装时要求电动机与液压泵的轴应有较高的同轴度，其偏差应在0.1 mm以下，倾斜角不得大于1°，以避免增加泵轴的额外负载并引起噪声。

(3)对于安装在油箱上的自吸泵，通常泵中心至油箱液面的距离应小于500 m，在油箱下面或旁边的泵，为了便于检修，吸入管道上应安装截止阀。

(4)液压泵的进口、出口位置和旋转方向应符合泵上标明的要求，不得接反。

(5)要拧紧进出油口管接头连接螺钉，密封装置要可靠，以免引起吸空、漏油，影响泵的工作性能。

(6)在齿轮泵和叶片泵的吸入管道上可装粗过滤器,但在柱塞泵的吸入口一般不装滤油器。

(7)安装联轴器时,不要用力敲打泵轴,以免损伤泵的转子。

二、使用液压泵的注意事项

(1)在泵启动前要根据油位指示计检查油箱的油量,避免出现吸空而产生气穴现象。

(2)用油温计检查油温,避免泵在0 ℃以下启动。泵的启动应进行点动,在点动中从泵的声音变化和压力表压力的变化来判断泵的流量。

(3)检查了解泵的运行情况和运行效率。若噪声大,油温又过高,则泵可能磨损严重;对比泵壳和油箱温度,如二者温差高于5 ℃,则可认为泵的效率非常低。

(4)检查转轴和连接处的漏油情况,高温、高压时要特别注意发生泄漏。

(5)注意检查装在泵吸入管处的真空表的指示值是否正常。

思考与习题

1. 液压泵要完成吸油和压油,必须具备的条件是什么?

2. 说明什么是困油现象。

3. 在齿轮泵中为什么会产生径向力不平衡现象?

4. 高压叶片泵的结构特点是什么?

5. 限压式变量叶片泵的工作特性是什么?

6. 什么是液压泵的排量、理论流量和实际流量,它们之间的关系如何?

7. 液压泵的实际工作压力取决于哪些因素?泵的工作压力与额定压力的区别是什么?

8. 为什么轴向柱塞泵适用于高压场合?

9. 试分析柱塞泵是否存在困油现象。

10. 双作用叶片泵的压油窗口端开三角形槽,为什么能降低压力脉动和噪声?

11. 泵的额定流量为100 L/min,额定压力为2.5 MPa,当转速为1 450 r/min时,机械效率为0.9。由实验测得,当泵出口压力为零时,流量为106 L/min,压力为2.5 MPa时,流量为100.7 L/min,试求:

(1)泵的容积效率;

(2)如泵的转速下降到500 r/min,在额定压力下工作时,计算泵的流量;

(3)上述两种转速下泵的驱动功率。

12. 设液压泵转速为950 r/min,排量为168 L/r,在额定压力29.5 MPa和同样转速下,测得的实际流量为150 L/min,额定工况下的总效率为0.87,试求:

(1)泵的理论流量;

(2)泵的容积效率;

(3)泵的机械效率;

(4)泵在额定工况下所需电机驱动功率;

(5)驱动泵的转速。

项目三　液压执行元件的选用

在液压传动系统中，液压执行元件是将液体压力能转变成机械能的能量转换装置，包括液压缸和液压马达。其中，液压缸是应用较多的液压执行元件，驱动工作机构实现往复直线运动或往复摆动，输出推力或转矩、速度或角速度。液压马达主要用于驱动工作机构实现连续回转运动，输出转矩与转速。

任务1　液压缸的选用

【任务引入】

自卸车又称翻斗车，是通过液压或机械举升而自行卸载货物的车辆，在土木工程中经常与挖掘机、装载机、带式输送机等工程机械联合作业，构成装、运、卸生产线，进行土方、砂石、散料的装卸运输工作。如图3-1所示为某液压举升自卸车，通过液压系统驱动执行元件来举升货厢卸载物料。试分析其举升动作是通过何种液压执行元件带动的，是如何进行工作的。

图3-1　自卸车外观

【任务分析】

自卸车通过液压系统驱动执行元件来举升货厢，执行元件一般有液压缸和液压马达两种，其中液压缸主要实现往复直线运动，液压马达实现回转运动，此处考虑使用液压缸。液压缸与杠杆、连杆、齿轮齿条、棘轮、凸轮等机构配合使用时，可实现如图3-2所示的多种运动。液压缸还具有多种类型，应根据不同工况进行合理选用。

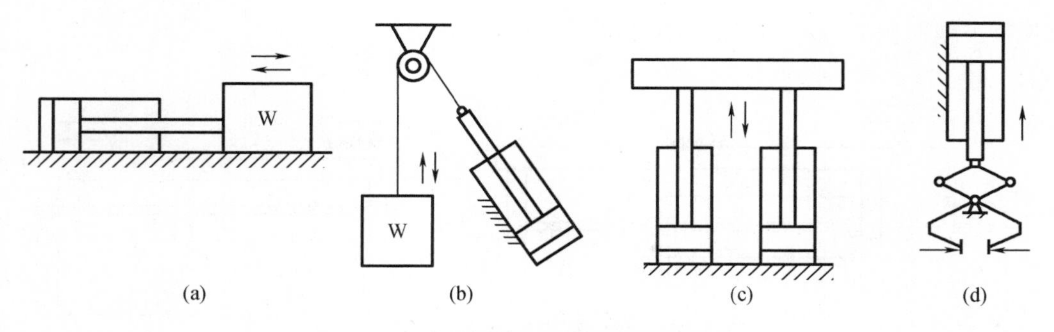

图 3－2　液压缸与配合机构实现的运动

【相关知识】

液压缸的种类如图 3－3 所示。

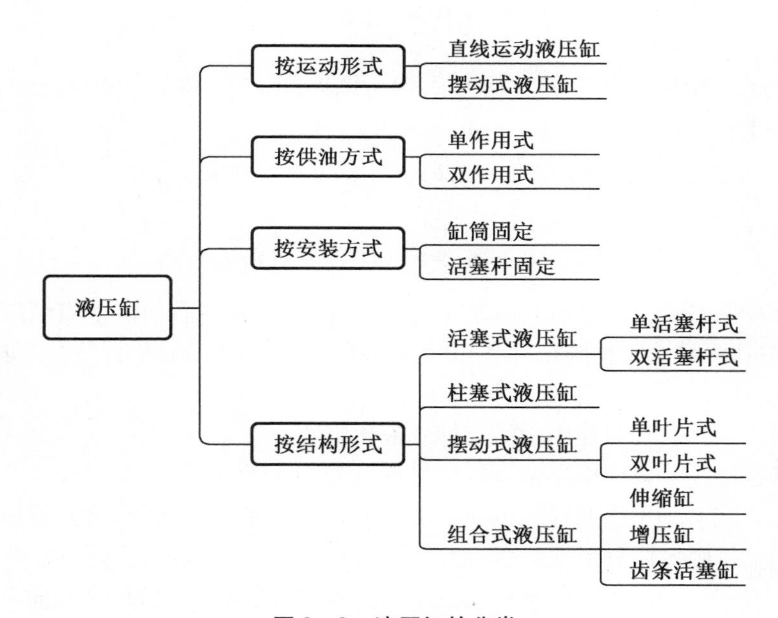

图 3－3　液压缸的分类

液压缸的分类广泛，以活塞杆式液压缸应用最多。单作用式液压缸只有一个油口，利用液压力推动活塞向一个方向运动，反向运动则须借助外力；双作用液压缸有两个油口，其正、反向运动都依靠液压力来实现。

一、活塞式液压缸

1. 双作用双活塞杆式液压缸

双活塞杆式液压缸的活塞两端都带有活塞杆，根据其安装方式可分为缸筒固定和活塞杆固定两种形式，如图 3－4 所示。图 3－4(a)为缸筒固定通过活塞杆带动工作台移动，其运动范围为活塞有效行程的三倍，这种连接占地面积大，一般用于中小型设备。若将活塞杆固定，缸体带动工作台移动如图 3－4(b)所示，其运动范围为液压缸有效行程的两倍，这种连接占地面积小,常用于大中型设备。

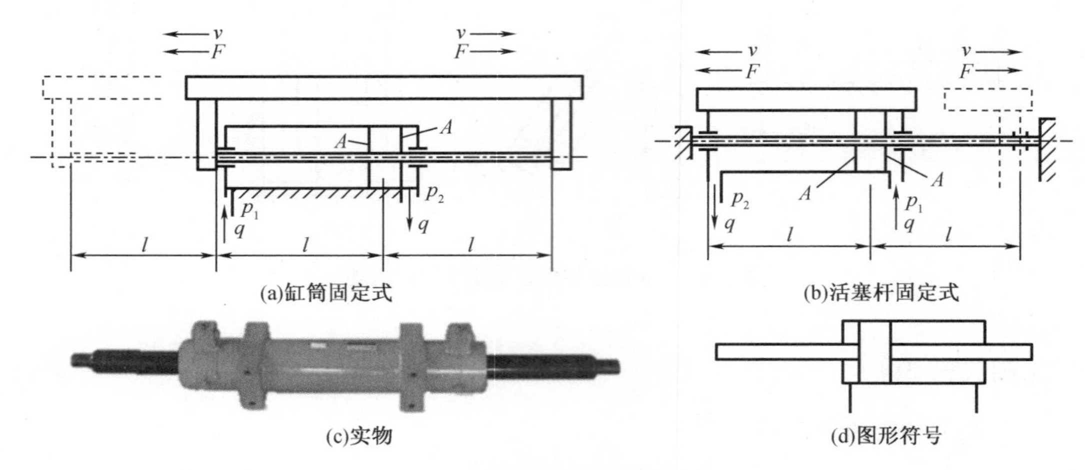

图 3-4　双作用双活塞杆式液压缸

当活塞的直径为 D,活塞杆的直径为 d,液压缸进、出油口的压力分别为 p_1 和 p_2,输入流量为 q 时,活塞杆式液压缸的速度 v 和推力 F 分别为

$$v=\frac{q}{A}\eta_v=\frac{q}{\pi(D^2-d^2)/4}\eta_v=\frac{4q}{\pi(D^2-d^2)}\eta_v$$

$$F=(p_1-p_2)A\eta_m=\frac{\pi}{4}(D^2-d^2)(p_1-p_2)\eta_m$$

由于双活塞杆式液压缸两端的活塞杆直径相等,因此它左右两腔的有效工作面积 A 也相等,分别向左右两腔输入相同压力和相同流量的油液时,液压缸左右两个方向的速度 v 和推力 F 相等。

液压缸工作原理

2. 双作用单活塞杆式液压缸

双作用单活塞杆式液压缸如图 3-5 所示。

单活塞杆式液压缸的活塞仅一端带有活塞杆,有缸筒固定和活塞杆固定两种形式,它们的工作台移动范围都是活塞有效行程的两倍。

由于单活塞杆式液压缸两端有效面积不相等,分别向左右两腔输入相同压力和流量的油液时,液压缸活塞移动的速度 v 和活塞上产生的推力 F 不相等。

若活塞的直径为 D,活塞杆的直径为 d,液压缸进、出油口的压力分别为 p_1 和 p_2,输入流量为 q,无杆腔和有杆腔活塞的有效工作面积分别为 A_1 和 A_2,则活塞上产生的速度和推力分为以下三种情况。

(1)无杆腔进油

如图 3-5(a)所示,活塞的运动速度 v_1 和推力 F_1 分别为

$$v_1=\frac{q}{A_1}\eta_v=\frac{4q}{\pi D^2}\eta_v$$

$$F_1=(p_1A_1-p_2A_2)\eta_m=\frac{\pi}{4}[p_1D^2-p_2(D^2-d^2)]\eta_m$$

(2)有杆腔进油

如图 3-5(b)所示,活塞的运动速度 v_2 和推力 F_2 分别为

$$v_2 = \frac{q}{A_2}\eta_v = \frac{4q}{\pi(D^2 - d^2)}\eta_v$$

$$F_2 = (p_1A_2 - p_2A_1)\eta_m = \frac{\pi}{4}[p_1(D^2 - d^2) - p_2D^2]\eta_m$$

比较上述各式,可得 $v_1 < v_2$,$F_1 > F_2$,即无杆腔进油推力大,速度低;有杆腔进油推力小,速度高。此特点常用于实现机床的工作进给(F_1,v_1)和快速退回(F_2,v_2)。

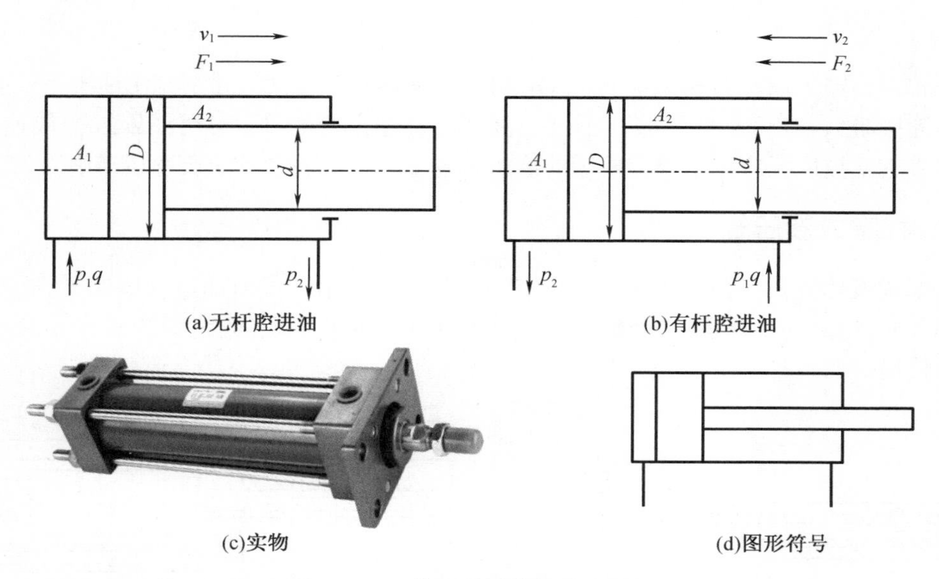

(a)无杆腔进油 (b)有杆腔进油

(c)实物 (d)图形符号

图 3-5 双作用单活塞杆式液压缸

(3)差动连接

如图 3-6 所示,当单活塞杆式液压缸两腔同时通入压力油时,由于无杆腔的有效作用面积大于有杆腔的有效作用面积,使得活塞向右的作用力大于向左的作用力,活塞右移,活塞杆伸出;同时,有杆腔排出的油液与液压泵输送来的油液一起进入无杆腔,从而加快了活塞杆的伸出速度,单活塞杆式液压缸的这种连接方式称为差动连接。

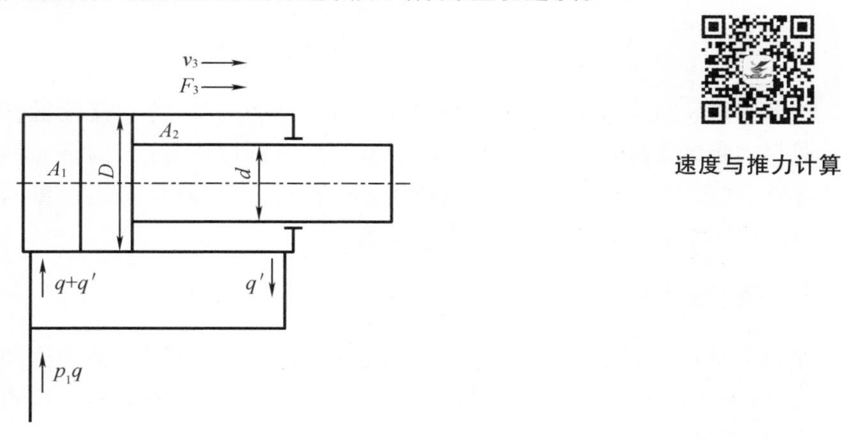

图 3-6 差动连接

进入无杆腔的流量为

$$q_1 = A_1 v_3 = q\eta_v + A_2 v_3$$

活塞的运动速度为

$$v_3 = \frac{q}{A_1 - A_2}\eta_v = \frac{4q}{\pi d^2}\eta_v$$

忽略两腔油路压力损失的情况下，差动连接液压缸的推力为

$$F_3 = p_1(A_1 - A_2)\eta_m = \frac{\pi}{4}d^2 p_1 \eta_m$$

在相同的输入油压力和流量下，差动连接时，液压缸的推力比非差动连接时小，速度比非差动连接时大，差动连接能够在不增加液压泵流量的条件下，实现液压缸的快速运动。这种连接方式被广泛应用于组合机床的液压系统和其他机械设备的快速运动中。

二、柱塞式液压缸

柱塞式液压缸是一种单作用式液压缸，如图 3－7 所示。压力油进入缸筒时，柱塞带动运动部件向外伸出，反向退回时须依靠其他外力或自重来实现，或将两个柱塞式液压缸成对反向使用。

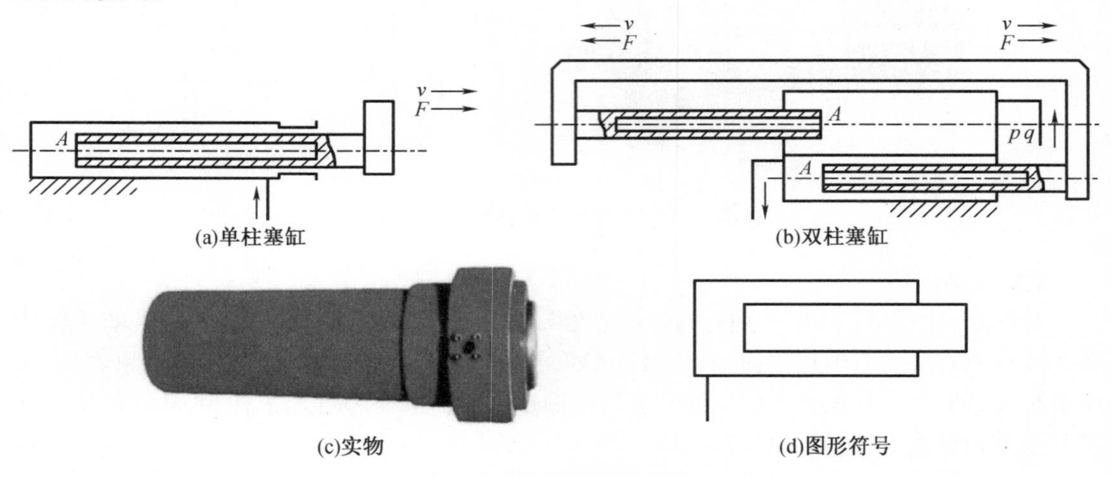

图 3－7　柱塞式液压缸

柱塞式液压缸运动时，缸筒内壁和柱塞有一定的间隙，并直接接触，因此缸筒内壁不用加工或只做粗加工即可。对于行程较长的场合，必须保证导向套和密封装置部分内壁的精度。此外，柱塞式液压缸的柱塞一般较粗，水平放置会导致柱塞因自重而下垂，造成导向套和密封圈单向磨损，所以一般不宜水平安装。

三、摆动式液压缸

摆动式液压缸是输出转矩并实现往复摆动的执行元件，也称为摆动液压马达，具有结构紧凑、输出转矩大的特点，但密封困难。摆动式液压缸主要有单叶片式和双叶片式两种，如图 3－8 所示。

单叶片式摆动液压缸的摆动角度一般不超过280°，定子块3 固定在缸体1 上，叶片2 和摆动输出轴固连在一起，两个油口相继通入压力油，叶片 2 便带摆动输出轴做往复摆动。

双叶片式摆动液压缸的摆动角度不超过 150°，其输出转矩是单叶片缸的 2 倍，角速度是单叶片式的一半。

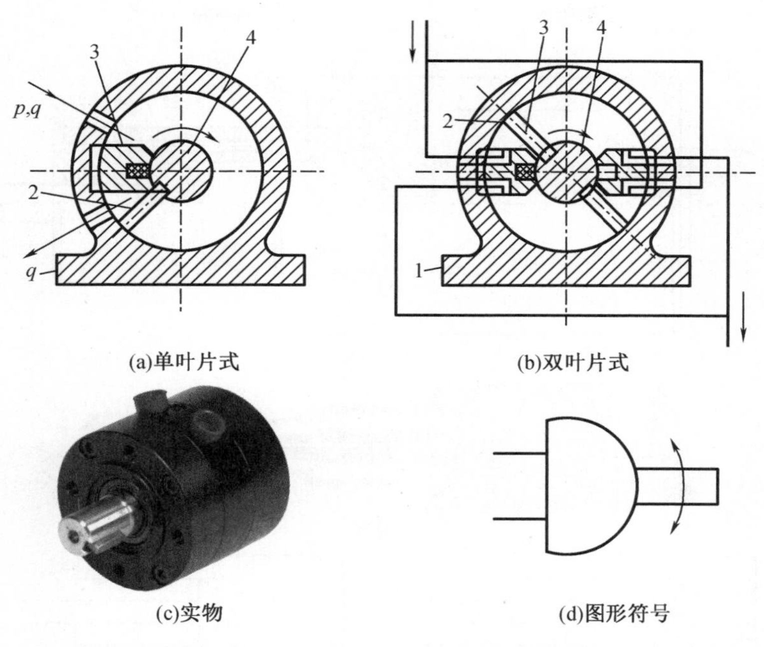

(c)实物

(d)图形符号

1—缸体；2—叶片；3—定子块；4—摆动输出轴。

图 3－8 摆动式液压缸

四、组合式液压缸

1. 伸缩式液压缸

伸缩缸又称多级缸，由两级或多级活塞缸套装而成，如图 3－9 所示。它的前一级活塞缸的活塞就是后一级的缸体，这种伸缩缸的各级活塞依次伸出，可获得很长的行程。活塞伸出的顺序从大到小，相应的推力也是由大变小，而伸出速度则由快变慢。空载缩回的顺序一般从小到大，缩回后伸缩缸的总长较短、结构紧凑。常用在工程机械上，如翻斗汽车、起重机伸缩臂等。

2. 增压缸

增压缸又称增压器，作用是将输入的低压油变为高压油，常用于某些短时或局部需要高压油的液压系统中。将增压式液压缸与低压大流量泵配合使用，系统只有局部是高压，从而减少功率损失。

如图 3－10 所示，增压缸由直径分别为 D 和 d 的复合缸筒及有特殊结构的复合活塞等零件组成，当增压缸左腔输入压力为 p_1，右腔输出压力为 p_2，不计摩擦阻力时，根据力学平衡关系有

$$\frac{\pi D^2}{4}p_1 = \frac{\pi d^2}{4}p_2$$

$$p_2 = p_1\frac{D^2}{d^2}$$

式中，D^2/d^2 为增压比，代表增压器的增压程度，当 $D=2d$ 时，$p_2=4p_1$，即可增压 4 倍。

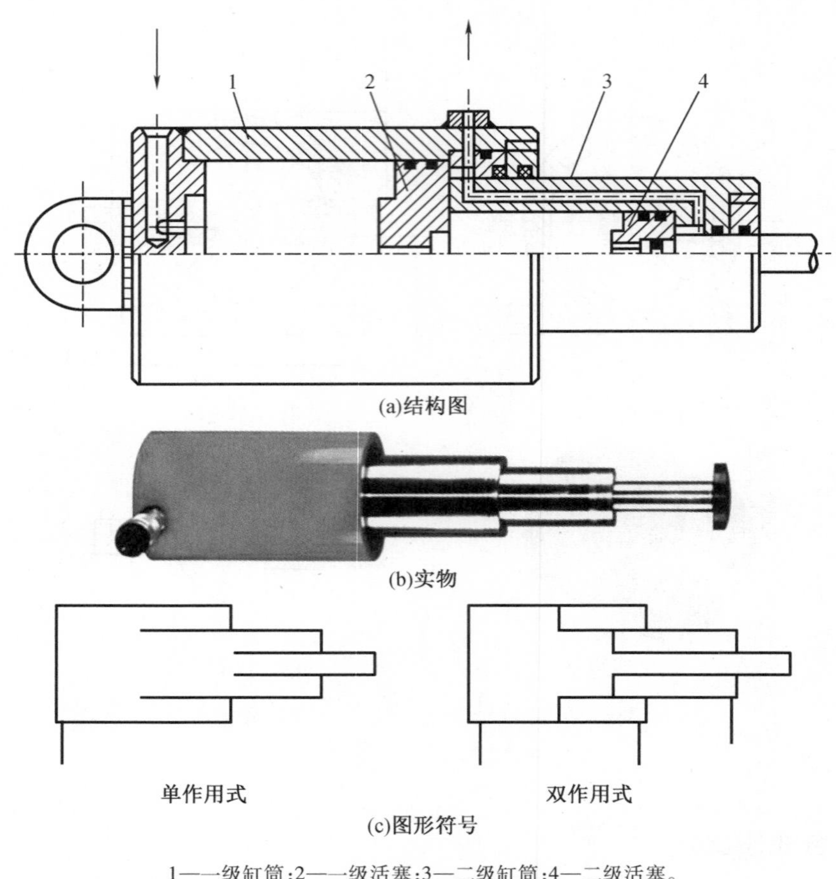

(a)结构图

(b)实物

(c)图形符号

1——一级缸筒；2——一级活塞；3—二级缸筒；4—二级活塞。

图 3－9　伸缩式液压缸

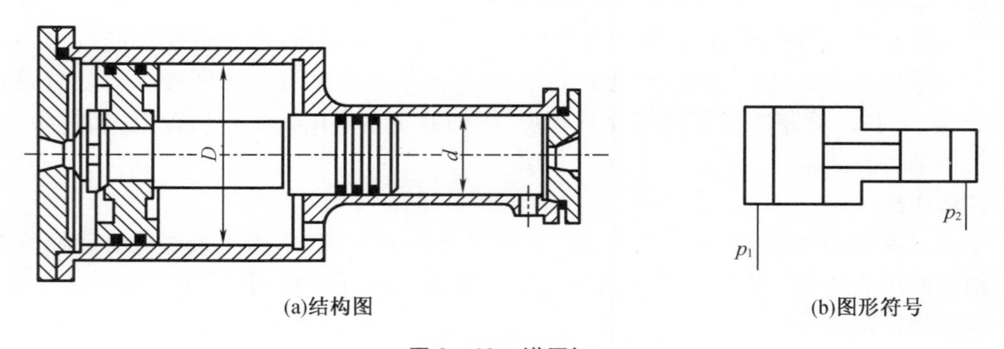

(a)结构图　　(b)图形符号

图 3－10　增压缸

3. 齿条活塞缸

齿条活塞缸常用在组合机床上的回转工作台或分度机构上，是由带有齿条杆的双活塞缸和齿轮、齿条机构所组成，可将液压缸的往复运动变成齿轮轴的往复转动，其摆动角度可大于 360°。如图 3－11(b)所示，当液压缸左腔进油、右腔回油时，齿条活塞向右运动，齿条带动齿轮逆时针方向旋转，若进、回油反向，齿轮则顺时针方向旋转。

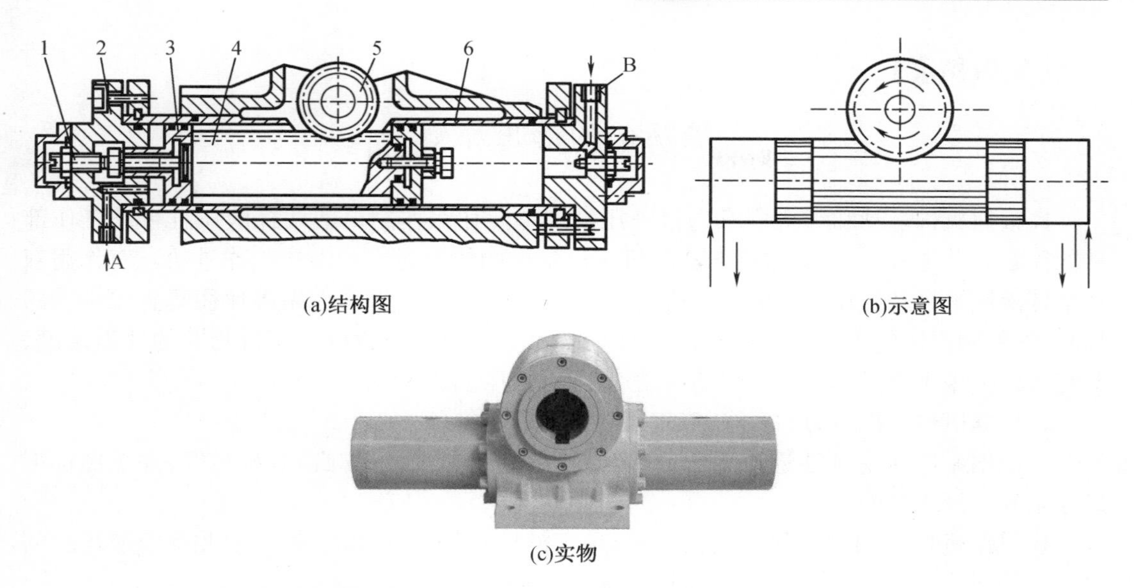

(a)结构图　　(b)示意图

(c)实物

1—调节螺钉;2—端盖;3—活塞;4—齿条活塞杆;5—齿轮;6—缸体。

图 3－11　齿条活塞缸

【任务实施】

通过分析自卸车工作过程可知,该自卸车在液压举升机构的作用下,通过执行元件完成货厢向后倾翻动作;物料卸载完毕,通过执行元件完成车厢收回动作。整个工作过程中,执行元件实现直线往复运动,应选用液压缸而非液压马达。为节省卸料时间和劳动力,自卸车货厢须保证一定的卸料角度和举升高度,考虑到液压缸尺寸和自卸车空间结构的限制,此处选用伸缩式液压缸更为理想(部分自卸车根据实际安装情况,选用单杆液压缸)。

自卸车伸缩缸结构如图 3－12 所示,其前一级缸的活塞就是后一级的缸体,各级活塞依次伸出可获得很长的行程,而当各级活塞依次缩回,又能使液压缸轴向尺寸很短。

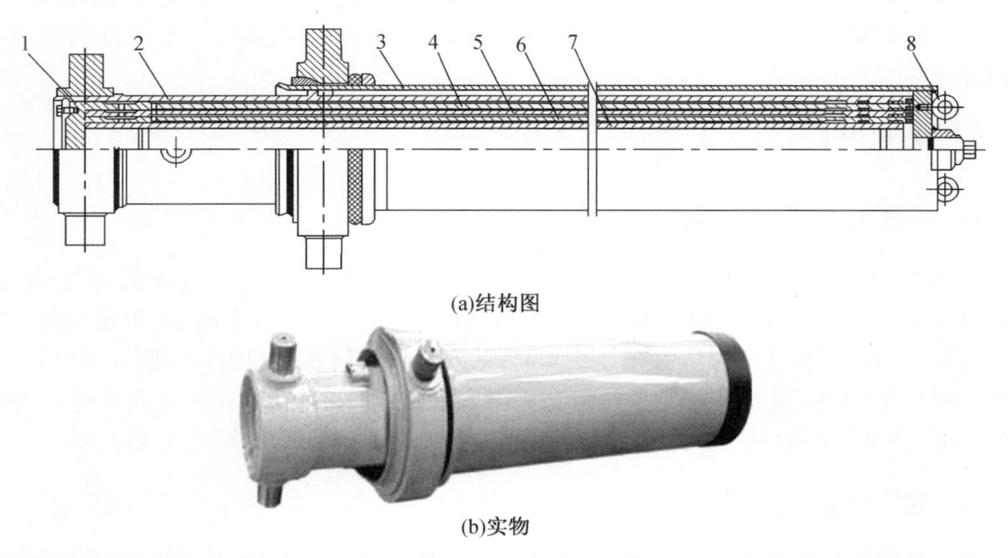

(a)结构图

(b)实物

1—下堵盖;2—外缸总成;3—外罩总成;4—四级缸筒;5—三级缸筒;6—二级缸筒;7—一级缸筒;8—吊环;9—自锁螺母。

图 3－12　自卸车伸缩式液压缸

【知识拓展】

液压缸的选用原则

1. 根据机构运动和结构要求选择液压缸类型。如双作用单活塞杆液压缸带动工作部件的往复运动速度不相同,常用于实现机床设备中的快速退回和慢速工作进给。双作用双活塞杆液压缸带动工作部件的往返速度一致,常用于需要工作部件做等速往复直线运动的场合,如外圆磨床的工作台。差动液压缸只需较小的牵引力就可以获得相等的往返速度,并且可以使用小流量泵获得较快的运动速度,在机床上应用较多。

2. 根据机构工作压力的要求,确定液压缸的输出力。

3. 根据系统压力和往返速度比,确定液压缸的主要尺寸,如缸径、杆径等,并按照标准尺寸系列选择适当的尺寸。

4. 根据机构运动的行程和速度要求,确定液压缸的长度和流量,并由此确定液压缸的通油口尺寸。

5. 根据工作压力和材料,确定液压缸的壁厚尺寸、活塞杆尺寸、螺钉尺寸及端盖结构。

6. 可靠的密封是保证液压缸正常工作的重要因素,应选择适当的密封结构。

7. 根据缓冲要求选择适当的缓冲机构,对高速液压缸必须设置缓冲装置。

8. 在保证获得所需往复运动行程和驱动力的条件下,尽可能减小液压缸的轮廓尺寸。

9. 对运动平稳性要求较高的液压缸应设置排气装置。

任务2　液压缸的拆装与检修

【任务引入】

如图3-13所示为某机械设备的液压缸,在实际工作过程中会出现爬行、局部速度不均匀、液压冲击、噪声等故障,请拆卸液压缸,观察其内部结构,分析造成这些故障的原因并进行故障排除。

【相关知识】

一、液压缸的典型结构

如图3-13所示为单活塞杆式液压缸,图3-13(a)中,缸筒一端与缸底焊接,缸盖10与缸筒6采用螺纹连接,以便拆装检修。两端设有A、B两油口进出油液,实现双向往复运动。活塞4与活塞杆7通过卡键2连在一起,活塞4与缸筒6之间由密封圈3密封,活塞杆7和活塞4内孔由密封圈5密封。导向套8可保证活塞杆不偏离中心,导向套外径由密封圈9密封,而其内孔则由密封圈11和防尘圈12分别防止油外漏和灰尘进入缸内。

二、液压缸的组件

从上述液压缸典型结构可以看出,液压缸的结构大体可分为缸体组件、活塞组件、密封装置、缓冲装置和排气装置五部分。

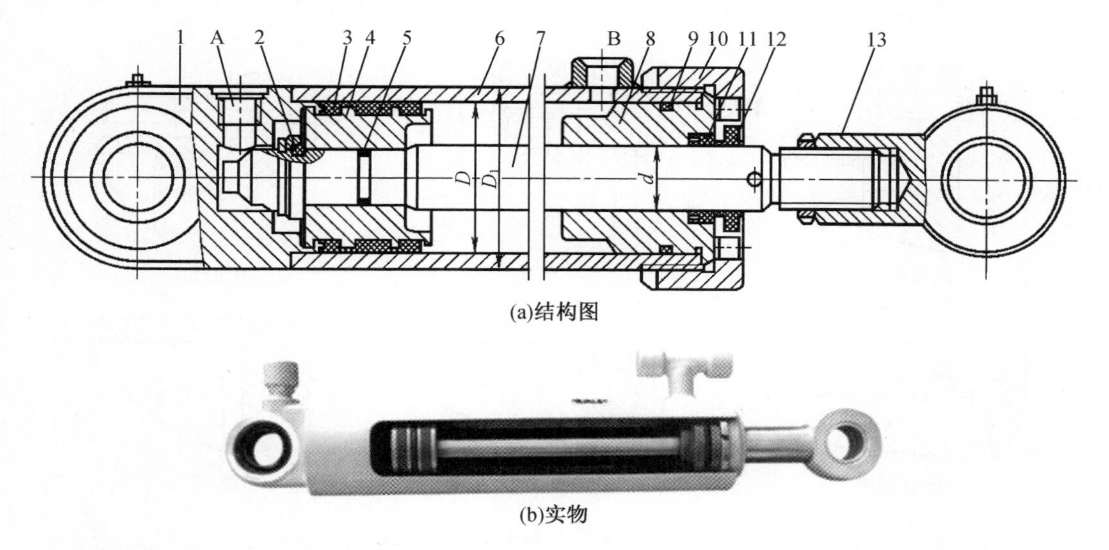

(a)结构图

(b)实物

1—缸底;2—卡键;3,5,9,11—密封圈;4—活塞;6—缸筒;7—活塞杆;8—导向套;10—缸盖;12—防尘圈;13—耳环;A、B—油口。

图 3－13 单活塞杆式液压缸

1. 缸体组件

(1)基本结构

缸体组件包括缸筒、缸盖和导向套等。

缸筒是液压缸的主体,它与端盖、活塞等零件构成密闭的容腔承受油压,要有足够的强度和刚度,以承受液压力和其他外力。缸筒内孔一般采用镗削、铰孔、滚压或研磨等精密加工工艺制造,要求表面粗糙度 Ra 值为0.1～0.4 μm,以使活塞及其密封件、支承件能顺利滑动和保证密封效果,减少磨损。为了防止腐蚀,缸筒内表面有时须镀铬。

缸盖与缸筒形成密闭容腔,同样承受很大的液压力,因此它们及其连接部件都应有足够的强度。设计时既要考虑强度,又要选择工艺性较好的结构形式。

导向套对活塞杆或柱塞起导向和支承作用,有些液压缸不设导向套,直接用缸盖孔导向,结构简单,但磨损后必须更换缸盖。

(2)连接方式

缸筒和缸盖有多种连接方式,常用连接方式如图 3－14 所示。

法兰式连接结构简单,加工和装拆方便,连接可靠。缸筒端部一般用铸造、镦粗或焊接方式制成粗大的外径,用以穿装螺栓或旋入螺钉,其径向尺寸和质量较大。大、中型液压缸大部分采用此种结构。

半环式连接工艺性好、连接可靠、结构紧凑、装拆较方便,对缸筒强度有所削弱,须加厚筒壁,常用于无缝钢管缸筒与端盖的连接。

拉杆式连接通用性好,缸筒加工、装拆方便,但端盖的体积和质量较大,拉杆受力后会拉伸变形,影响端部密封效果,只适用于长度不大的中低压缸。

螺纹式连接有外螺纹连接和内螺纹连接两种。其特点是质量轻、外径小、结构紧凑,但缸筒端部结构复杂,外径加工时要求保证内外径同轴,装卸须专用工具,旋端盖时易损坏密封圈,一般用于小型液压缸。

焊接式连接的外形尺寸较小，结构简单，但焊接时易引起缸筒变形，主要用于柱塞式液压缸。

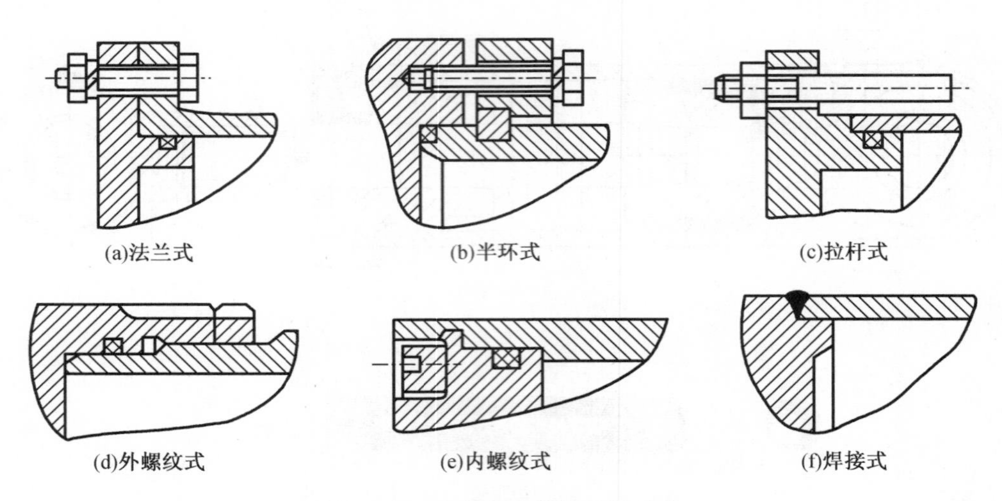

图 3-14　缸筒与缸盖的连接形式

2. 活塞组件

活塞组件由活塞、活塞杆、连接件和密封件等组成。

(1)连接方式

活塞和活塞杆连接方式主要有整体式、焊接式、锥销式、螺纹式和半环式等，如图 3-15 所示。

对于一些行程较短、活塞与活塞杆长度比值较小或尺寸不大的液压缸，可以把活塞杆与活塞做成一体，如整体式和焊接式连接。这种液压缸结构简单，轴向尺寸紧凑，但损坏后须整体更换。

锥销式连接加工容易，装配简单，须有必要的防止脱落措施，在轻载下可采用。

螺纹式连接的结构简单，装拆方便，但须有螺母防松装置。

半环式连接结构较复杂，装拆不便，多用于压力较高、振动较大的场合。

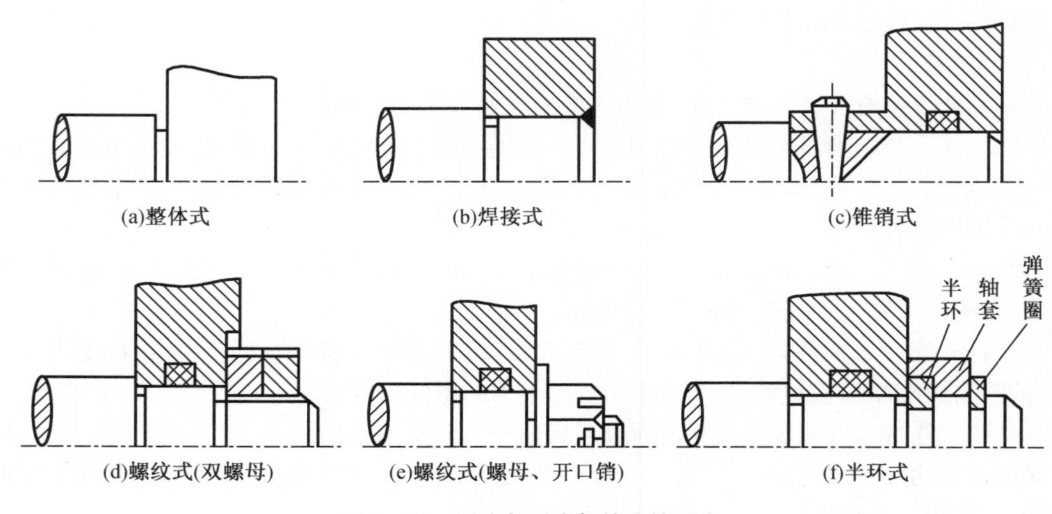

图 3-15　活塞与活塞杆的连接形式

(2)活塞杆头部

活塞杆头部直接与工作机构相连,根据与工作机构的连接方式不同,活塞杆头部常用形式如图 3－16 所示。

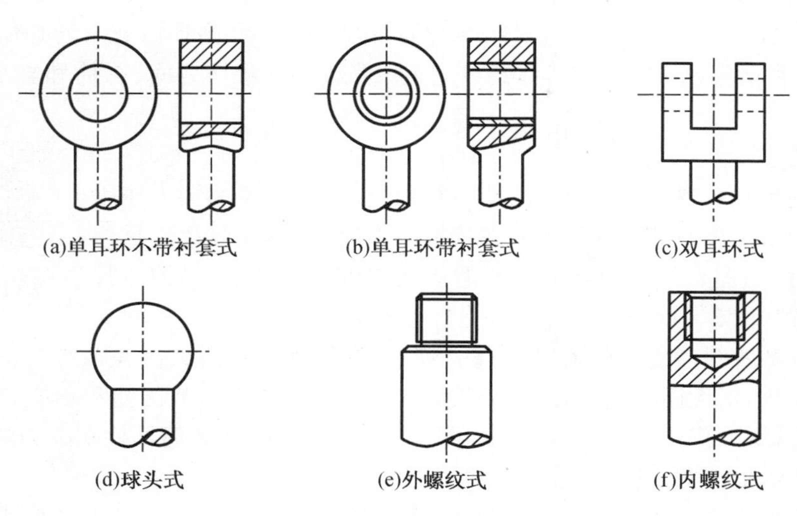

图 3－16 活塞杆头部形式

3. 密封装置

液压缸高压腔中的油液向低压腔泄漏称为内泄漏;液压缸中的油液向外部泄漏称为外泄漏。由于液压缸存在内泄漏和外泄漏,使得液压缸的容积效率降低,从而影响液压缸的工作性能。液压缸中常见的密封装置如图 3－17 所示。

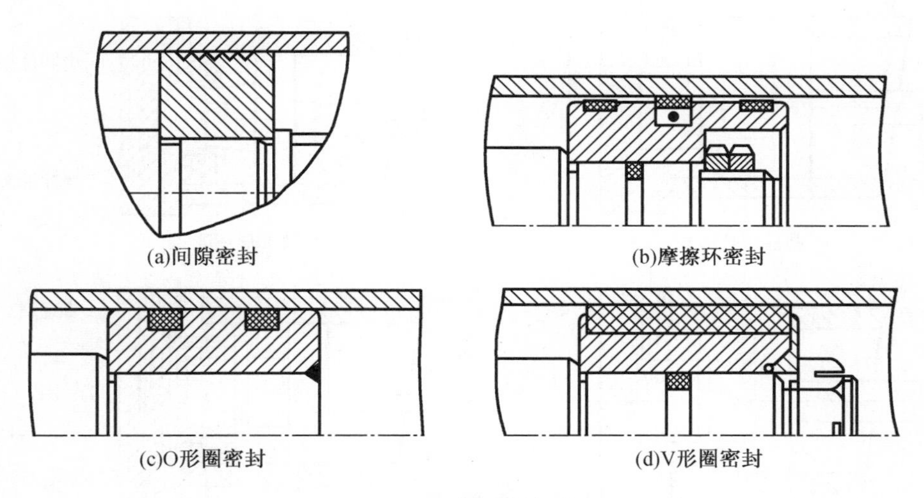

图 3－17 常见密封装置

间隙密封依靠运动间的微小间隙来防止泄漏,常在活塞的表面上加工出细小的环形槽,以增大油液通过间隙时的阻力。间隙密封结构简单、摩擦阻力小、可耐高温,但泄漏大、加工要求高,磨损后无法恢复原有能力,只有在尺寸较小、压力较低、相对运动速度较高的缸筒和活塞间使用。

摩擦环密封依靠套在活塞上的摩擦环(尼龙或其他高分子材料制成)贴紧缸壁而防止泄漏。摩擦环密封效果较好,摩擦阻力较小且稳定,可耐高温,磨损后有自动补偿能力,但加工要求高,装拆较不便,适用于缸筒和活塞间的密封。

密封圈(O形圈、V形圈等)密封是利用橡胶或塑料的弹性使各种截面的环形圈贴紧在静、动配合面之间来防止泄漏。密封圈结构简单、制造方便,磨损后有自动补偿能力,性能可靠,在缸筒和活塞之间、缸盖和活塞杆之间、活塞和活塞杆之间、缸筒和缸盖之间都能使用。

4. 缓冲装置

常用缓冲装置

液压缸的缓冲装置是为了防止活塞在行程终了时,由于惯性力作用与缸盖发生撞击。缓冲的原理是活塞在接近缸盖时,在排油腔产生足够大的缓冲压力(回油阻力),而降低活塞的运动速度,避免发生碰撞。常用的缓冲装置如图3-18所示。

圆柱形环隙式缓冲装置如图3-18(a)所示,当缓冲柱塞进入缸盖内孔时,被封闭的油液通过间隙排出,增大回油阻力使活塞速度降低。这种结构因节流面积不变,所以随活塞速度的降低,其缓冲作用也逐渐减弱。如图3-18(b)所示,若将缓冲柱塞改为圆锥形,截流面积随行程的增加而减小,缓冲效果较好。

可变节流槽式缓冲装置如图3-18(c)所示,在缓冲柱塞上开有轴向三角槽,当缓冲柱塞进入缸盖内孔后,其截流面积越来越小,缓冲压力变化较平稳。

可调节流孔式缓冲装置通过调节节流口的大小控制缓冲压力,如图3-18(d)所示,当将节流螺钉调整好以后可像环状缝隙缓冲装置那样工作,并有类似特性。当活塞反向运动时,高压油从单向阀进入液压缸,会产生启动缓慢的现象。

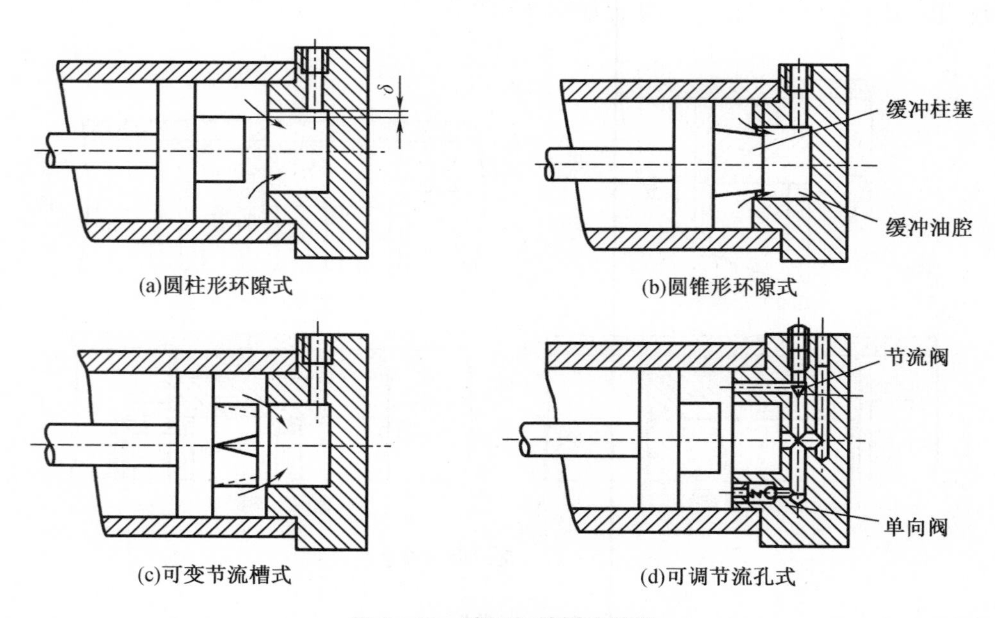

图3-18 液压缸的缓冲装置

5. 排气装置

液压系统在安装过程中或长时间停工后会渗入空气，这些空气的存在会使活塞的运动产生爬行、振动和噪声，严重时会影响液压系统正常工作。

对于要求不高的液压缸可不设专门的排气装置，而是将排气孔布置在缸筒两端最高处，如图 3－19 所示，这样使缸中的空气随油液流回油箱，再从油箱中逸出。

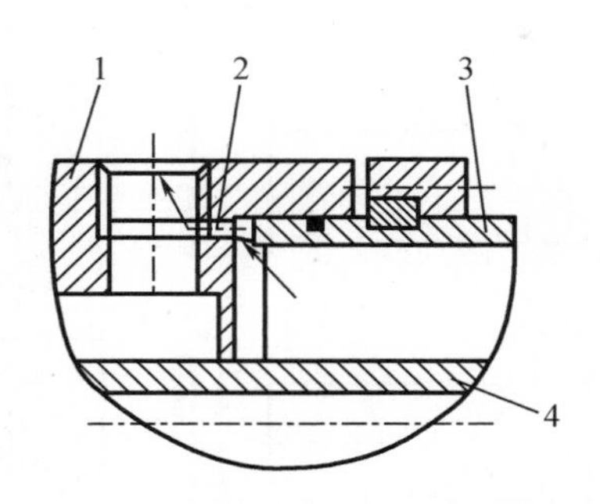

1—缸盖；2—排气孔；3—缸筒；4—活塞杆。

图 3－19　排气孔

对于速度稳定性要求较高的液压缸和大型液压缸，则必须设置专门的排气装置（排气阀），如图 3－20 所示。工作前打开排气阀，让液压缸全行程空载往复运动若干次，排出带有气泡的油液后关闭排气阀，液压缸便可正常工作。

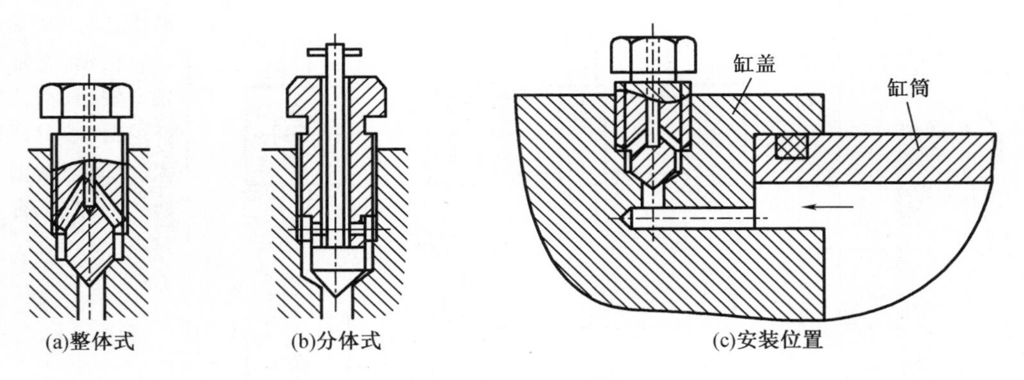

图 3－20　排气装置

【知识拓展】

液压缸的安装方式

液压缸具有多种安装固定方式（表 3－1），在安装液压缸时，要根据机器的实际安装条件和受外负载情况等因素，合理选择安装方式。

表 3-1　液压缸的安装方式

	安装方式	安装简图	说明
法兰型	头部内法兰	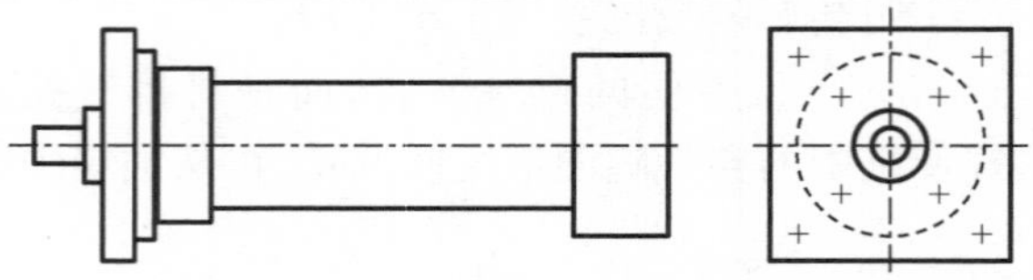	头部法兰型安装螺钉受到的拉力较大，尾部法兰型安装螺钉受力较小
	头部外法兰	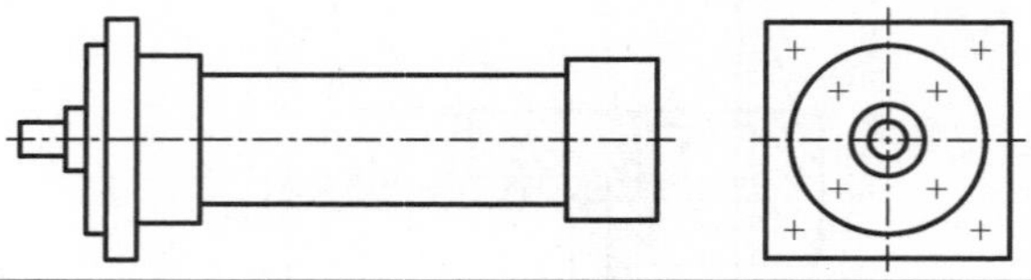	
	尾部法兰	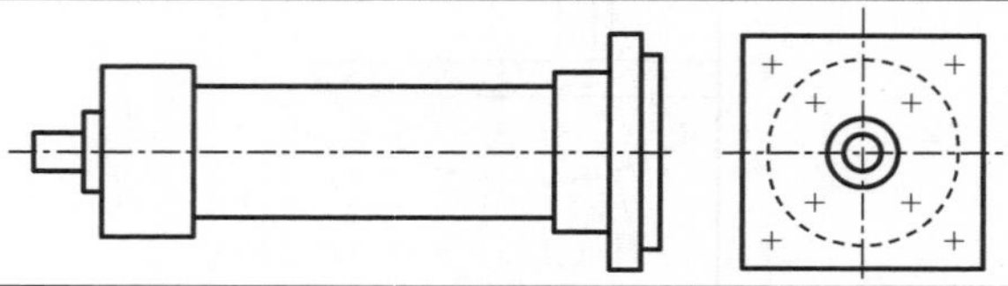	
销轴型	头部销轴	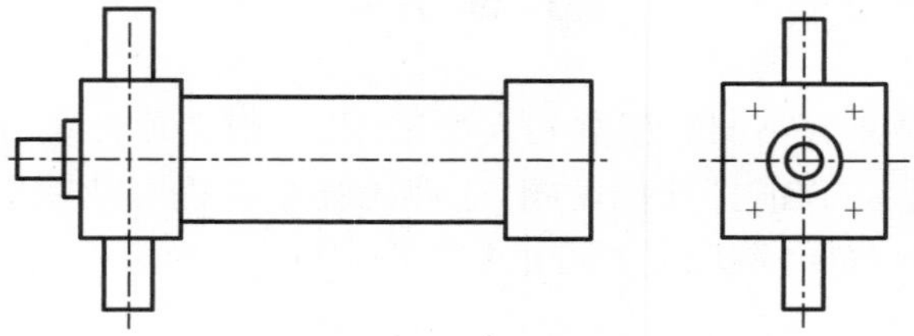	液压缸在垂直面内可以摆动，尾部削轴型安装时，活塞杆受到弯曲作用最大，中间销轴型其次，头部销轴型最小
	中间销轴	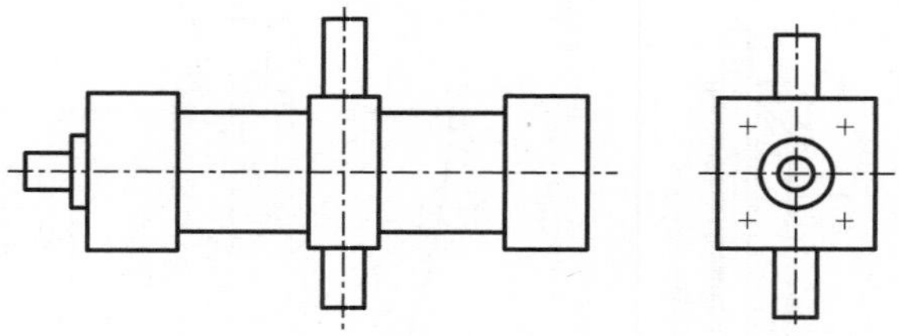	
	尾部销轴	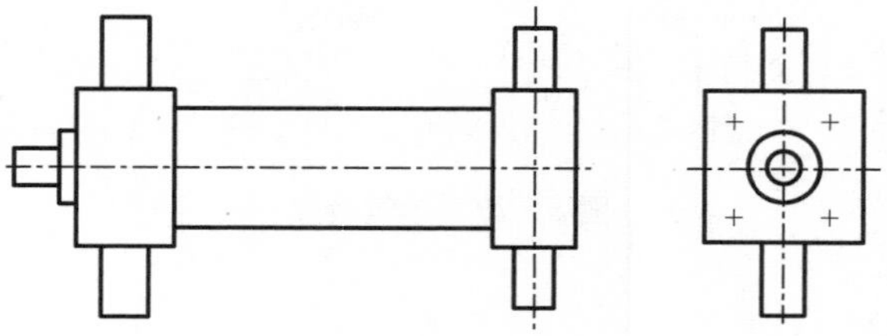	
耳环型	单耳环	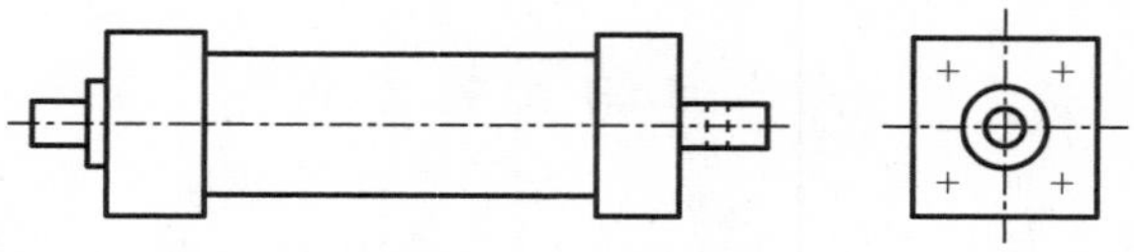	液压缸在垂直面可以摆动
	双耳环	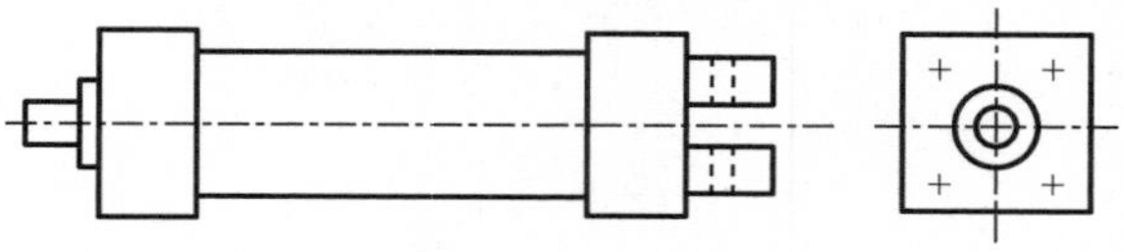	

表 3-1(续)

	安装方式	安装简图	说明
底座型	径向底座型		径向底座型安装时,液压缸受到倾翻力矩小,切向底座型和轴向型受到的倾翻力矩大
	切向底座型		
	轴向底座型		
球头型	尾部球头		液压缸可在一定空间内摆动

【任务实施】

一、任务说明

按照操作步骤,完成双作用单活塞杆式液压缸的拆装过程,观察其结构(图 3-21),分析其工作原理,检查并更换受损零部件

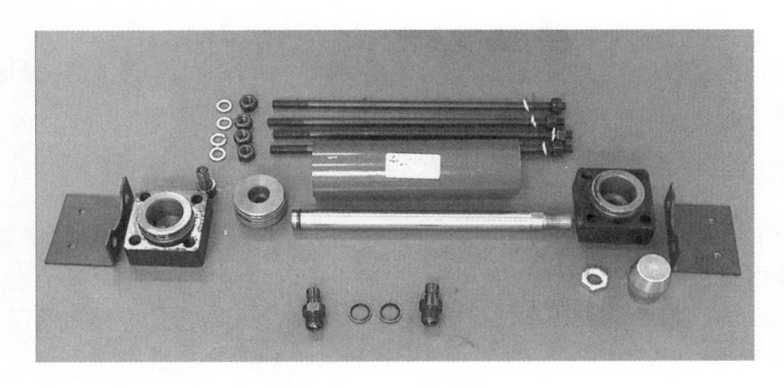

图 3-21 液压缸的拆装

液压缸的拆装

二、使用工具

铜棒、内六角扳手、活扳手、耐油橡胶垫、润滑油脂。

三、液压缸的拆卸

(1)用活扳手拆下油嘴,注意严防损伤油口螺纹;

(2)按对角线方向依次拧松螺母;

(3)拆下螺杆与螺母;

(4)用铜棒轻敲缸盖,先拆下无杆腔缸盖;

(5)拧松活塞杆保护帽和螺母,拆下有杆腔缸盖,注意严防损伤活塞杆顶端螺纹和活塞杆表面;

(6)拧上活塞杆保护帽,用铜棒将活塞组件轻轻敲出,应设法保证活塞组件和缸体的轴线重合,以免损伤缸筒表面;

(7)用内六角扳手拆下活塞。

四、液压缸的检修

液压缸拆卸以后,首先应对液压缸各零件进行外观检查,判断哪些零件可以继续使用,哪些零件必须更换和修理。

(1)若缸筒内表面有较浅拉痕,可用极细的砂纸或油石修正。当纵向拉伤为深痕而无法修正时,就必须更换新缸筒。

(2)在与活塞杆密封圈做相对滑动的活塞杆滑动面上,产生纵状拉伤时,其判断与处理方法与缸筒内表面相同。但是,活塞杆的滑动表面一般是镀硬铬的,当部分镀层因磨损产生剥离形成纵状伤痕时,应重新镀铬、抛光。

(3)检查密封件时,应当首先观察密封件的唇边有无损伤、密封摩擦面有无磨损。当发现密封件唇口有轻微的伤痕,摩擦面略有磨损时,最好能更换新的密封件。对使用日久、材质产生硬化脆变的密封件,须及时更换。

(4)活塞杆导向套内表面有轻微伤痕,不影响使用。若不均匀磨损的深度在0.2~0.3 mm以上时,应更换导向套。

(5)活塞表面有轻微的伤痕时,不影响使用。但若伤痕深度达0.2~0.3 mm或有裂缝时,应更换活塞。

(6)应留意端盖如耳环、铰轴是否有裂纹,活塞杆顶端螺纹、油口螺纹有无异常,焊接部分是否有脱焊、裂缝现象。

五、液压缸的装配

(1)在活塞杆与导向套、活塞与活塞杆、活塞杆与缸体等配合表面涂润滑油脂,将各部分的密封件分别装入各相关元件;

(2)活塞杆与活塞装配以后,必须设法用百分表测量其同轴度和全长上的直线度误差,务必使差值在允许范围之内;

(3)按拆卸时相反的顺序装配;

(4)拧紧缸盖连接螺母时,要依次对角地施力,且用力要均匀。

六、注意事项

(1)若要从设备上卸下液压缸,须松开进、出油口配管,活塞杆端的连接头和安装螺

栓等;

(2)若拆卸立式液压缸,应将其活塞下降到最低位置,便于拆卸;

(3)拆卸过程中,遇到元件卡住的情况时,不要乱敲硬砸;

(4)所有零件要用煤油或柴油清洗干净,不得有任何污物留存在液压缸内;

(5)切勿搞错密封圈的安装方向,安装时不可产生拧扭挤出现象;

(6)组装之前,将活塞组件在液压缸内移动,应运动灵活,在无阻滞和轻重不均匀现象后,方可正式总装。

【故障排除】

液压缸的常见故障、原因及排除方法见表3-2。

表3-2 液压缸的常见故障、原因及排除方法

故障现象	故障原因	排除方法
动作不灵敏、有阻滞现象	1. 液压缸中空气过多	1. 通过排气阀排气;检测空气是否由活塞杆往复运动部位的密封圈处吸入,如是,则更换密封圈
	2. 液压缸安装精度差	2. 重新安装,改善安装精度
	3. 缸筒与活塞或活塞杆与导向部分产生拉伤烧结或异物卡死	3. 清除异物,修复或更换拉伤零件,过滤或更换液压油
	4. 顺势超载造成缸体变形(特别是中间铰结构)或活塞杆变形	4. 更换缸体或活塞杆等零件,变形严重须更换新缸,谨防超载现象
	5. 泵损坏导致供油不足;换向阀卡死;回油不畅;溢流阀调定压力过低等	5. 检查系统
外泄漏	1. 密封件咬边、拉伤或破坏	1. 更换密封件
	2. 密封件方向装反	2. 改正密封件方向
	3. 缸盖螺钉未拧紧	3. 拧紧螺钉
	4. 运动零件之间有纵向拉伤和沟痕	4. 修理或更换零件
液压缸不能动作	1. 执行运动部件阻力太大	1. 检查和排除运动机构的卡死、楔紧等情况;检查并改善运动部件导轨的接触与润滑
	2. 进油口油液压力达不到规定值	2. 检查有关油路系统的各处泄漏情况并排除泄漏
	3. 油液未进入液压缸	3. 检查油管、油路,特别是软管接头是否被堵塞
	4. 液压缸本身滑动部位配合过紧,密封摩擦力过大	4. 活塞杆与导向套的配合采用 H8/8 的配合;密封圈槽的深度与宽度严格按尺寸公差做出;如用V形密封圈时,调整密封摩擦力到适中程度
	5. 由于设计和制造不当,活塞行至终点后回程时,油液压力不能作用在活塞的有效工作面积上或启动时有效工作面积过小	5. 改进设计和制造
	6. 横向载荷过大,受力别劲或缸咬死	6. 安装液压缸时,使缸的轴线位置与运动方向一致;使液压缸所承受的负载尽量通过缸轴线,不产生偏心现象
	7. 液压缸的背压力太大	7. 调低背压力

表 3－2(续)

故障现象	故障原因	排除方法
运动速度达不到预定	1. 液压泵输油量不足,液压缸进油路油液泄漏	1. 排除管路泄漏;检查溢流阀锥阀与阀座密封情况
	2. 缸体和活塞的配合间隙过大,或密封件损坏造成内泄漏	2. 修理或更换不符合精度要求的零件,重新装配、调整或更换密封件
	3. 液压回油路上管路阻力压降及背压阻力太大,压力油从溢流阀返回油箱的溢流量增加,使速度达不到要求	3. 回油管路不可太细,管径大小一般按管内流速为 3～4 m/s 计算确定为好;减少管路弯曲;背压力不可太高
	4. 液压缸内部油路堵塞和阻尼	4. 拆卸清洗
	5. 采用蓄能器实现快速运动时,速度达不到的原因可能是蓄能器的压力和容量不够	5. 重新计算校核
液压缸推力不够	1. 引起运动速度达不到预定值的各种原因也会引起推力不够;溢流阀压力调节过低,或溢流阀调节不灵	1. 调高溢流阀的压力;排除溢流阀的故障
	2. 反向回程启动时,由于有效工作面积过小而推不动	2. 增加有效工作面积
爬行现象	1. 运动机构刚度太小,形成弹性系统	1. 适当提高有关组件的刚度,减小弹性变形
	2. 液压缸安装位置精度差	2. 调整液压缸的安装位置
	3. 运动密封件装配过紧	3. 调整密封圈,使之松紧适当
	4. 活塞杆与活塞不同轴或导向套与缸筒不同轴	4. 校正、修整,提高装配质量
	5. 油液中混入空气,工作介质形成弹性体	5. 排除空气
	6. 活塞杆弯曲或刚性差	6. 校直活塞杆,加大活塞杆直径
	7. 缸筒内径圆柱度超差	7. 镗磨修复,重配活塞或增加密封件
	8. 缸筒内孔锈蚀、拉毛	8. 除去锈蚀、毛刺或重新镗磨
	9. 导轨润滑不良	9. 保持良好润滑

任务3　液压马达的选用

【任务引入】

液压马达在装备液压系统中的应用是作为履带的伺服驱动元件,如图 3－22 所示为某履带运输车的液压行走马达驱动底盘结构,液压马达通过传动装置与履带的链轮相连,依靠自身输出轴旋转带动履带前进,因此可将液压马达看作履带运输车的“脚”。试分析不同类型的液压马达是如何进行工作的,如何选用液压马达。

【相关知识】

液压马达是把液压能转换为机械能的执行元件,可实现连续的回转运动,输出转矩和转速。液压马达与液压泵都是依靠密封工作腔容积的变化而工作的,但因两者使用目的不同,结构上存在许多差异,一般不能直接互逆通用。

图 3-22 某履带运输车底盘

液压马达的分类如图 3-23 所示,低速液压马达的主要特点是排量大、体积大、转速低,可直接与工作机构连接,不需要减速装置,使传动机构大为简化。通常低速液压马达输出转矩较大,所以又称为低速大转矩液压马达。

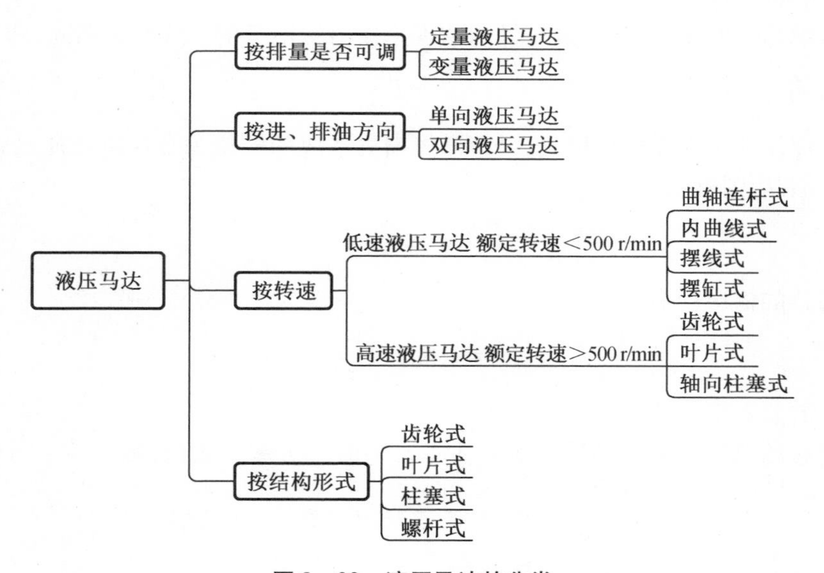

图 3-23 液压马达的分类

高速液压马达主要特点是转速较高、转动惯量小,便于启动和制动,调速和换向的灵敏度高。通常高速液压马达的输出转矩不大,所以又称为高速小转矩液压马达。

常用液压马达的图形符号如图 3-24 所示。

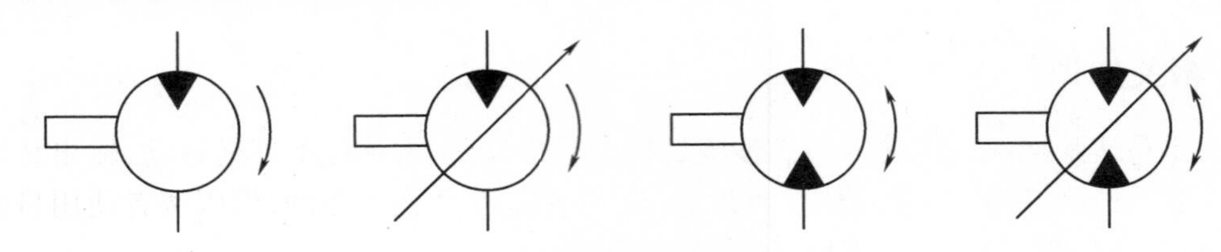

图 3-24 液压马达的图形符号

一、液压马达的主要性能参数

1. 转速和容积效率

当液压马达的排量为 V,以转速 n 旋转时,在理想情况下,液压马达所需油液流量为理论流量 q_t。由于马达存在泄漏,故实际所需流量 q 应大于理论流量 q_t。设马达的泄漏量为 Δq,则实际供给马达的流量 q 应为

$$q = q_t + \Delta q = V \cdot n + \Delta q$$

液压马达的容积效率为理论流量和实际流量之比,则

$$\eta_v = \frac{q_t}{q} = \frac{Vn}{q}$$

液压马达的转速为

$$n = \frac{q}{V}\eta_v$$

2. 转矩和机械效率

若不考虑马达的摩擦损失,液压马达的理论输出转矩 T 的公式与泵相同,即

$$T_t = \frac{pV}{2\pi}$$

实际上液压马达存在机械损失,设由摩擦损失造成的转矩为 ΔT,则液压马达实际输出转矩 $T = T_t - \Delta T$,则机械效率

$$\eta_m = \frac{T}{T_t}$$

液压马达的输出转矩

$$T = T_t\eta_m = \frac{pV}{2\pi}\eta_m$$

3. 马达的总效率

液压马达的总效率 η 为马达的输出功率 p_o 和输入功率 p_i 之比,则

$$\eta = \frac{p_o}{p_i} = \frac{T\omega}{pq} = \eta_v \cdot \eta_m$$

二、液压马达的原理

1. 齿轮式液压马达

如图 3-25 所示,若 C 点为两个齿轮的啮合点,当上部油口输入高压油时,油压作用于相互啮合的齿轮上。由于两个齿轮的受压面积存在差异,而产生转矩推动齿轮转动,油液被齿槽带到出油口,从低压腔排出。

齿轮液压马达密封性差,容积效率较低,径向力不平衡,输入油压力不能过高,故不能产生较大转矩。

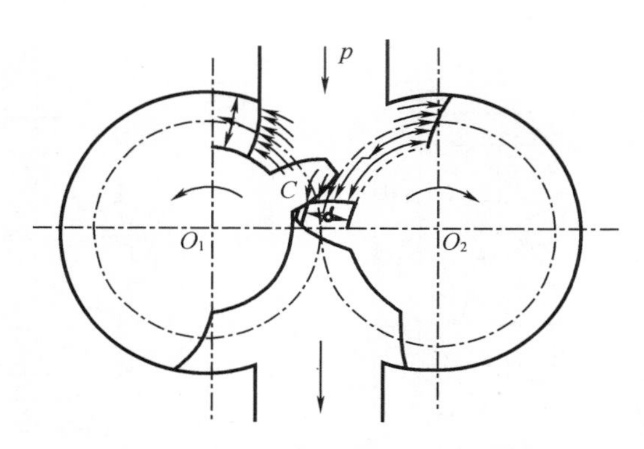

图 3-25 齿轮式液压马达的工作原理图

2. 叶片式液压马达

如图 3-26 所示为双作用叶片式液压马达，当高压油进入 1,2,3 叶片之间的两个容积腔时，叶片 2 的两面均受压力油作用，不产生转矩；压力油作用于叶片 1 上侧产生逆时针方向的转动力矩，压力油作用于叶片 3 左侧产生顺时针方向的转动力矩，但作用于叶片 3 侧面的作用面积大，故叶片最终做顺时针旋转。同理，右下方油腔也使叶片产生顺时针方向的力矩。该马达是输出轴进行顺时针方向转动，如果改变输油方向，液压马达便可反转。

叶片式马达的体积小、转动惯量小、动作灵敏，可适应的换向频率较高，但泄漏较大，不能在很低的转速下工作，叶片式马达一般用于转速高、转矩小和动作灵敏的场合。

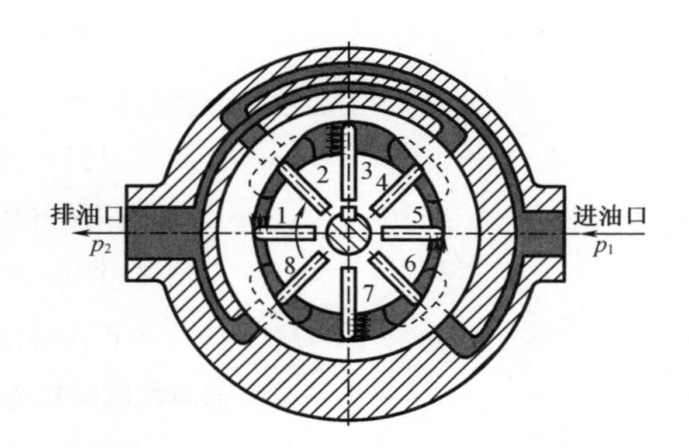

图 3-26 叶片式液压马达的工作原理图

3. 柱塞式液压马达

如图 3-27 所示为轴向柱塞式液压马达，斜盘 1 和配油盘 4 固定不动，缸体 3 及柱塞 2 可绕缸体的水平轴线旋转。当压力油经配油盘进入柱塞底部时，柱塞受油压作用而向外紧压在斜盘上。由于斜盘倾角 γ 的存在，斜盘对柱塞产生的反作用力 F 可分解为沿着柱塞轴线的分力 F_x 和垂直于柱塞轴线的分力 F_y。F_x 与作用在柱塞上的液压力平衡，F_y 对缸体轴线产生转矩带动缸体旋转，通过主轴向外输出转矩和转速。改变倾角 γ 可使液压马达的排量、转矩发生变化。

轴向柱塞马达具有结构紧凑、单位功率体积小、质量轻、工作压力高、容易实现变量和效率高等优点；缺点是结构较复杂，对油液污染较敏感，过滤精度要求较高，且价格较贵。

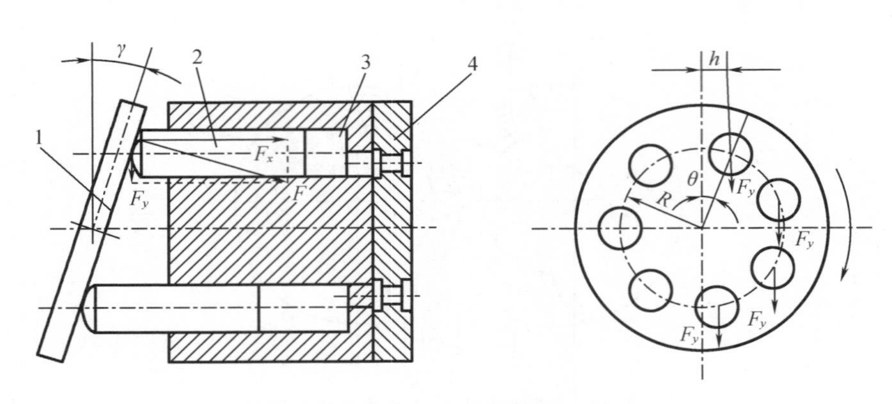

1—斜盘;2—柱塞;3—回转缸体;4—配油盘。

图 3-27　轴向柱塞式液压马达工作原理图

4. 曲柄连杆型径向柱塞马达

曲柄连杆式液压马达是低速大转矩液压马达。其结构简单、制造容易、价格较低,但体积较大、低速稳定性较差。目前这种马达的额定工作压力为 21 MPa,最高工作压力为 31.5 MPa,最低稳定转速可达 3 r/min。

图 3-28 所示为曲柄连杆式液压马达的工作原理。壳体 1 内沿圆周呈放射状均布了五个缸体,缸体内的柱塞 2 与连杆 3 通过球铰连接。连杆端部鞍形圆柱面紧贴在曲轴 4 的偏心圆上,其圆心 O_1 与曲轴旋转中心 O 的偏心矩 $OO_1=e$。配油轴 5 与曲轴通过十字接头相连,随曲轴一起转动,马达的压力油经过配流轴通道分配到对应的柱塞液压缸中。

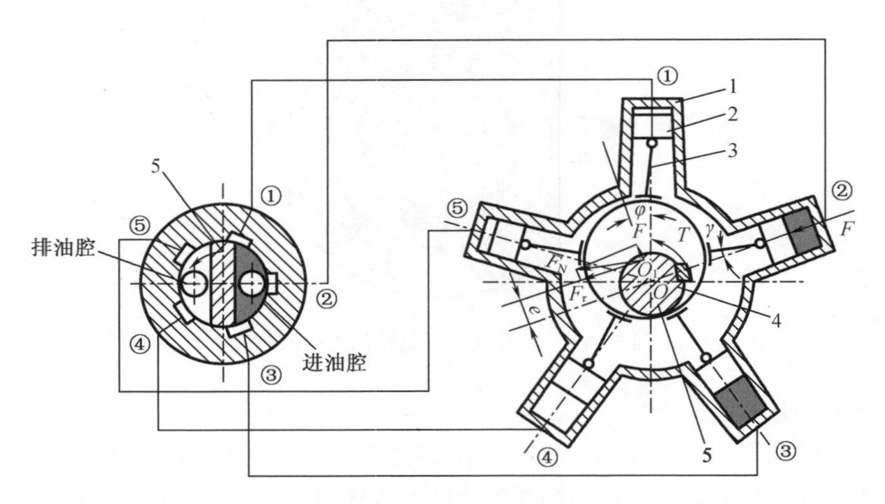

1—壳体;2—柱塞;3—连杆;4—曲轴;5—配油轴。

图 3-28　曲柄连杆型径向柱塞马达工作原理图

压力油经配油轴进入马达的进油腔后,通过①②③腔进入相应柱塞缸的顶部,作用在柱塞上的液压作用力 F_N 通过连杆作用于偏心轮中心 O_1。它的切向力 F_τ 对曲轴旋转中心形成转矩 T,使曲轴逆时针转动,由于三个柱塞缸位置不同,所以产生转矩的大小也不同。曲轴输出的总转矩等于与高压腔相连通的柱塞所产生的转矩之和。此时柱塞缸④⑤与排油腔相连通,油液经配油轴流回油箱。曲轴旋转时带动配油轴同步旋转,因此配油状态不断发生变化,从而保证曲轴会连续旋转。若进、排油腔互换,则液压马达反转,过程与以上相同。

三、液压马达与液压泵的结构差异

(1)液压泵是将电动机的机械能转换为液压能的转换装置,输出流量和压力,希望容积效率高;液压马达是将液体的压力能转为机械能的转换装置,输出转矩和转速,希望机械效率高。因此说,液压泵是动力元件,而液压马达是执行元件。

(2)液压马达输出轴的转向必须能正转和反转,因此其结构呈对称性;而有些液压泵(如齿轮泵、叶片泵等)转向有明确的规定,只能单向转动,不能随意改变选择方向。

(3)液压马达除了进、出油口外,还有单独的泄漏油口;液压泵一般只有进、出油口(轴向柱塞泵除外),其内泄漏油液与进油口相通。

(4)液压马达的容积效率比液压泵低。

(5)通常液压泵的工作转速都比较高,而液压马达输出转速较低。

(6)齿轮泵的吸油口大、排油口小,而齿轮液压马达的吸、排油口大小相同。

(7)齿轮马达的齿数比齿轮泵的齿数多。

(8)叶片泵的叶片须斜置安装,而叶片马达的叶片须径向安装;叶片马达的叶片是依靠根部的弹簧,使其压紧在定子表面,而叶片泵的叶片是依靠根部的压力油和离心力作用压紧在定子表面上。

【知识拓展】

液压马达的选用原则

选择液压马达的原则与选择液压泵的原则基本相同。在选择液压马达时,首先要确定其类型,然后按系统所要求的压力、负载、转速的大小确定其规格型号。一般来说,当负载转矩小时,可选用齿轮式、叶片式和轴向柱塞式液压马达,如负载转矩大且转速较低时,宜选用低速大转矩液压马达。几种常见液压马达的性能比较见表3－3。

表3－3　几种常见液压马达的性能比较

类型		排量范围/(mL/r)		压力/MPa		转速范围/(r/min)		容积效率/%	总效率/%	启动转矩效率/%	噪声	抗污染敏感度	价格
		最小	最大	额定	最高	最小	最大						
齿轮式	外啮合	5.2	160	16～20	20～25	150～500	2 500	85～94	77～85	75～80	较大	较好	最低
	内啮合	80	1 250	14	20	10	800	94	76	76	较小	较好	低
叶片式	单作用	10	200	16	20	100	2 000	90	75	80	中	差	较低
	双作用	50	220	16	25	100	2 000	90	75	80	较小	差	低
轴向柱塞式	斜盘式	2.5	560	31.5	40	100	3 000	95	90	85～90	大	中	较高
	斜轴式	2.5	3 600	31.5	40	100	4 000	95	90	90	较大	中	高

表 3－3 （续）

类型		排量范围/(mL/r)		压力/MPa		转速范围/(r/min)		容积效率/%	总效率/%	启动转矩效率/%	噪声	抗污染敏感度	价格
		最小	最大	额定	最高	最小	最大						
径向柱塞式	单作用（球铰连杆式）	188	6 800	25	29.3	3～5	500	>95	90	>90	较小	较好	较高

【任务实施】

一、任务说明

按照操作步骤，完成摆线液压马达的拆装（图 3－29）过程，注意观察其内部结构，对照工作原理图，分析其工作原理和结构性能。

图 3－29 摆线液压马达的拆装

二、使用工具

锤子、铜棒、内六角扳手、耐油橡胶垫。

三、操作步骤

（1）先用扳手在对称位置松开后盖 6 个紧固螺钉；

（2）取下端盖、定子、转子及配流盘，分离联动轴；

（3）用内六角扳手松开螺钉；

（4）铜棒敲击分离输出轴与壳体，注意不要碰上零部件；

（5）安装步骤与拆卸相反，应按拆卸时所作记号对应装入，装配前用汽油或煤油洗净所有零件。

四、注意事项

（1）拆装时不要碰伤各结合面，如有碰伤，须修整后才能装配；

（2）注意不要将零件敲毛碰伤，特别要保护好零件的运动表面和密封表面；对拆下的零部件应进行仔细检查，对磨损零件基本上不作修理而多作更换，密封件原则上全部更换；

(3)为保证马达旋转方向正确，须注意转子与输出轴的位置关系；

(4)后盖螺栓必须对角渐次拧紧。

(5)在摆线液压马达安装完毕后，应进行试运行工作，保证各部件处于正常运行的范围，检查在运行期间有无异常噪声的出现，在检查无误后方可正式运行。

【故障排除】

马达的常见故障及排除方法见表 3－4。

表 3－4　马达的常见故障及排除方法

故障现象	故障原因	排除方法
转速低输出转矩小	1. 由于滤油器阻塞，油液黏度过大，泵间隙过大，泵效率低，使供油不足	1. 清洗滤油器、更换黏度适合的油液，保证供油量
	2. 电机转速低，功率不匹配	2. 更换电机
	3. 密封不严，有空气进入	3 紧固密封
	4. 油液污染，堵塞马达内部通道	4. 拆卸、清洗马达，更换油液
	5. 油液黏度小，内泄漏增大	5. 更换黏度合适的油液
	6. 油箱中油液不足、管径过小或过长	6. 加油，加大吸油管径
	7. 齿轮马达侧板和齿轮两侧面、叶片马达配油盘和叶片等零件磨损造成内泄漏和外泄漏	7. 对零件进行修复
	8. 单向阀密封不良，溢流阀失灵	8. 修理阀芯和阀座
噪声大	1. 进油口滤油器堵塞，进油管漏气	1. 清洗，紧固接头
	2. 联轴器与马达轴不同心或松动	2. 重新安装调整或紧固
	3. 齿轮马达齿形精度低，接触不良，轴向间隙小，内部个别零件损坏，齿轮内孔与端面不垂直，端盖上两孔不平行，滚针轴承断裂，轴承架损坏	3. 更换齿轮，或研磨修整齿形，研磨有关零件，重配轴向间隙，对损坏零件进行更换
	4. 叶片和主配油盘接触的两侧面、叶片顶端或定子内表面磨损或刮伤，扭力弹簧变形或损坏	4. 根据磨损程度修复或更换
	5. 径向柱塞马达的径向尺寸严重磨损	5. 修磨缸孔，重配柱塞
泄漏	1. 管接头未拧紧	1. 拧紧管接头
	2. 接合面未拧紧	2. 拧紧螺钉
	3. 密封件损坏	3. 更换密封件
	4. 配油装置发生故障	4. 检修配油装置
	5. 相互运动零件间的间隙过大	5. 重新调整间隙或修理、更换零件

【应用拓展】

常用液压马达的应用见表 3－5。

表 3－5　常用液压马达的应用

类型			适用工况	应用实例
高速小转矩马达	齿轮马达	外啮合式	适合高速小转矩且速度平稳性要求不高、噪声限制不大的场合	适用于钻床、风扇以及工程机械、农业机械、林业机械的回转机构液压系统
		内啮合式	适合高速小转矩、要求噪声较小的场合	
	叶片马达		适合负载转矩不大、噪声要求小、调速范围宽的场合	适用于机床（如磨床回转工作台）等设备
	轴向柱塞马达		适合负载速度大、有变速要求、负载转矩较小、低速平稳性要求高，即中高速小转矩的场合	适用于起重机、绞车、铲车、内燃机车、数控机床等设备
低速大转矩马达	径向马达	曲轴连杆式	适合大扭矩低速工况，启动性较差	适用于塑料机械、行走机械、挖掘机、拖拉机、起重机、采煤机牵引部件等设备
		内曲线式	适合负载转矩大、速度范围宽、启动性好、转速低的场合；当转矩比较大、系统压力较高（如大于 16 MPa），且输出轴承受径向力作用时，宜选用横梁式内曲线液压马达	
		摆缸式	适用于大扭矩、低速工况	
中速中转矩马达	双斜盘轴向柱塞马达		低速性好，可用作伺服马达	适用范围广，但不宜在快速性要求严格的控制系统中使用
	摆线马达		适用于中低负载速度，体积要求小的场合	适用于塑料机械、煤矿机械、挖掘机、行走机械等设备

思考与习题：

1. 液压缸有哪些类型，各有什么特点？
2. 什么是差动连接？
3. 从能量观点看，液压泵与液压马达有什么区别和联系？
4. 某差动连接液压缸，无杆腔面积 $A_1 = 100\ cm^2$，有杆腔面积 $A_2 = 40\ cm^2$，输入油压力 $p = 2$ MPa，输入流量 $q = 40$ L/min，所有损失忽略不计，试求：

（1）液压缸能产生的最大推力；

（2）差动快进时，管内允许流速为 4 m/s，进油管径应选多大？

5. 某差动连接液压缸，已知进油流量为 30 L/min，进油压力为 4 MPa，要求活塞往复运动速度均为 6 m/min，试计算此液压缸内径 D 和活塞杆直径 d，并求输出推力 F。
6. 已知柱塞式液压缸的柱塞直径 $d = 110$ mm，缸体内径 $D = 130$ mm，输入流量 $q = 25$ L/min，求柱塞的运动速度。
7. 已知某液压马达的排量 $V = 250\ cm^3/r$，液压马达入口压力 p_1 为 10 MPa，出口压力 p_2 为 0.5 MPa，总效率 $\eta = 0.9$，容积效率 $\eta_v = 0.92$，当输入流量 $q = 22$ L/min 时，试求液压马达的实际输出转速 n 和输出转矩 T。

项目四　液压辅助元件的选用与安装

液压系统的辅助元件，如蓄能器、过滤器、油箱、热交换器、密封装置、管件与接头、压力计等，是保证液压系统正常工作必不可少的组成部分。辅助元件对液压系统的性能、效率、温升、噪声和寿命等方面都有直接影响，也是系统正常工作的重要保证。

任务1　蓄能器的选用与安装

【任务引入】

油液是不可压缩的，蓄能器实质上是一个储存压力油的腔室，利用气体的可压缩性将不可压缩的流体能量得以储存，以备做有用功。蓄能器是如何存储能量的，又具有哪些结构分类，在液压系统中又是如何安装呢？

【相关知识】

一、蓄能器的作用

蓄能器是用来储存和释放液体压力能的装置，在液压系统中的功用主要有以下几方面。

1. 作辅助动力源

在间歇工作或实现周期性动作循环的液压系统中，蓄能器可以把液压泵输出的多余压力油储存起来，在系统需要时再快速释放出来。这样可以减少液压泵的额定流量，从而减少电机功率消耗，降低液压系统的温升。

2. 系统保压或作紧急动力源

对于执行元件长时间不动作，而要保持恒定压力的系统，可用蓄能器来补偿泄漏，从而使压力恒定。对某些系统，要求当泵发生故障或停电，执行元件应继续完成必要的动作时，蓄能器可作紧急动力源。

3. 吸收系统脉动，缓和液压冲击

当液压泵突然启动或停止，液压阀突然开启或关闭，液压缸突然运动或停止时，系统难免产生压力的短时剧增和冲击。蓄能器能缓和系统压力突变时的冲击，也能吸收液压泵工作时的流量脉动所引起的压力脉动。

二、蓄能器的分类和结构

根据对液压油的加载方式不同，蓄能器可分为气体加载式、弹簧式和重锤式，常用的是气体加载式。

1. 气体加载式蓄能器

(1)活塞式蓄能器

活塞式蓄能器中的气体和油液由活塞隔开，如图4－1所示，活塞1的上部为压缩空气，活塞1随下部压力油的储存和释放而在缸筒2内来回滑动。

这种蓄能器活塞有一定的惯性,O形密封圈存在较大的摩擦力,所以反应不够灵敏。

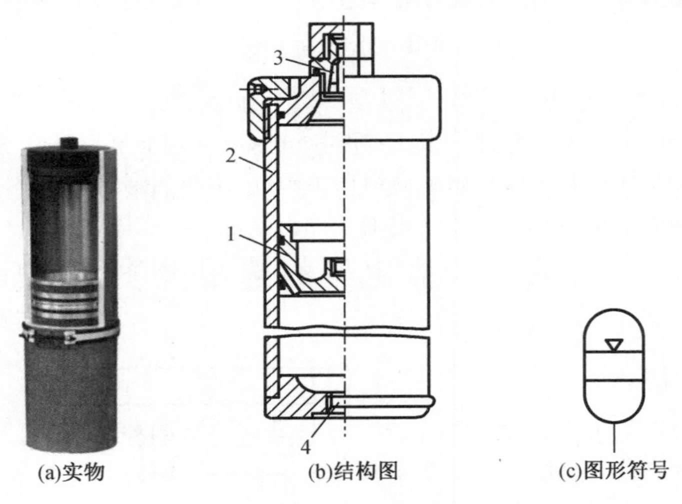

(a)实物　(b)结构图　(c)图形符号

1—活塞;2—缸筒;3—充气阀;4—油孔。

图4-1　活塞式蓄能器

(2)气囊式蓄能器

如图4-2所示为气囊式蓄能器结构,气囊3用耐油橡胶制成,在压力容器内将惰性气体和油液隔离开。气囊3固定在耐高压壳体2的上部,惰性气体由充气阀1充入气囊,充气完毕后,充气阀关闭。当外部油液压力高于蓄能器内的气体压力时,压力油由提升阀4进入蓄能器,气囊压缩而存储液压能。当系统压力低于蓄能器内压力油的压力时,蓄能器内的压力油排出。提升阀可在油液全部排出时,防止气囊膨胀挤出油口。

这种蓄能器密封可靠,气囊惯性小克服了活塞式蓄能器响应慢的缺点,因此,得到了广泛的应用。

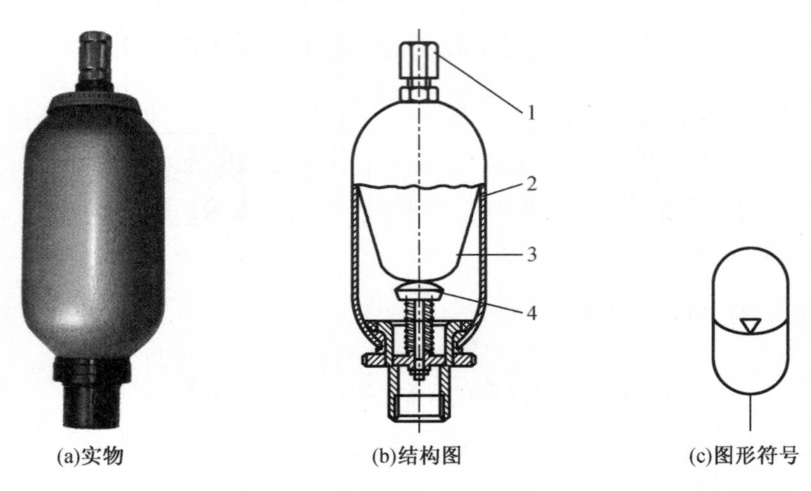

(a)实物　(b)结构图　(c)图形符号

1—充气阀;2—壳体;3—气囊;4—提升阀。

图4-2　气囊式蓄能器

2. 弹簧式蓄能器

弹簧式蓄能器利用弹簧来储存和释放压力能,其结构原理如图 4－3 所示,弹簧 1 的弹力通过活塞 2 作用于油液 3 上,产生的压力取决于弹簧的刚度和压缩量。

这种蓄能器的特点是结构简单、反应较灵敏,但容量小、易泄漏,不适用于高压或循环频率较高的工作场合。

3. 重锤式蓄能器

重锤式蓄能器的结构原理如图 4－4 所示,它是利用重锤的位置变化来储存和释放能量的。重锤 1 通过柱塞 2 作用于油液 3 上,它所产生的压力是恒定的,取决于重锤的质量。

这种蓄能器结构简单、压力稳定,但容量较小、压力低,轮廓尺寸大且比较笨重,惯性大,反应不灵敏,常用于大型固定设备的液压系统。

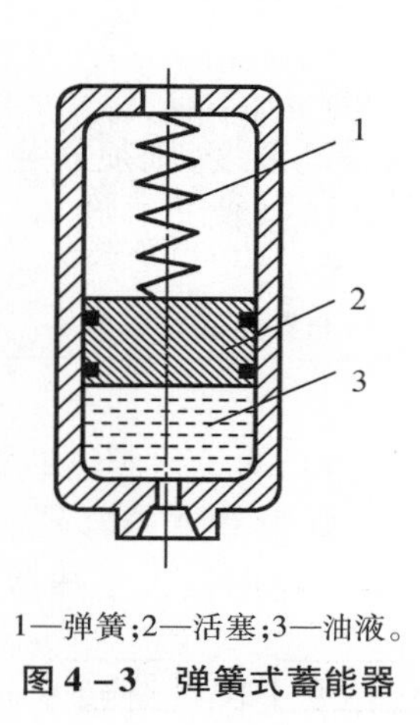

1—弹簧;2—活塞;3—油液。

图 4－3 弹簧式蓄能器

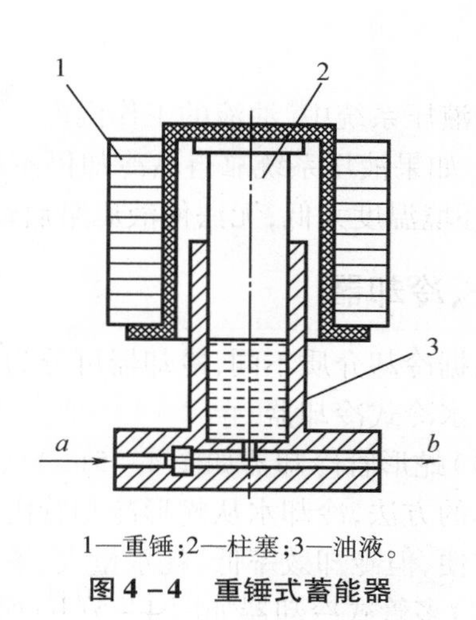

1—重锤;2—柱塞;3—油液。

图 4－4 重锤式蓄能器

【任务实施】

蓄能器的安装

一、安装前的检查

安装前应检查产品规格,充气阀是否紧固,有无运输造成的损伤;进油阀、进油口是否堵塞;使用合格证是否齐全,顶部编号是否对应等。

二、安装注意事项

(1)蓄能器应安装在检查、维修方便之处,尽量靠近液压系统,缩短连接管路,以减少压力降。同时,安装时应保证蓄能器检修和充气的工作空间;

(2)应将蓄能器阀口向下,垂直安装,使气体封在壳体上部,避免进入管路;

(3)在蓄能器调试前和运行过程中,操作人员应遵守操作规范,切勿在蓄能器壳体上进行焊接、铆接或机械加工,否则易造成破裂等现象而发生危险事故;

(4)蓄能器工作介质的黏度和使用温度,应与液压系统工作介质的要求相同;

(5)蓄能器和液压泵之间应安装单向阀,防止液压泵停止时蓄能器储存的压力油倒流而使泵反转;

(6)用于吸收冲击、脉动时,蓄能器要紧靠振源,装在易发生冲击处;

(7)安装位置应远离热源,以防止因气体受热膨胀造成系统压力升高;

(8)蓄能器装好后,必须充氮气或其他惰性气体,严禁充氧气、氢气、压缩空气或其他易燃性气体,否则易引发火灾或爆炸,造成危险;

(9)蓄能器安装后,应检查接口处是否漏气、漏油;蓄能器投用后,应按规定周期进行氮气压力检查和技术检验。

【知识拓展】

热 交 换 器

在液压系统中,油液的工作温度一般推荐在 30 ~ 50 ℃,最高不超过 65 ℃,最低不低于 15 ℃。如果液压系统靠自然冷却仍不能使油温低于允许的最高温度,则须安装冷却器;反之,如环境温度太低,无法使液压泵启动或正常运转,则须安装加热器。

一、冷却器

根据冷却介质不同,冷却器可分为水冷式和风冷式。

1. 水冷式冷却器

(1)蛇形管冷却器如图 4 – 5(a)所示,在油箱中安放水冷蛇形管式冷却器进行冷却是最简单的方法,冷却水从蛇形冷却管内通过,带走油液的热量。蛇形管式冷却器制造容易、装设方便,但冷却效率低、耗水量大,不常使用。

(2)多管式冷却器如图 4 – 5(b)所示,是液压系统中应用较多的一种强制对流式多管冷却装置。油液从进油口进入,通过水管间的间隙从出油口流出。冷却水从进水口流入,经多根水管后由出水口流出。中间隔板可增加油液的循环路线长度,增强散热效果。

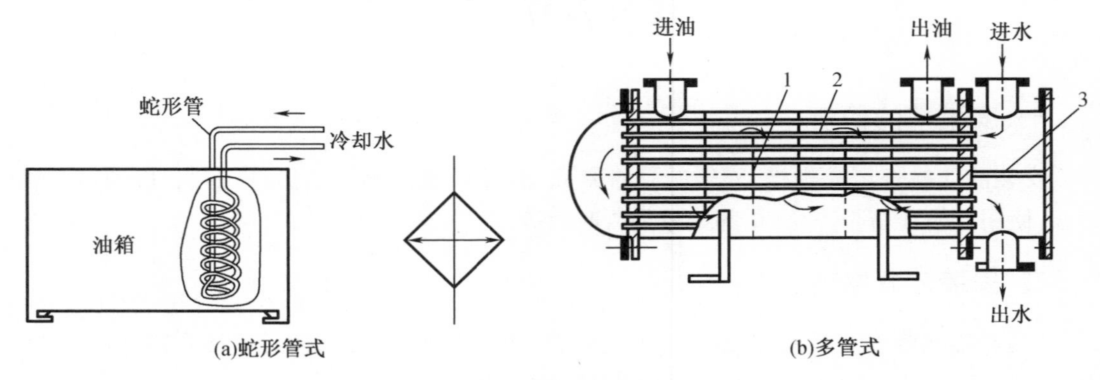

1,3—隔板;2—铜管。

图 4 – 5　水冷式冷却器

2. 风冷式冷却器

风冷式冷却器适用于缺水或不便用水的液压系统，如车辆、工程机械中。其冷却方式除采用风扇强制吹风冷却外，多采用自然通风冷却，具有结构简单，价格低廉等优点，但冷却效果较水冷式差。

风冷式冷却器有管式、板式、翅管式和翅片式等形式。翅片式风冷冷却器如图 4－6 所示，在每两层通油板之间设置有波浪形的翅片，翅片为厚度 0.2～0.3 mm 的铝片或铜片结构，可增加局部传热系数和散热面积，具有结构简单紧凑、散热面积大、散热效率高、适应性好等特点。

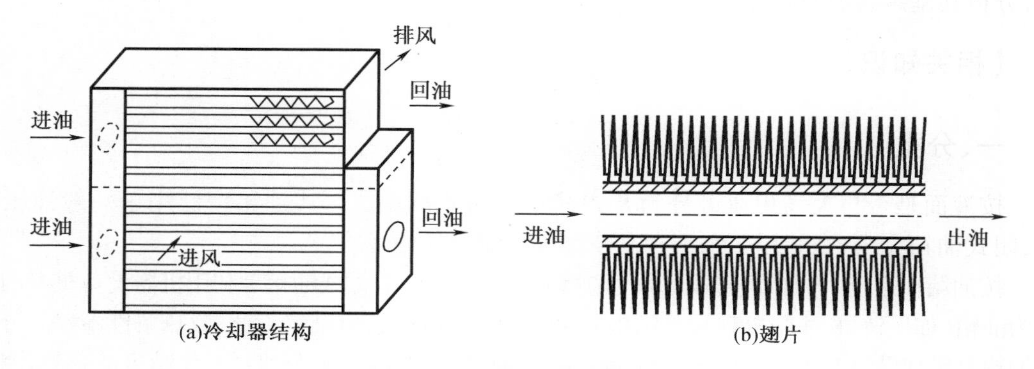

(a)冷却器结构　(b)翅片

图 4－6　翅片式风冷冷却器

二、加热器

液压系统中最常用的加热器是电加热器，内部有电热丝，端部接通电源，其在油箱中的安装位置如图 4－7 所示。电加热器 2 用法兰固定在油箱 1 的箱壁上，发热部分全浸在油液的流动处，便于热量交换。使用过程中要对油液进行强制循环，以免造成加热器周围局部的油温过高而变质。这种加热器结构简单、能按需自动调节温度，应用广泛。

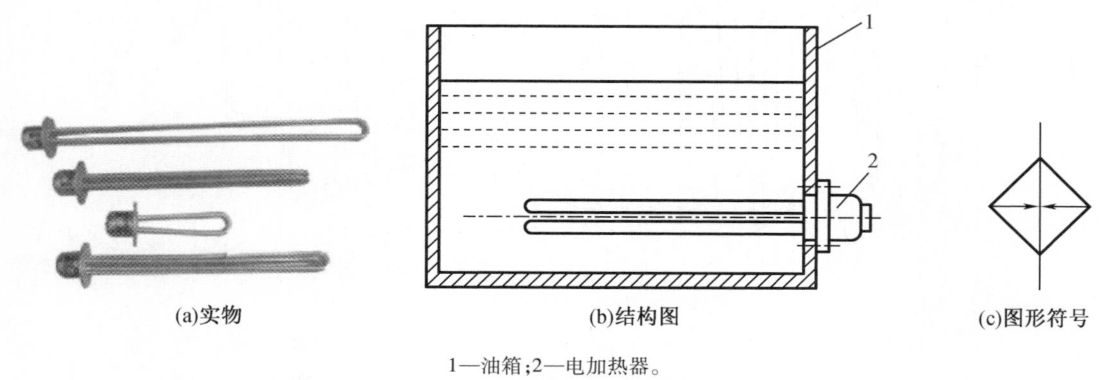

(a)实物　(b)结构图　(c)图形符号

1—油箱；2—电加热器。

图 4－7　电加热器的安装

任务 2　油箱的结构与安装

【任务引入】

液压油箱是液压系统中重要的辅助元件，其基本功能是储存油液，散发系统工作中产生的热量，分离油液中混入的空气，沉淀油液中的污物及杂质。液压辅助元件中除油箱须根据系统要求自行设计外，其他都有标准产品可供选用。请认真观察液压实训室的油箱结构，分析其基本组成及特点。

【相关知识】

一、分类

按液面是否与大气相通可分为开式油箱与闭式油箱。开式油箱广泛用于一般液压系统，闭式油箱完全封闭，用于水下和高空等无稳定气压的场合。

按油箱在系统中的布置方式可分为总体式和分离式。总体式油箱是利用机器设备机身内腔作为油箱（如压铸机、注塑机等），其结构紧凑，漏油易于回收，但维修不便，散热条件不好。分离式油箱是单独设置的油箱，与主机分开，减少了油箱发热及液压源振动对工作精度的影响，因此得到了普遍的应用，在组合机床、自动线和精密机械设备上大多采用分离式油箱。

二、结构特点

液压油箱的结构如图 4－8 所示，为保证油箱的功用，在结构上具有以下特点。

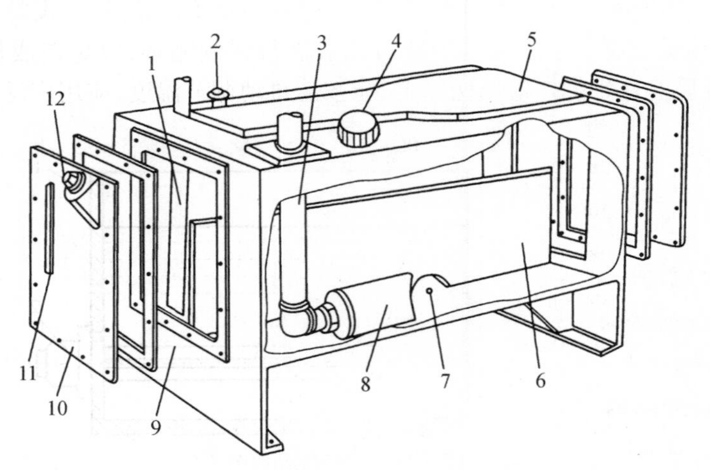

1—回油管；2—泄油管；3—吸油管；4—空气过滤器；5—安装板；6—隔板；7—放油口；8—粗过滤器；9—箱体；10—清洗窗侧板；11—液位计；12—注油口。

图 4－8　油箱结构示意图

1. 主要油管

泵的吸油管 3 端部安装有粗过滤器 8，离箱壁要有至少 3 倍管径的距离，离箱底至少

20 mm以便四面进油。系统的回油管 1 面向箱壁成 45°斜角以增大回流截面,利于散热和沉淀杂质。吸油管与回油管应尽可能远离,管口都应低于最低液面,但离油箱底的距离要大于管径的 2 ~3 倍,以免吸空和飞溅起泡。液压泵和马达的泄油管管口应在液面以下,以免吸入空气。

2. 空气过滤器

开式油箱的上部通气孔处要设置空气过滤器,如图 4 –9 所示。它使油箱与大气相通,保证泵的自吸能力,滤除空气中的灰尘杂物;有时兼作加油口,取下通气帽可以注油。

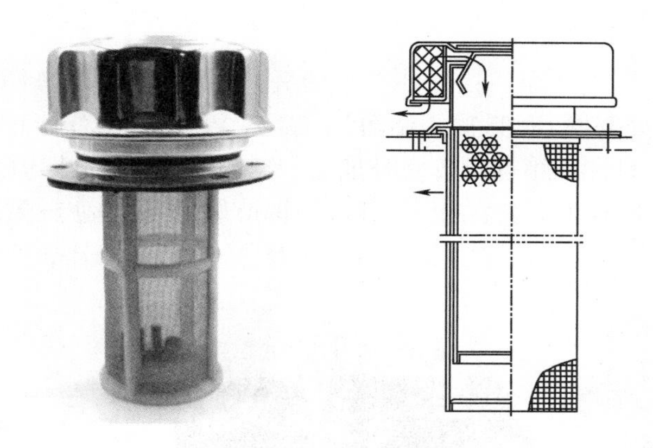

图 4 –9　空气过滤器

3. 隔板

为促进油液循环,利于散热、除气、沉淀等,油箱中用隔板 6 把吸油管和回油管隔开,并尽可能使油液沿着油箱壁环流,降低油液的循环速度。隔板的高度一般为最低液面高度的 3/4 或 2/3。

4. 放油口、注油口和液位计

将油箱底面做成斜面,在最低处设放油口 7,平时用螺塞或放油阀堵住,换油时将其打开放走油污。可从注油口 12 注入清洁的油液,为观察向油箱内注油的液位上升情况,并在系统工作时能看到液面的高度,必须在注油口附近设置液位计 11。最高油面只允许达到油箱高度的 80%,液位计的下刻线至少要比吸油过滤器或吸油管口上缘高出 75 mm,以免泵吸入空气;上刻线对应着油箱的油液容量,有的还带有温度计。

5. 箱体及外观

箱体 9 应有足够的刚度和强度,安装液压泵及其驱动电动机的安装板 5 固定在油箱顶部。油箱内部应喷涂耐油防锈漆或与工作油液相容的塑料薄膜,以防生锈。油箱底脚高度应在 150 mm 以上以便散热、搬移和放油。油箱四周要有吊耳,以便起吊装运。

6. 清洗窗

为了便于换油时清洗油箱,大容量的油箱一般在侧壁设清洗窗口 10,其位置应便于清理箱体内表面。

7. 防污密封

为防止油液污染,盖板及窗口各连接处须加密封垫,各油管通过的孔都要加密封圈,液位计与油箱的连接处要有密封。

8. 加热冷却

油箱正常工作温度应为15～65 ℃，必要时应安装温度控制系统或设置加热器、冷却器。

三、油箱的安装位置

按照安装位置的不同可分为上置式、侧置式和下置式。

上置式油箱把液压泵等装置安装在有较好刚度的上盖板上，其结构紧凑、占地面积小，油泵维修方便。图4－10(a)所示为上置卧式安装，主要用作变量泵系统，以便于流量调节；图4－10(b)为上置立式安装，泵、电机垂直安装在油箱顶部，泵在油中，主要用于定量泵系统。

侧置式油箱是把液压泵等装置安装在油箱旁边，如图4－10(c)所示。其占地面积虽大，但安装与维修都很方便，因侧置式油箱油位高于液压泵吸油口，故具有较好的吸油效果。其通常在系统流量和油箱容量较大时采用，尤其是当一个油箱给多台液压泵供油时。

下置式油箱是把液压泵置于油箱下，其吸油调节好，传动功率较大。

(a)上置卧式

(b)上置立式

(c)侧置式

图4－10　油箱的安装位置

【任务实施】

一、任务说明

根据【相关知识】对于油箱分类、结构特点和安装位置的内容，参照液压实训台的油箱(图4－11)实体结构，思考并完成下列操作。

图4－11　液压实训台的油箱

二、操作步骤

(1)根据油箱分类,说明该油箱属于哪一种;

(2)观察箱体外观结构及电机安装方式,观察箱体顶板、底角、吊耳;

(3)找到油箱吸油管、回油管等主要油管的位置;

(4)通过液位计窗口观察液面高度,判断油液量是否充足;

(5)该油箱的安装位置属哪一种?

【知识拓展】

密 封 装 置

密封装置可防止液压元件和液压系统中压力油泄漏,并防止外界空气、灰尘和异物侵入系统,保证系统建立必要的工作压力。密封装置的类型和特点见表4-1,对密封装置具有以下要求:

(1)在规定的工作压力和温度范围内,具有良好的密封性能;

(2)密封件的材料和系统所选用的工作介质要有相容性;

(3)密封装置和运动件间的摩擦力要小,磨损后在一定程度上能自动补偿;

(4)密封装置应价格低廉,维护方便。

表4-1 密封装置的类型和特点

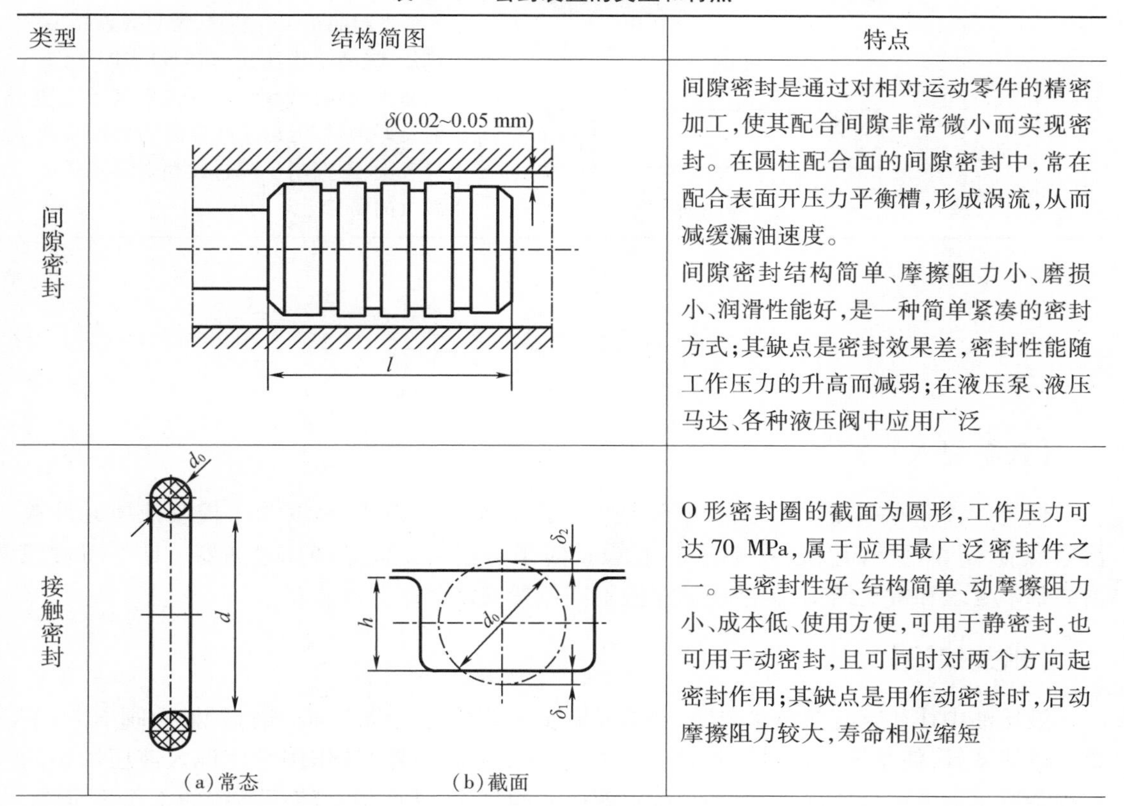

类型	结构简图	特点
间隙密封		间隙密封是通过对相对运动零件的精密加工,使其配合间隙非常微小而实现密封。在圆柱配合面的间隙密封中,常在配合表面开压力平衡槽,形成涡流,从而减缓漏油速度。 间隙密封结构简单、摩擦阻力小、磨损小、润滑性能好,是一种简单紧凑的密封方式;其缺点是密封效果差,密封性能随工作压力的升高而减弱;在液压泵、液压马达、各种液压阀中应用广泛
接触密封	(a)常态 (b)截面	O形密封圈的截面为圆形,工作压力可达70 MPa,属于应用最广泛密封件之一。其密封性好、结构简单、动摩擦阻力小、成本低、使用方便,可用于静密封,也可用于动密封,且可同时对两个方向起密封作用;其缺点是用作动密封时,启动摩擦阻力较大,寿命相应缩短

表 4-1(续)

类型		结构简图	特点
接触密封	Y形密封圈	(a)通用 (b)孔用 (c)轴用	Y形密封圈由耐油橡胶制成,利用油液压力使两唇边紧贴在配合耦件的两结合面上实现密封。Y形密封圈不仅密封性好,而且摩擦阻力小,启动摩擦阻力与停车时间的长短和工作压力的高低关系不大。工作时运行平稳,工作压力可达20 MPa,一般用于圆柱环形间隙的密封,其既可安装在轴上,也可安装在孔槽内
	V形密封圈	(a)支承环 (b)密封环 (c)压环	V形密封圈由橡胶或夹织物橡胶制成,由形状不同的支承环、密封环和压环组成,开口面向高压侧。当压环压紧密封环时,支承环使密封环产生变形而实现密封。增加密封环可提高密封效果,但摩擦阻力和尺寸会增大。 V形密封圈是组合装置,密封效果好,耐高压,最高工作压力可达50 MPa,可在活塞承受偏心载荷或在偏心状态下运动时良好密封,但运动摩擦阻力及结构尺寸较大,不宜用于耦合件相对运动速度较大的场合

任务3 过滤器的选用与安装

【任务引入】

据统计,75%左右的液压系统故障是由工作介质的污染造成的,为了控制液压元件被污染磨损,防止污染物引起系统故障,在设计时须根据油路类型增加过滤器。请学习过滤器的基本要求和常见结构,为液压油路的不同位置安排合适的过滤器。

【相关知识】

液压油中往往含有颗粒状杂质,会造成液压元件相对运动表面的磨损,如滑阀卡滞、节流孔口堵塞等,使系统工作可靠性降低。过滤器又称滤油器,其作用是使混入液压油中的各种杂质从油液中分离出来,保持系统中液压油的清洁,从而提高液压系统的工作稳定性、可靠性，延长液压元件的使用寿命。

一、过滤器的基本要求

(1)能满足液压系统对过滤精度要求，即能阻挡一定尺寸的杂质进入系统。

过滤精度是指滤芯能够滤除的最小杂质颗粒的大小，是过滤器的重要性能参数，以直径 d 作为公称尺寸表示。过滤器可分为粗过滤器($d \geq 100$ μm)和精过滤器两大类，图形符号如图 4-12 所示，其中精过滤器分为普通过滤器(10 μm$\leq d \leq$100 μm)、精过滤器(5 μm$\leq d \leq$10 μm)、特精过滤器(1 μm$\leq d \leq$5 μm)三个等级。过滤精度推荐值见表 4-2。

表 4-2 过滤精度推荐值

系统类别	润滑系统	传动系统			伺服系统
压力/MPa	0~2.5	≤14	14~21	>21	21
过滤精度/μm	≤100	25~50	≤25	≤10	≤5

(2)滤芯应有足够强度，不会因压力而损坏。

(3)通流能力大，压力损失小。通过的流量越高，要求通流面积越大。若过滤器没有足够的通流能力，将使液流通过过滤器的压降剧增，加快滤芯堵塞而达不到预期的过滤效果。

(4)易于清洗或更换滤芯。

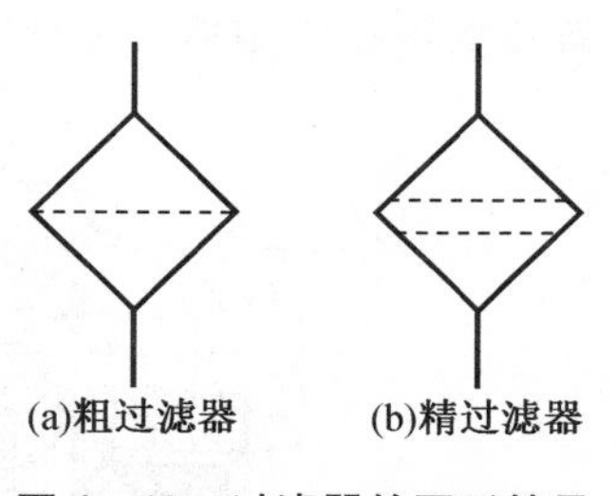

(a)粗过滤器 (b)精过滤器

图 4-12 过滤器的图形符号

二、过滤器的结构

按滤芯的材料和结构形式，过滤器可分为网式、线隙式、纸芯式、烧结式等多种类型。

1. 网式过滤器

网式过滤器也称滤油网或滤网，在塑料或金属筒形骨架上包一层或两层铜丝网，其过滤精度取决于铜网层数和网孔的大小，其结构如图 4-13 所示。

其结构简单，通油性能好，压力降低小，可清洗，但过滤精度低。铜质滤网会加剧油液氧化，一般装在泵的吸油口，用来保护油泵。

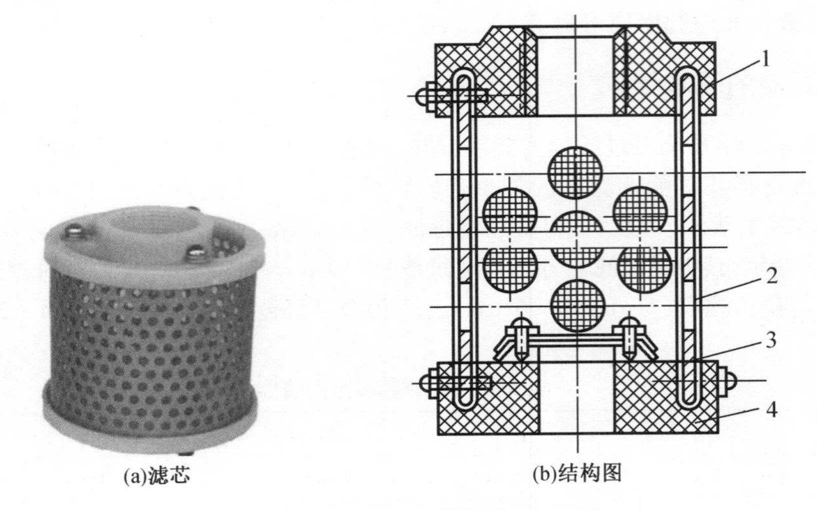

(a)滤芯　　(b)结构图

1—上盖;2—铜丝网;3—筒形骨架;4—下盖。

图4-13　网式过滤器

2. 线隙式过滤器

如图4-14所示,线隙式过滤器用金属丝(常用黄铜丝、铝丝)密绕在筒形骨架的外部组成滤芯,油液从铜线缝隙进入滤芯内部,依靠铜丝间的微小间隙滤除混入液体中的杂质。

其结构简单,过滤精度比网式高,通油能力大,压力降低小,但不易清洗。若带有发信装置,当过滤器堵塞时,发信装置可发出信号以便清洗或更换滤芯。

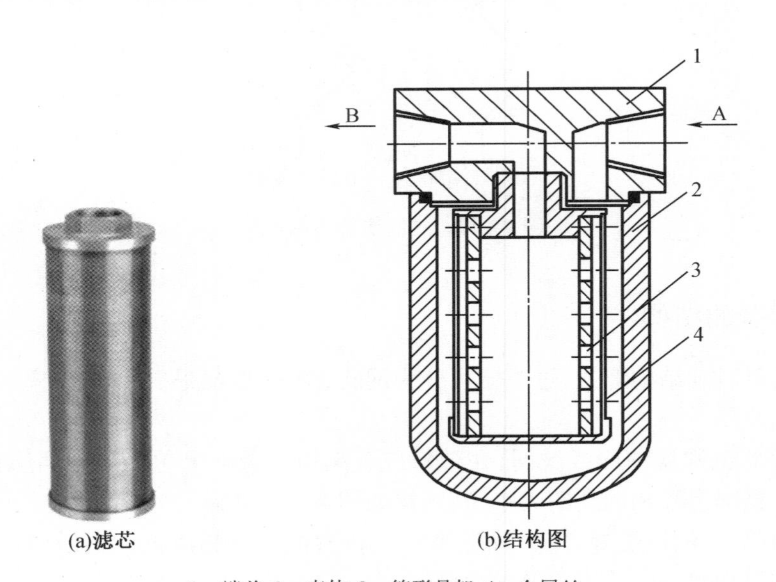

(a)滤芯　　(b)结构图

1—端盖;2—壳体;3—筒形骨架;4—金属丝。

图4-14　线隙式过滤器

3. 纸芯式过滤器

如图4-15所示,纸芯式过滤器的滤芯为微孔滤纸制成。为增加过滤面积,纸芯一般做成折叠形,将纸芯围绕在带孔的镀锡铁做成的骨架上,以增大强度。

其特点是过滤精度高，压力损失小，质量轻，成本低；但堵塞后无法清洗，须定期更换滤芯，一般用于油液的精过滤。

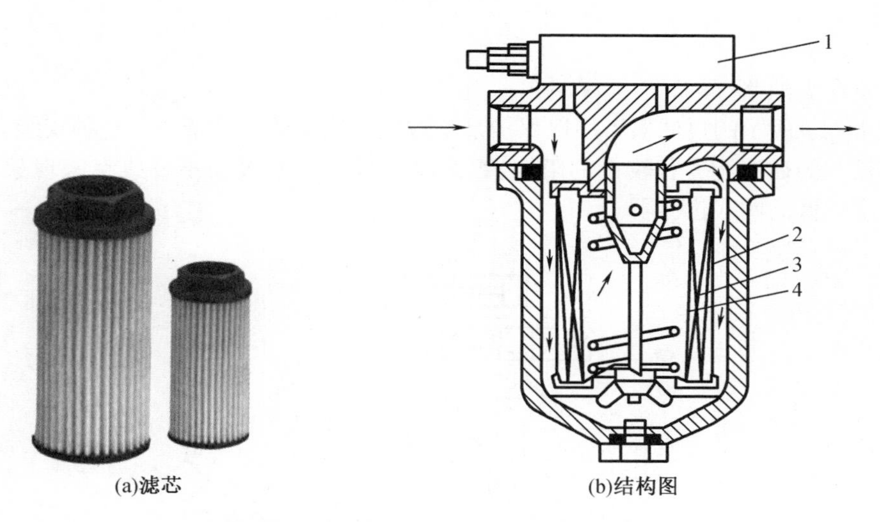

(a)滤芯 (b)结构图

1—堵塞发生器；2—滤芯外层；3—滤芯中层；4—滤芯里层。

图 4－15 纸芯式过滤器

4. 烧结式过滤器

烧结式过滤器的滤芯由颗粒状金属（青铜、碳钢、镍铬钢等）烧结而成，它通过颗粒间的微孔进行过滤，其结构如图 4－16 所示，粉末颗粒度越细、间隙越小，过滤精度越高。

烧结式过滤器过滤精度高，强度高，承受热应力和冲击性能好，耐腐蚀性好，制造简单，一般用于油液的精过滤；但易堵塞，难清洗，颗粒易脱落。

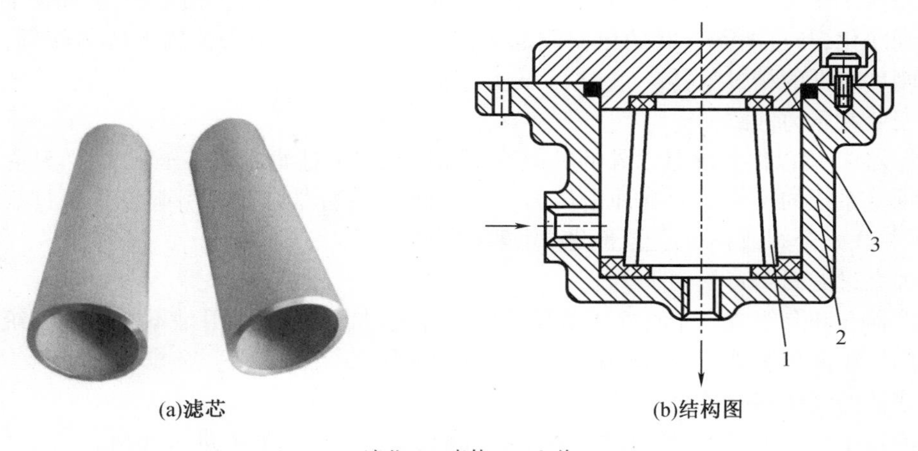

(a)滤芯 (b)结构图

1—滤芯；2—壳体；3—上盖。

图 4－16 烧结式过滤器

【任务实施】

过滤器的安装位置

1. 安装在吸油路

如图 4－17 所示的过滤器 1 用以保护泵不致吸入较大的颗粒杂质。这种安装方式要求过滤器有较大的通油能力和较小的阻力,否则将造成液压泵吸油不畅或空穴现象,一般采用过滤精度较低的网式过滤器。

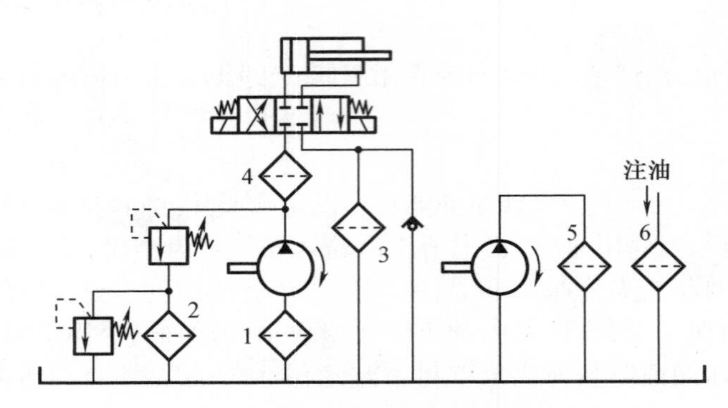

图 4－17　过滤器的安装位置

2. 安装在旁油路

过滤器 2 安装在溢流阀的回油路上,并有安全阀与之并联。由于过滤器只通过泵的部分流量,所以过滤器的尺寸可适当减小,也能起到清除杂质的作用。

3. 安装在回油路

过滤器 3 安装在回油路上,这种方式可在油液流入油箱前滤去污染物,从而使油箱中的油液得到净化,与过滤器并联的单向阀起旁路阀的作用。由于回油路上压力较低,可采用强度和刚度较低的精过滤器。

4. 安装在压力油路

过滤器 4,用以保护除泵以外的其他液压元件。由于过滤器在高压下工作,其壳体和滤芯应能承受系统的工作压力和冲击压力。为了防止滤油器堵塞时引起液压泵过载或滤芯破裂,可并联安全阀或在过滤器上设置堵塞指示装置。

5. 独立过滤回路

过滤器 5 和泵组成一个独立于液压系统之外的过滤回路,作用是不断净化系统中的油液。该用法需要加装液压泵,适用于大型机械的液压系统。

6. 注油的过滤器

向油箱中注入油液前,经过滤器 6 过滤油液,防止杂质随油液进入油箱。

【知识拓展】

压　力　表

液压系统和各局部回路的压力值可通过安装在系统适当位置的压力表(也叫压力计)进

行观测，以便调整和控制。压力表的种类很多，最常用的是弹簧管压力表，如图 4－18 所示。

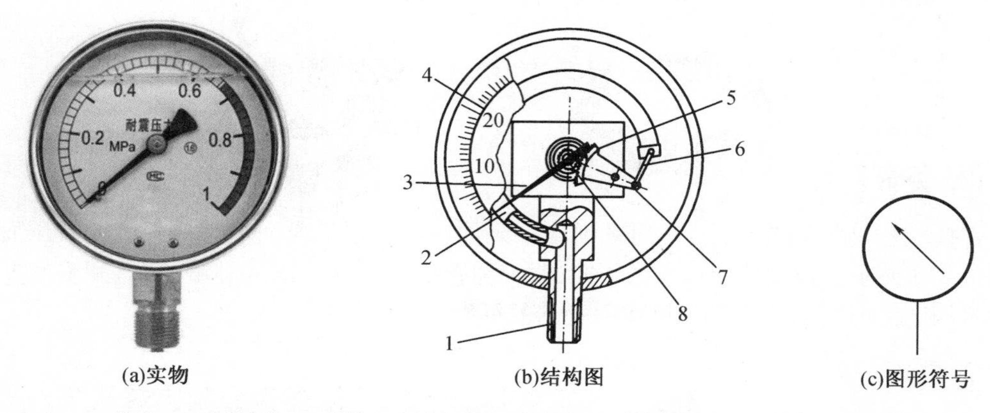

(a)实物　　(b)结构图　　(c)图形符号

1—接头；2—弹簧弯管；3—指针；4—刻度盘；5—扇形齿轮；6—连杆；7—螺钉；8—中心齿轮。

图 4－18　弹簧管压力表

一、工作原理

弹簧弯管 2 的一端固定，当液压油流入管形弹簧时，整个管内就形成了与被测部位相等的压力。油液对弹簧管外环有一个向外张开的力，对内环有一个向内收缩的力。由于内环和外环存在面积差，向外张开的力大于向内收缩的力，导致弹簧弯管 2 伸张变形，这个变形通过连杆 6、扇形齿轮 5 和中心齿轮 8 使指针 3 发生偏转。压力越大，指针偏转越大，即可由刻度盘 4 读出压力值。

二、选用原则

1. 按照使用环境选择

（1）在腐蚀性较强、粉尘较多和易喷淋液体等环境恶劣的场合，应根据环境条件选择合适的外壳材料及防护等级。

（2）对于压力在 60 kPa 以下一般介质的测量，宜选用膜盒压力表；对于压力在 60 kPa 以上的，一般选用弹簧管压力表和波纹管压力表。

（3）在机械振动较强的场合，应先用耐震压力表或船用压力表。

（4）在易燃、易爆的场合，应选用防爆压力控制器和防爆电接点压力表。

2. 精确度等级选择

（1）一般测量用压力表：膜盒压力表和膜片压力表应选用 1.6 或 2.5 级。

（2）精密测量用压力表：应选用 0.4，0.25 或 0.16 级。

3. 外形尺寸选择

（1）在管道和设备上安装的压力表，表盘直径为 100 mm 或 150 mm。

（2）在仪表气动管路及其辅助设备上安装的压力表，表盘直径小于 60 mm。

（3）安装在照度较低，位置较高或示值不易观测场合的压力表，表盘直径应大于 150 mm 或 200 mm。

4. 测量范围的选择

（1）测量稳定的压力时，正常操作压力值应在仪表测量上限值的 1/3 ~ 2/3。

(2)测量脉动压力时,正常操作压力值应在仪表测量上限值的1/3~1/2。

(3)测量高、中压力时,正常操作压力值不应超过仪表测量范围上限值的1/2。

任务4　管件的选择与拆接

【任务引入】

管件包括油管和管接头,是用来把液压元件连接起来组成一个完整系统的液压元件,如图4-19所示。根据使用场合的不同,油管和管接头具有不同的类型、特点和安装要求,请学习【相关知识】并在实训台上练习管路的拆接。

图4-19　液压管件

【相关知识】

对管件的要求:

(1)要有足够的强度,一般限制所承受的最大静压和动态冲击压力;

(2)液流的压力损失要小,一般通过限制流量或流速予以保证;

(3)密封性要好,绝对不允许有外泄漏存在;

(4)与工作介质之间有良好的相容性,耐油、抗腐蚀性要好;

(5)装拆、布管方便。

一、油管

1. 油管的种类

油管分为硬管和软管两种,其特点和适用范围见表4-3。

表4-3　油管的类型特点及其适用范围

种类		特点和适用场合
硬管	钢管	能承受高压、价格低廉、耐油、抗腐蚀、刚性好,但装配时不能任意弯曲;常在装拆方便处用作压力管道,中、高压用无缝管,低压用焊接管
	紫钢管	易弯曲成各种形状,但承压能力一般不超过10 MPa,抗振能力较弱,又易使油液氧化,通常用在液压装置内配接不便之处

表 4-3(续)

种类		特点和适用场合
软管	尼龙管	乳白色半透明,加热后可以随意弯曲成形或扩口,冷却后又能定形不变,承压能力因材质而异,自 2.5 MPa 至 8 MPa 不等
	塑料管	质轻耐油,价格低,装配方便,但承压能力低,长期使用易变质老化,只宜用作压力低于 0.5 MPa 的回油管、泄油管等
	橡胶管	高压管由耐油橡胶夹几层钢丝编织网制成,钢丝网层数越多,耐压越高,价格高昂,用作中、高压系统中两个相对运动件之间的压力管道; 低压管由耐油橡胶夹帆布制成,可用作回油管道

2. 油管的安装要求

(1)硬管安装时,对于平行或交叉管道,相互之间要有 10 mm 以上的空隙,以防止干扰和振动。在高压大流量场合,为防止管道振动,须每隔 1 m 左右用管夹将管道固定在支架上。

(2)布置管路时,路线应尽可能短,布管要整齐,其弯曲半径应大于管道外径的 3 倍,不得有波浪变形、凹凸不平及压裂与扭转等现象。

(3)软管的弯曲半径,不应小于软管外径的 10 倍;对于金属波纹管,若用于运动连接,其最小弯曲半径不应小于内径的 20 倍。

(4)弯曲时,耐油橡胶软管的弯曲处距管接头的距离至少是外径的 6 倍;金属波纹管的弯曲处距管接头的距离应大于管内径的 2 ~3 倍。

(5)软管在安装和工作中不允许有拧、扭现象,不得接近热源,两固定点间要有适当松弛,以适应油温变化、受拉和振动的需要。要避免与设备上的尖角部分接触和摩擦,以免划伤管子。

二、管接头

管接头是油管与油管,油管与元件间(如泵、阀和集成块等)的可拆卸连接件,应满足连接牢固、密封可靠和拆卸方便等要求,其类型和特点见表 4-4。

表 4-4 管接头的类型和特点

类型	结构简图	特点
焊接式	1 1—球形头	利用球面进行密封,具有结构简单、制造方便、耐高压、密封性能好等优点,广泛应用于高压系统($p \leq 32$ MPa)

表 4-4(续)

类型	结构简图	特点
卡套式	1—油管;2—卡套	利用卡套2卡住油管1进行密封,轴向尺寸要求不严、拆装方便,无须焊接或扩口,但对油管的径向尺寸精度要求较高,一般用精度较高的冷拔钢管作油管
扩口式	1—油管;2—套管	利用油管1管端的扩口在管套2的紧压下进行密封,适用于铜、铝管或薄壁钢管,也可用于连接尼龙管等低压油管
扣压式	1—接头外套;2—接头芯子	安装时,软管被挤压在接头外套1和接头芯子2之间,因而被牢固地连接在一起(须在专门设备上扣压而成),常用来连接高压软管,在机床的低压系统中得到广泛应用
快换接头	1—插座;2,6—管塞;3—钢珠;4—卡箍;5—插嘴	将卡箍4左移,钢珠3可以从插嘴5的环形槽中向外退出,插嘴不再被卡住,就可以迅速从插座1中拔出来。管子拆开后,管塞2和6各自在弹簧的作用下将两个管口都关闭,使拆开后管道内的油液不会流失。快换接头的装拆无须工具,适用于须经常装拆处

【任务实施】

一、任务说明

在液压实训台的操作面板上选取并合理布置液压元件,使用实训台配套管件(图4-20)进行油路连接,练习快速接头的拆接动作,熟练管路的布置过程。

二、注意事项

(1)在实训台操作面板的“T”沟槽上合理安放液压元件,注意布置管路时,要严格遵照油管的安装要求；

(2)严禁在软管上方放置液压元件,以防软管受压变形损伤；

(3)根据元件间距,合理选取管件长度；

(4)操作完毕,整理好管件和实训台。

图4-20 液压实训台和管件

思考与习题

1. 蓄能器有什么作用?

2. 常用过滤器有哪几种类型,各有什么特点,一般应安装在什么位置?

3. 油管和管接头有哪几种类型,分别适用于什么场合?

4. 油箱的作用是什么,设计时应考虑哪些问题?

5. 过滤器的精度是怎样划分的? 过滤精度的选择与压力有什么关系?

6. 液压系统中的吸油过滤器、回油管、泄油管以及油箱隔板分别应安装在油箱中的什么位置比较恰当,为什么?

7. 简述热交换器的种类、功用及典型安装位置。

项目五　方向控制阀及其回路的构建

任务1　认识方向控制阀

【任务引入】

方向控制阀分为单向阀和换向阀，主要用来控制油路的通断或改变油液的流动方向，从而控制液压执行元件的启停或换向。方向控制阀是如何实现这些功能的，又如何根据实际情况进行选用呢?

【相关知识】

一、单向阀

单向阀分为普通单向阀和液控单向阀。

（一）普通单向阀

普通单向阀简称单向阀，又称为逆止阀或止回阀，只允许液流单方向流动，不允许反向流动，如图5－1所示。

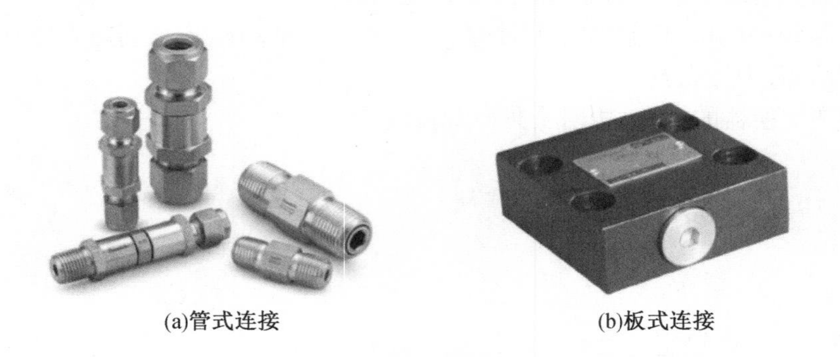

(a)管式连接　　　　(b)板式连接

图5－1　单向阀实物

1. 工作原理

如图5－2所示为单向阀结构，当P_1油口进油时，油液压力克服弹簧阻力和阀体与阀芯间的摩擦力顶开阀芯，从P_2油口流出。当P_2油口进油时，油液压力使阀芯紧密地压在阀座上，油液通过。因阀芯与阀座孔为线密封，且密封力随压力升高而增大，故密封性能良好。

2. 性能要求

（1）动作灵敏，工作时无撞击和噪声。

（2）液流正向通过时压力损失小，反向截止时密封性能好。单向阀的弹簧在保证能克服阀芯摩擦力和重力（即惯性力）而复位的前提下，刚度应尽量小，从而减小其压力损失。

(3)一般而言,弹簧的开启压力为0.035 MPa～0.1 MPa;若将软弹簧更换为合适的硬弹簧安装在液压系统的回油路上,可作背压阀使用,其压力通常为0.2 MPa～0.6 MPa。

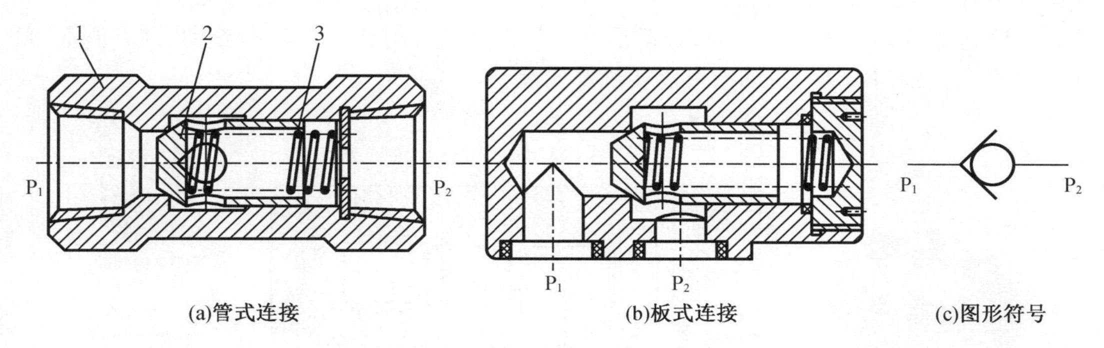

(a)管式连接　　(b)板式连接　　(c)图形符号

1—阀体;2—阀芯;3—弹簧。

图5－2　单向阀结构

单向阀的工作原理　　单向阀的拆装动画

3.应用

(1)如图5－3(a)所示,单向阀常安装在液压泵的出油口,防止系统压力突然升高而反向冲击液压泵。

(2)如图5－3(b)所示,将单向阀作背压阀使用,使其产生一定的回油阻力,以满足控制油路使用要求或改善执行元件的工作性能。

(3)如图5－3(c)所示,普通单向阀与其他阀组成组合阀,如单向节流阀、单向减压阀、单向顺序阀等。

(4)单向阀可在双联泵中将高、低压泵隔开,如图5－3(d)所示。

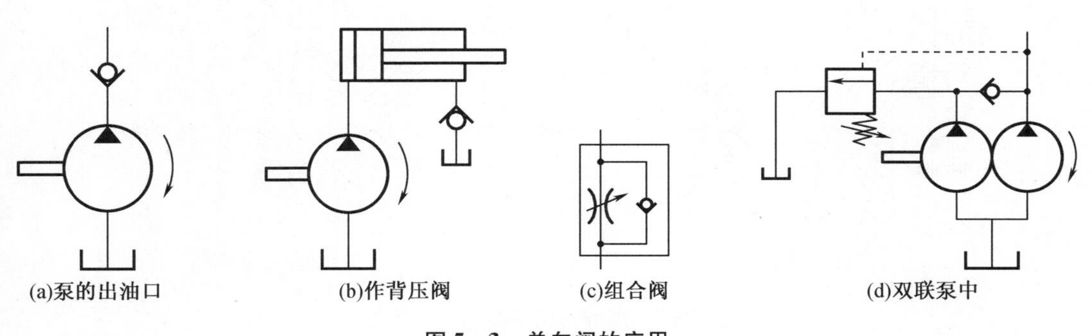

(a)泵的出油口　　(b)作背压阀　　(c)组合阀　　(d)双联泵中

图5－3　单向阀的应用

(二)液控单向阀

液控单向阀是依靠液压控制,可实现反向流通的单向阀,可作二通开关阀,也可作保压阀使用,两个液控单向阀可组成“液压锁”。

1. 工作原理

如图 5 -4 所示，当控制油口 K 无压力油时，液控单向阀像普通单向阀一样工作，当 P_1 油口进油时，P_2 油口流出；当 P_2 油口进油时，液控单向阀阀芯闭锁，油液无法流出。

当控制油口 K 通入压力油时，控制活塞顶杆在压力油的作用下向右移动，顶开阀芯，使进油口 P_1 和出油口 P_2 接通，油液可以实现双向流动。

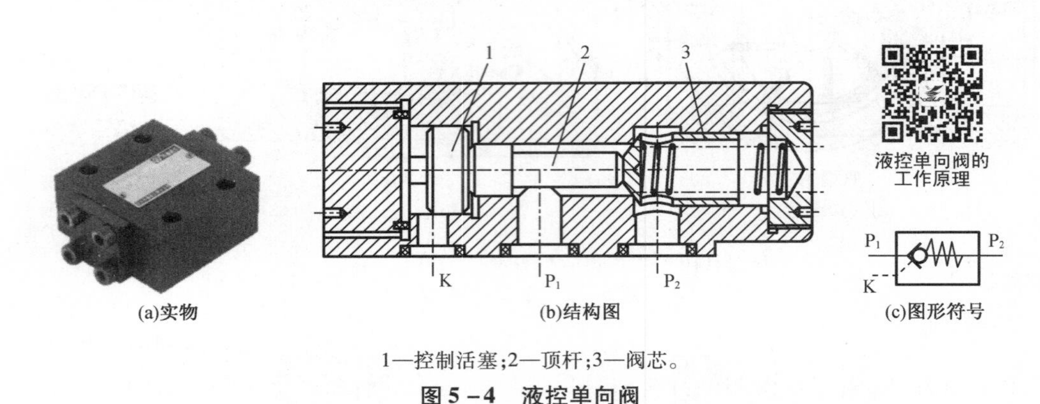

1—控制活塞；2—顶杆；3—阀芯。

图 5 -4　液控单向阀

液控单向阀按其控制活塞处的泄油方式又有内泄式和外泄式之分。图 5 -5(a) 为内泄式，其控制活塞的背压腔与进油口 P_1 相通。外泄式(5 -5(b)) 的活塞背压腔直接通油箱，这样反向开启时就可减小 P_1 腔压力对控制压力的影响，从而减小控制压力。故一般在反向出油口压力较低时采用内泄式，高压系统采用外泄式。

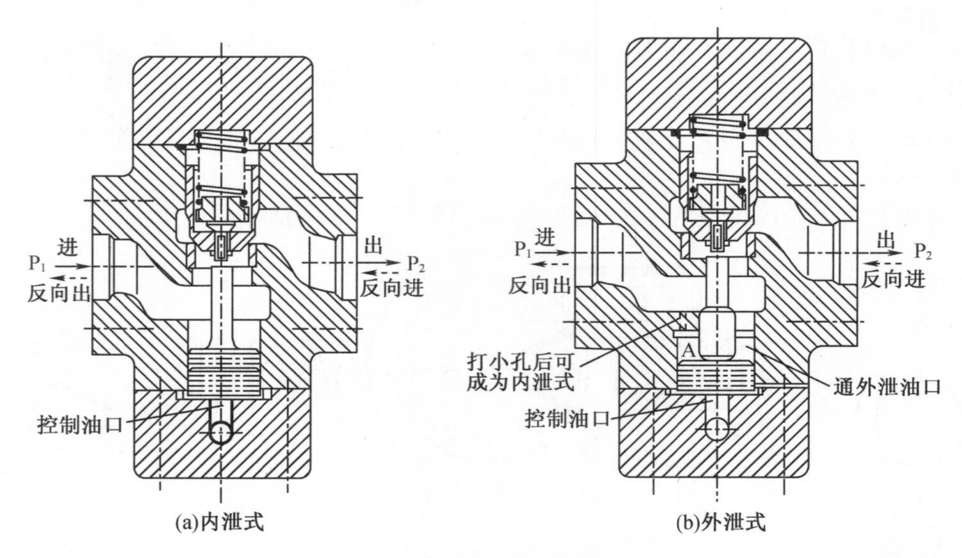

图 5 -5　带卸荷阀芯的液控单向阀

2. 应用

液控单向阀泄漏量少、闭锁性能好、工作可靠，广泛运用在冶金设备、机械设备和试验设备中，如汽车起重机支腿锁紧回路、轧机与卷取机液压系统等。

二、换向阀

换向阀是利用阀芯和阀体间相对位置的不同，来变换不同管路间的通断关系，实现接通、切断或改变液流方向的阀类。其分类如表 5－1 所示。

表 5－1 换向阀的分类

分类方式	类型
按操纵方式	手动式、机动式、电磁式、液动式、电液动式等
按工作位置数和通路数	二位二通、二位三通、二位四通、三位四通、三位五通等
按结构形式	转阀式、滑阀式等
按安装方式	管式、板式、法兰式等

性能要求：

(1)油液流经换向阀时的压力损失要小(一般为 0.3 MPa)；

(2)互不相通的油口间泄漏小；

(3)换向可靠、迅速且平稳无冲击。

滑阀式换向阀数量众多，应用广泛，下面以滑阀式换向阀为例进行说明。

(一)工作原理

滑阀式换向阀的阀芯在阀体内做轴向运动，实现相应油路接通或断开。如图 5－6 所示滑阀的阀芯是一个具有多段环形槽的圆柱体，阀芯有三个台肩，而阀体孔内有若干个沉割槽，图示阀体为五槽，每条槽都通过相应的孔道与外部相通。其中 P 口为进油口，T 口为回油口，A 口和 B 口通执行元件的两腔。

当阀芯处于图 5－6(a)位置时，油口 P 和 B、A 和 T 相连，液压缸有杆腔进油，活塞向左运动；当阀芯向右移动处于图 5－6(b)位置时，油口 P 和 A、B 和 T 相连，液压缸无杆腔进油，活塞向右移动。图中右侧用图形符号清晰地表明了以上所述的通断情况，即此换向阀有两个工作位置，四个通油口。

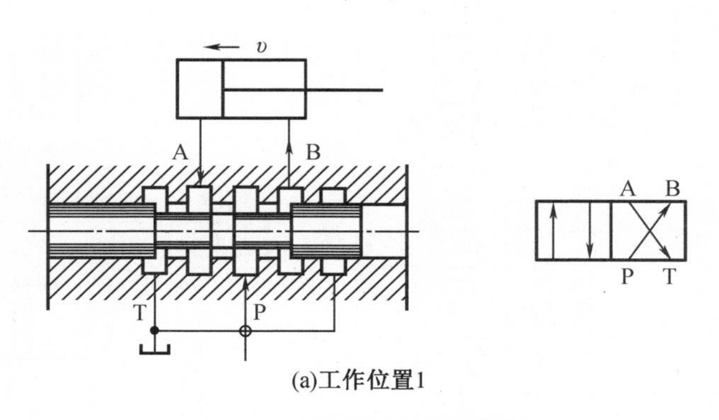

(a)工作位置1

图 5－6 换向阀的工作原理

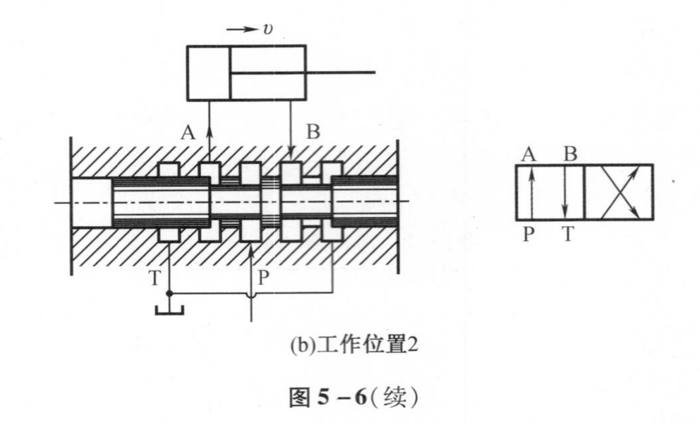

(b)工作位置2

图5-6(续)

(二)图形符号

表5-2列出了几种常用的滑阀式换向阀的结构原理图及与之对应的图形符号,现对换向阀的图形符号做以下说明。

(1)"位"指阀芯在阀体内的工作位置数,在图形符号中有几个方格就表示有几个工作位置。

(2)"通"指油口通路数,方框外部连接的接口数有几个就表示几"通"。方框内的箭头表示油路处于接通状态,但箭头方向不一定表示液流的实际方向,方框内符号"┴"或"┬"表示该通路不通。

(3)字母P表示与供油路相连的进油口,T(或O)表示与回油路相通的回油口,A、B表示连接其他工作油路或执行元件的油口,L表示泄油口。

(4)操纵方式和复位弹簧的符号画在方格的两侧。

(5)三位阀的中格、二位阀画有弹簧的一格为常态位。在液压原理图中,换向阀的符号与油路的连接一般应画在常态位上。

表5-2 滑阀式换向阀的结构原理及图形符号

名称	结构原理	图形符号
二位二通	A P	A P
二位三通	A P B	A B P

表 5-2(续)

名称	结构原理	图形符号
二位四通	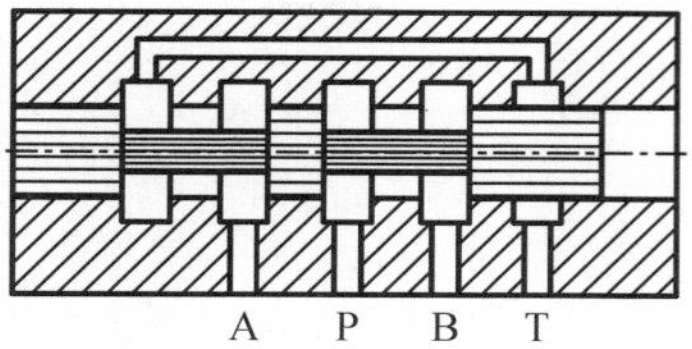	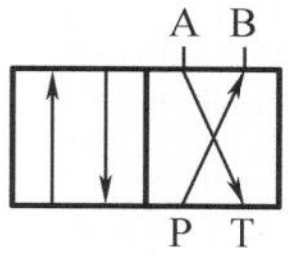
三位四通	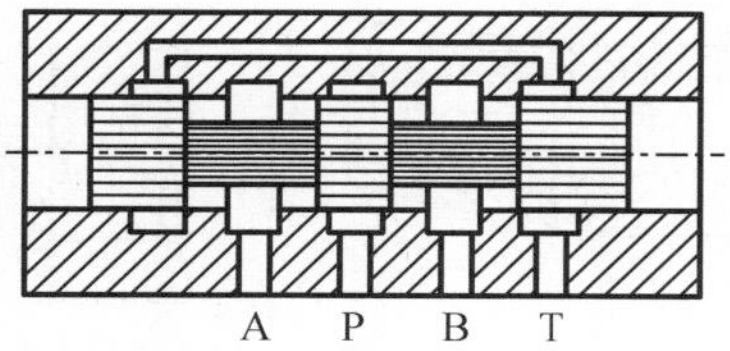	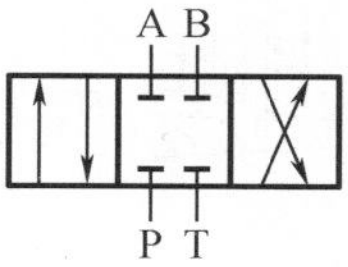
二位五通	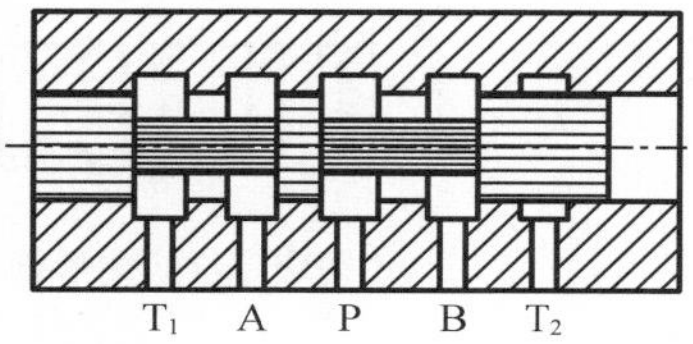	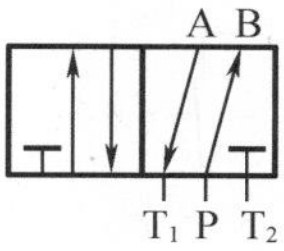
三位五通	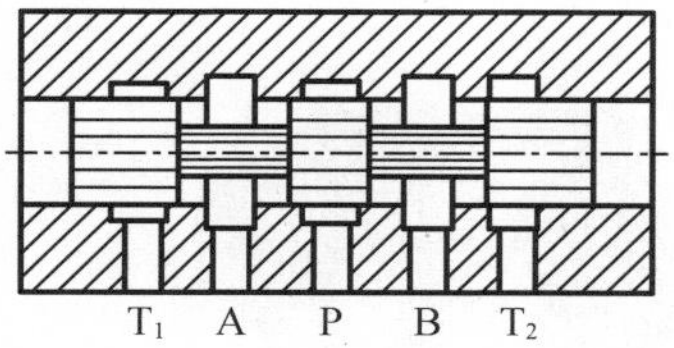	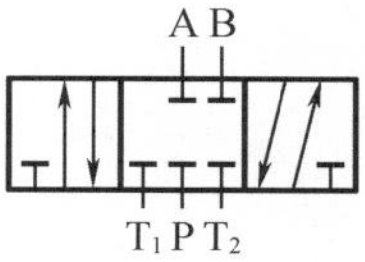

一个换向阀完整的图形符号还应表示出操纵方式、复位方式和定位方式等,常见操作方式符号如图 5-7 所示。

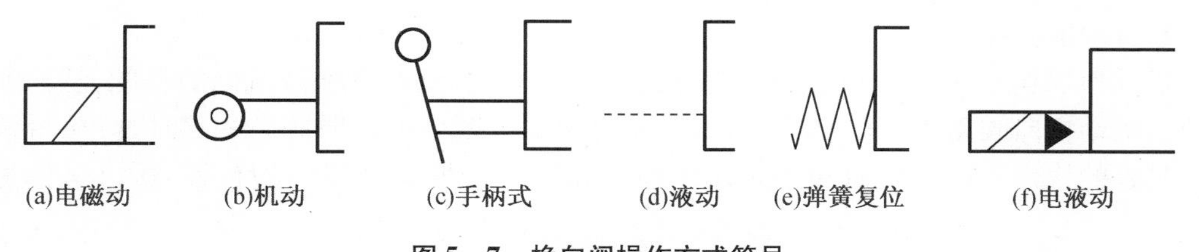

(a)电磁动 (b)机动 (c)手柄式 (d)液动 (e)弹簧复位 (f)电液动

图 5-7 换向阀操作方式符号

(三)控制方式

1. 手动换向阀

手动换向阀是利用手动杠杆改变阀芯位置来实现换向的,如图 5-8(a)所示为弹簧复位式手动换向阀结构,放开手柄 1,阀芯 2 即在弹簧 5 的作用下自动回复中位。它操作比较安全,适用于动作频繁、工作持续时间短的场合,常用在工程机械的液压传动系统中。

若将阀芯右端弹簧 5 的部位改为图 5-8(b)所示的钢球定位形式,可通过钢球使阀芯稳定在三个位置上。

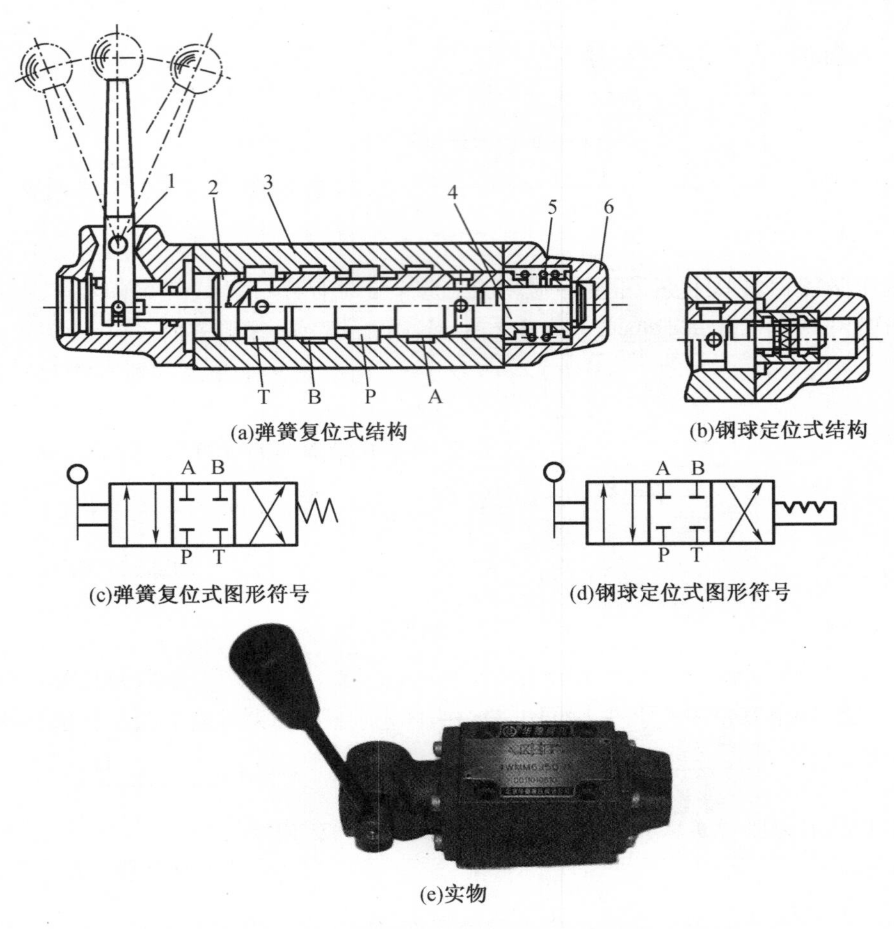

(a)弹簧复位式结构　(b)钢球定位式结构

(c)弹簧复位式图形符号　(d)钢球定位式图形符号

(e)实物

1—杠杆手柄;2—阀芯;3—阀体;4—套筒;5—弹簧;6—法兰盖。

图 5-8　手动换向阀

2. 机动换向阀

机动换向阀利用行程挡块和滚轮迫使阀芯移动,达到改变油液流向的目的,从而实现换向。机动换向阀动作可靠,改变挡块斜面角度即可改变换向时阀芯的移动速度,可调节换向过程的快慢。机动换向阀主要用来检测和控制机械运动部件的行程,所以又称为行程阀。

如图 5-9 所示为二位二通机动换向阀,在图示位置(常态位)阀芯 2 在弹簧 4 的作用下处于上位,P 与 A 不连通;当运动部件上的行程挡块压住滚轮 1 使阀芯移至下位,P 与 A 连通;挡块和滚轮 1 脱离接触后,阀芯可靠弹簧复位。

3. 电磁换向阀

电磁换向阀是利用电磁铁的吸引力控制阀芯换位的换向阀。它操纵方便、布置灵活,易实现动作转换的自动化,因此应用相对广泛。但因电磁铁吸力有限,换向时有冲击,所以电磁阀只适用于换向不频繁且流量不大的场合。

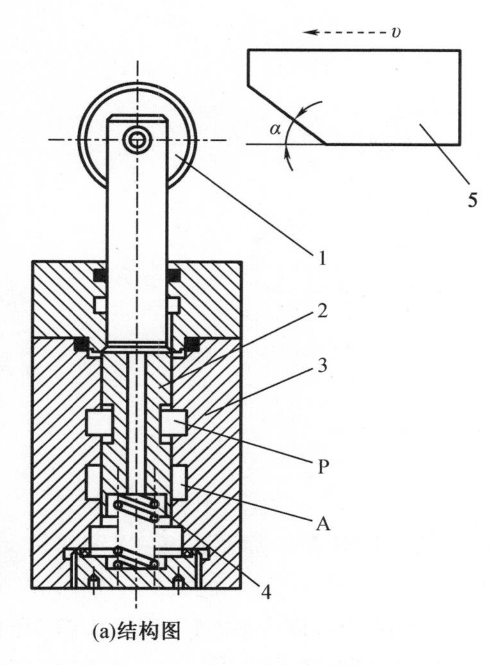

(a)结构图

(b)实物

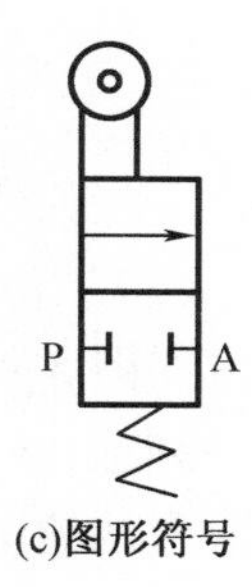

(c)图形符号

1—滚轮;2—阀芯;3—阀体;4—压力弹簧;5—挡块;P—进油口;A—出油口。

图 5-9 二位二通机动换向阀

按电磁铁使用电源不同可分为直流型、交流型和本整型。直流式电磁换向阀工作可靠,冲击小,允许的换向频率高,体积小,寿命长,但需要专门的直流电源。交流式电磁换向阀启动力大,不需要专门的电源;吸、释放速度快,但在电源电压下降 15% 以上时,吸力会明显下降,影响工作的可靠性。本整型电磁换向阀本身自带整流器,可将通入的交流电转换为直流电再供给直流电磁铁。

电磁换向阀按衔铁工作腔是否有油液分为干式和湿式两种。干式电磁铁寿命短,易发热,易泄漏,所以目前大多采用湿式电磁铁。

(1)二位三通电磁换向阀

如图 5-10 所示换向阀结构左侧为电磁铁,右侧为滑阀。当电磁铁不通电时(图示位置),弹簧 4 将阀芯 3 推在左端,油口 B 关闭,进油口 P 与油口 A 接通。当电磁铁通电时,衔铁 1 通过推杆 2 将阀芯推向右端,进油口 P 与油口 B 接通,油口 A 关闭。

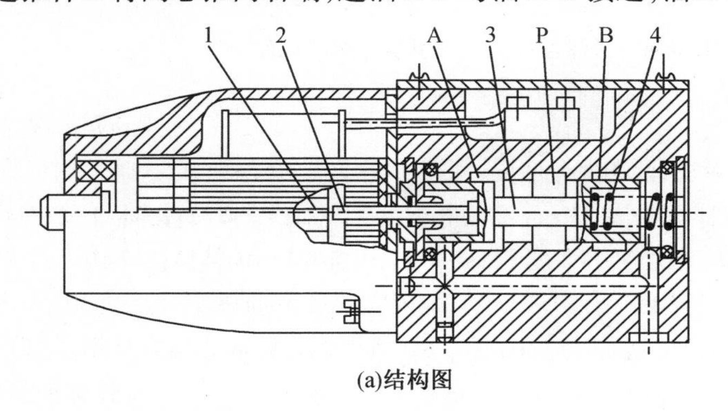

(a)结构图

1—衔铁;2—推杆;3—阀芯;4—弹簧;A、B—油口;P—进油口。

图 5-10 二位三通电磁换向阀

二位三通电磁换向阀原理讲解

(b)实物

A B

P

(c)图形符号

图 5 - 10(续)

(2)三位四通电磁换向阀

如图 5 - 11 所示,电磁阀的两侧都有电磁铁,阀的两个弹簧腔由通路连通,当阀芯移动时,油液由一个腔流至另一个腔。

当两侧电磁铁均不通电时,阀芯在弹簧力作用下处于图示位置,此时 P、T、A、B 四个油口均不相通;当右端电磁铁通电时,衔铁 1 通过推杆 2 将阀芯 3 推至左端,进油口 P 与油口 A 接通,油口 B 与出油口 T 接通。反之,当左端电磁铁通电时,进油口 P 与油口 B 接通,油口 A 与出油口 T 接通。

三位四通电磁换向阀原理讲解

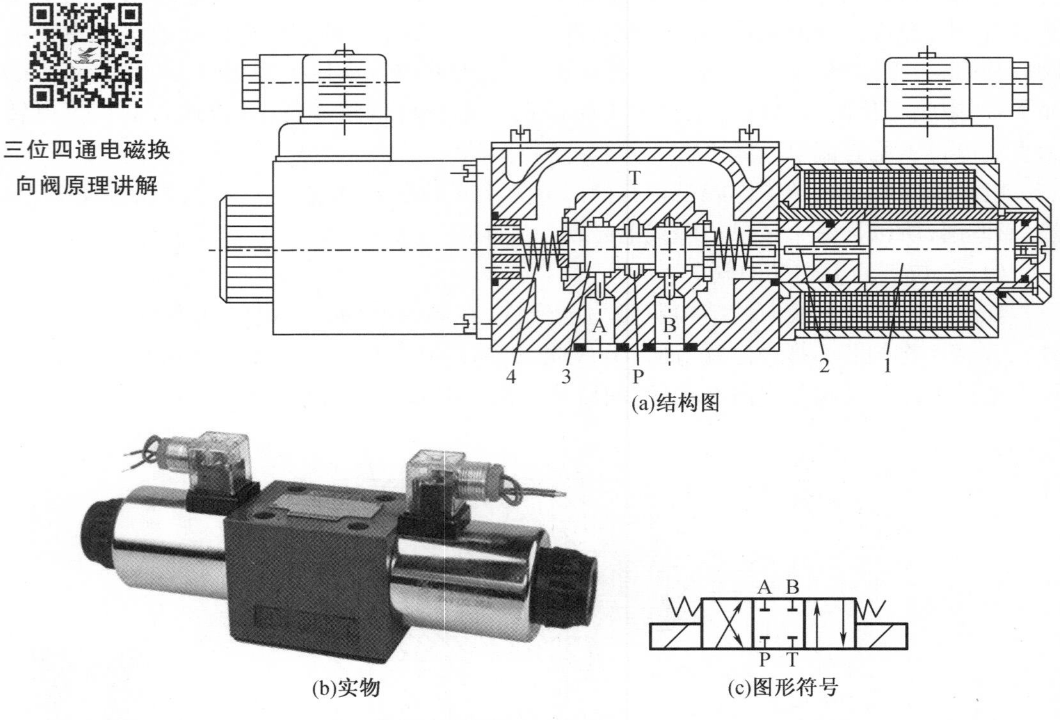

(a)结构图

(b)实物

(c)图形符号

1—衔铁;2—推杆;3—阀芯;4—弹簧;A、B—油口;P—进油口;T—出油口。

图 5 - 11　三位四通电磁换向阀

4. 液动换向阀

液动换向阀利用压力油推动阀芯实现换向，因此它可以制造成流量较大的换向阀，图5－12为三位四通液动换向阀。

当两端控制油口 K_1 和 K_2 均不通入压力油时，阀芯在两端弹簧的作用下处于中位；当 K_1 通入压力油时，阀芯移至右端，P 与 A 连通，B 与 T 连通；当 K_2 通入压力油时，阀芯移至左端，P 与 B 连通，A 与 T 连通。

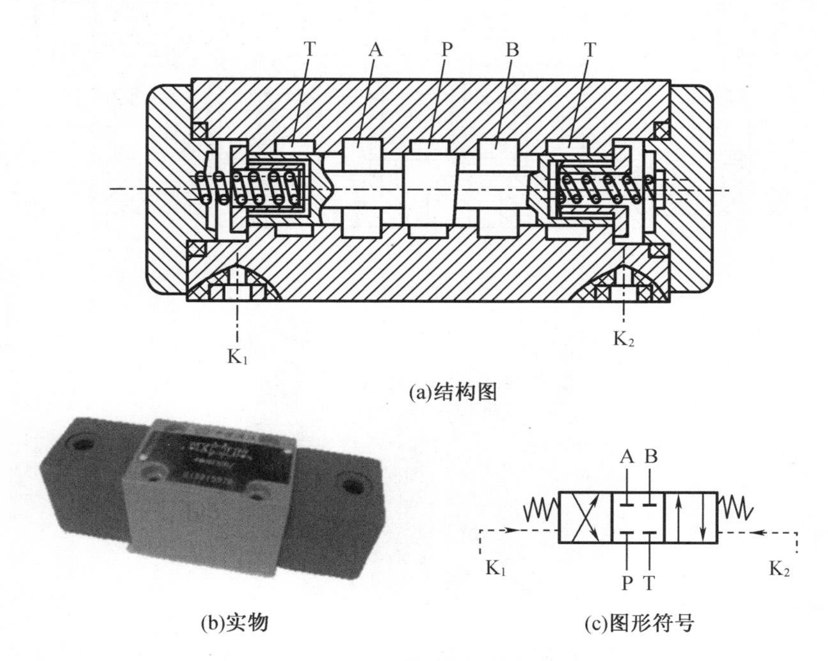

(a)结构图

(b)实物

(c)图形符号

图5－12　三位四通液动换向阀

5. 电液动换向阀

电液动换向阀是电磁换向阀和液动换向阀的组合，电磁换向阀起先导作用，控制液动换向阀的动作，改变液动换向阀的工作位置；液动换向阀作为主阀用于控制液压系统中的执行元件。

如图5－13(a)所示为电液动换向阀的结构，其上方为电磁阀(先导阀)，下方为液动阀(主阀)。当电磁先导阀的电磁铁3,5不通电时，电磁阀阀芯4处于中位，液动主阀阀芯8因其两端控制腔都接通油箱，在两端对中弹簧的作用下也处于中位，此时主阀的P、A、B、T油口均不相通。

当电磁铁3通电使其阀芯4向右移动，来自主阀P口的压力油经先导阀和单向阀1进入主阀阀芯8左端的控制腔，并推动主阀阀芯8向右移动，而主阀阀芯右端控制腔的油液通过节流阀6经先导阀流回油箱，主阀阀芯的移动速度可由节流阀6调节，此时主油路的P与A、B与T油口相通。

同理，当电磁铁5通电使电磁阀芯4左移，主阀阀芯8也左移，其移动速度由节流阀2调节，此时主油路的P与B油路、A与T油路相通。

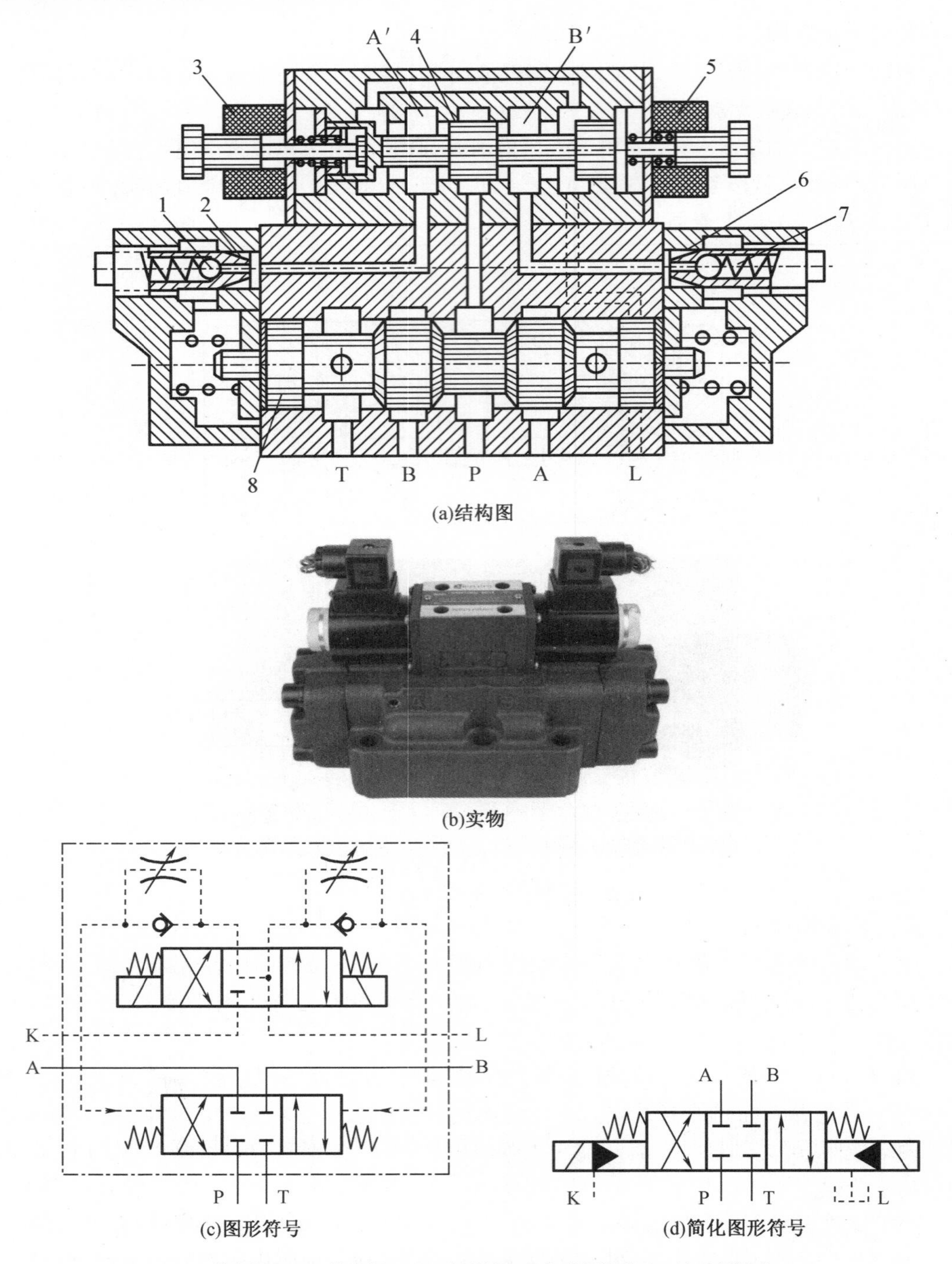

(a)结构图

(b)实物

(c)图形符号

(d)简化图形符号

1,7—单向阀;2,6—节流阀;3,5—电磁铁;4—电磁阀阀芯;8—液动阀阀芯。

图 5-13　电液动换向阀

(四)中位机能

三位四通换向阀的中位机能是指阀芯在中间位置时,各油口间的通路有不同的连接方式以适应不同的动作要求,见表 5-3。采用不同形式的中位机能会直接影响执行元件的工作状况，在进行液压系统设计时，必须根据工作特点合理选取换向阀的中位机能。

表 5－3　三位四通换向阀的中位机能

中位机能	结构原理	图形符号	特点及作用
O	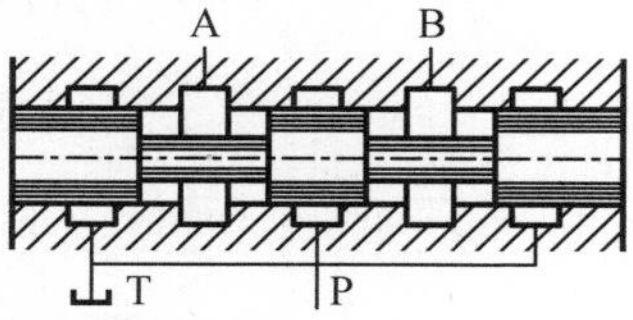	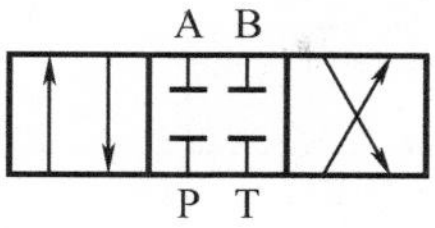	P、A、B、T 油口全部封闭，液压缸闭锁，液压泵不卸荷，可用于多个换向阀并联工作
H	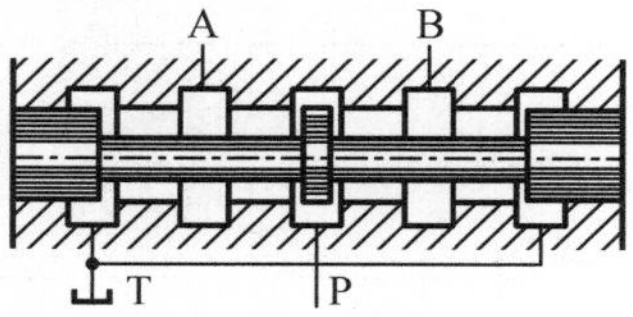	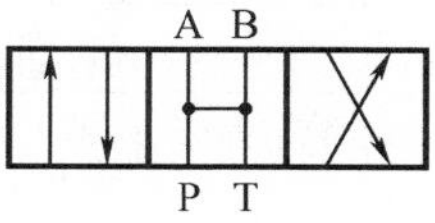	P、A、B、T 油口全部连通，液压缸浮动，在外力作用下可移动，液压泵卸荷
Y	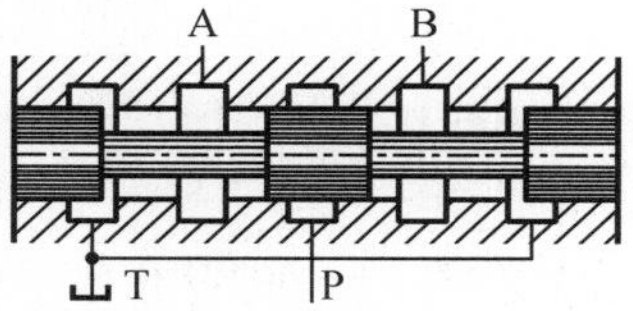	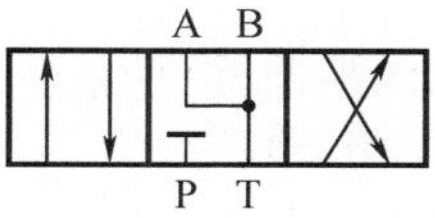	P 油口封闭，A、B、T 油口相通，液压缸浮动，在外力作用下可移动，泵不卸荷
P	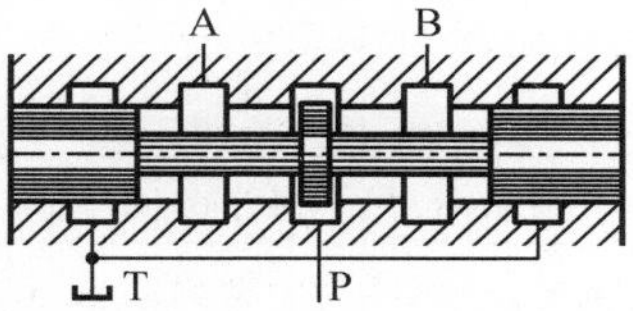	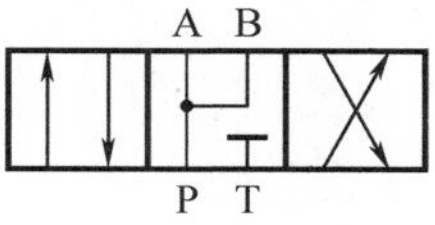	P、A、B 油口相通，T 油口封闭，泵与缸两腔相通，可组成差动回路
M	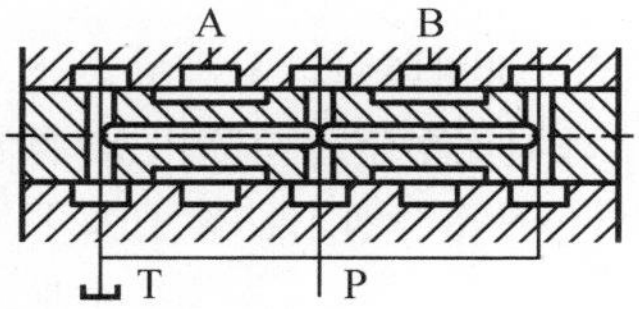	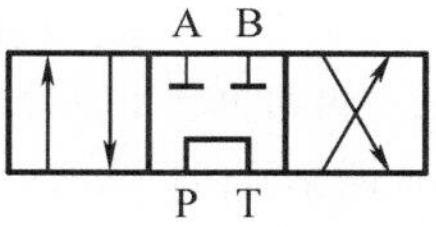	P、T 油口相通，A、B 油口封闭，液压缸闭锁，液压泵卸荷，可用于多个 M 型换向阀串联工作
U	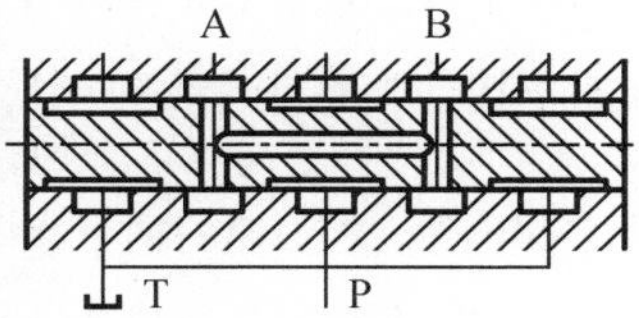	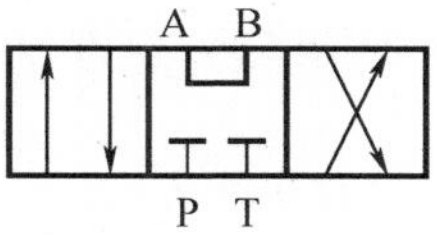	P、T 油口封闭，A、B 油口相通，液压缸浮动，在外力作用下可移动，泵不卸荷
J	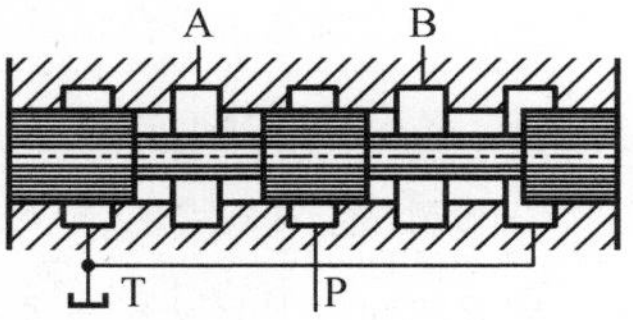	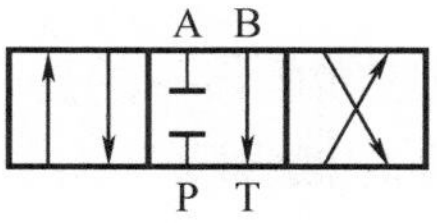	P、A 油口封闭，B、T 油口相通，液压缸停止，泵不卸荷

表 5－3(续)

中位机能	结构原理	图形符号	特点及作用
C	A B T P	A B P T	P、A 油口相通，B、T 油口封闭，液压缸处于停止位置

H 型中位机能

Y 型中位机能

M 型中位机能

分析和选择三位换向阀的中位机能时，通常考虑以下几方面的因素。

1. 系统保压

对于中位 A、B 油口封闭的换向阀，中位具有一定的保压作用。

2. 系统卸荷

对于中位 P、T 油口导通的换向阀，可以实现系统卸荷，但此时并联有其他工作元件，会使其因无法得到足够压力，而不能正常动作。

3. 换向平稳与换向精度

A、B 油口堵塞，换向时油液突然有速度变化，易产生液压冲击，换向平稳性差，但换向精度相对较高。

A、B 油口与 T 油口相通，换向时具有一定的过渡，换向比较平稳，液压冲击小，但工作部件的制动效果差，换向精度低。

4. 启动平稳

中位时，如液压缸某腔通过换向阀 A 或 B 油口与油箱相通，会造成启动时液压缸该腔无足够的油液进行缓冲，导致启动平稳性变差。

5. 液压缸浮动或在任意位置上停止

中位时 A、B 油口均封闭，液压缸可实现任意位置停止。

中位时 A、B 油口互通，卧式液压缸呈浮动状态，可通过其他机械装置调整其活塞位置。

【知识拓展】

转阀式换向阀

转阀式换向阀是通过阀芯在阀体中的旋转运动，实现油路启闭和换向的方向控制阀，其密封性能差，径向力不平衡，一般用于压力较低、流量较小的场合。

三位四通转阀式换向阀如图 5－14 所示，阀芯处于图 5－14(a)位置时，泵输出的油液经 P、A 两口进入液压缸左腔，推动活塞右移，液压缸右腔的油液经 B 口、阀芯中心孔 T 口流回油箱；当阀芯处于图 5－14(b)位置时，阀芯将 A、B 两口堵住，P、T、A、B 四口各不相通，液压缸静止；当阀芯处于图 5－14（c）位置时，P、B 两口相通，A、T 两口相通，液压缸活塞返回。

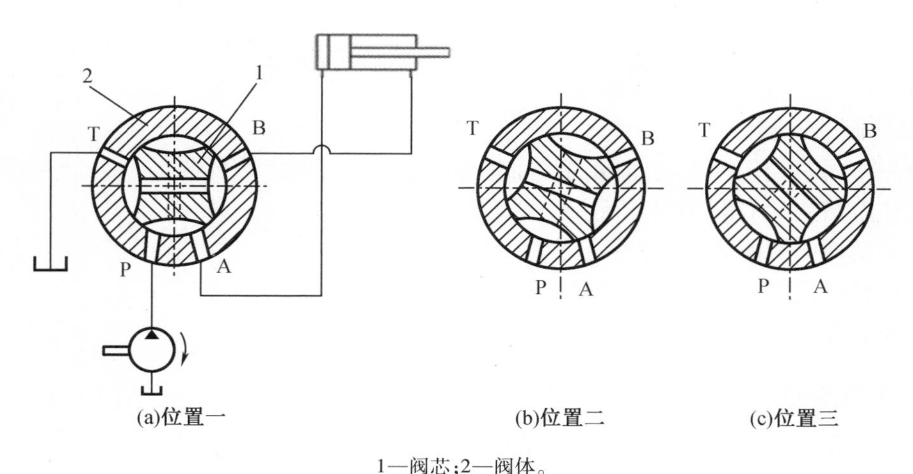

1—阀芯；2—阀体。

图 5－14　三位四通转阀式换向阀

【任务实施】

一、任务说明

方向控制阀的型号规格多种多样，在维修拆装的过程中方法也不同，下面以三位四通电磁换向阀为例说明换向阀的拆装（图 5－15）步骤和方法。

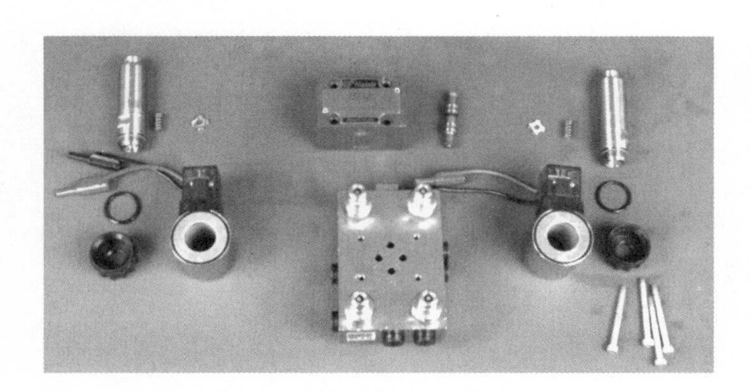

图 5－15　换向阀的拆装

换向阀的拆卸

换向阀的安装

二、使用工具

钳工工具一套、内六角扳手、耐油橡胶垫。

三、操作步骤

1. 换向阀的拆卸

（1）拆除电磁铁线圈两端的锁紧螺母；

(2)将换向阀两端的电磁铁拆下;

(3)用扳手旋下两端衔铁;

(4)从阀体中轻轻取出弹簧、挡圈及阀芯等零件,禁止猛力敲打;

(5)观察阀芯与阀体内腔的构造。

2. 换向阀的安装

(1)先将阀芯轻轻推入阀体,用手指抵住阀芯两端,可以滑动自如;

(2)注意衔铁的 O 形圈是否完好,并用扳手拧紧衔铁;

(3)安装换向阀两端的电磁铁;

(4)拧紧电磁铁线圈两端的锁紧螺母;

(5)安装完毕,将换向阀外表擦拭干净,整理工作台。

四、注意事项

(1)如果阀芯卡紧,可以用铜棒轻轻敲击,禁止猛力敲打损坏阀芯台肩;

(2)按拆卸的相反顺序装配换向阀,即后拆的零件先装配,先拆的零件后装配;

(3)如有零件沾染污物,用煤油清洗干净后方可装配;

(4)装配时切勿遗漏零件。

【故障排除】

单向阀的常见故障及排除方法见表 5 -4,换向阀的常见故障及排除方法见表 5 -5。

表 5 -4　单向阀的常见故障及排除方法

故障现象	故障原因	排除方法
不起单向控制作用(不保压、油液可逆流)	1. 密封不良:阀芯与阀体孔接触不良,阀芯精度低	1. 配研结合面,更换阀芯(钢球或锥阀芯)
	2. 阀芯卡住:阀芯与阀体孔配合间隙太小、有污物	2. 控制间隙至合理值,清洗
	3. 弹簧断裂	3. 更换
内泄漏严重	1. 密封不良:阀芯与阀体孔接触不良,阀芯精度低	1. 配研结合面,更换阀芯(钢球或锥阀芯)
	2. 阀芯与阀体孔不同轴	2. 更换或配研
外泄漏严重	1. 管式单向阀:螺纹连接处泄漏	1. 螺纹连接处加密封胶
	2. 板式单向阀:结合面处泄漏	2. 更换结合面处的密封圈
工作时发出异常声音	1. 油流流量超过允许值	1. 换用流量规格比较大的阀
	2. 与其他阀发生共振现象发出激荡声	2. 适当调节工作压力或改变弹簧刚度
液控单向阀反向打不开	1. 控制油压力低	1. 按规定压力调整
	2. 泄油口堵塞或有背压	2. 检查外泄管路和控制油路
	3. 反向进油压力高,液控单向阀选用不当	3. 选用带卸压阀芯的液控单向阀

表 5－5 换向阀的常见故障及排除方法

故障现象	故障原因		排除方法
阀芯不动或不到位	滑阀卡住	1. 滑阀与阀体配合间隙过小，阀芯在阀孔中卡住	1. 检查间隙情况，研修或更换阀芯
		2. 阀芯被碰伤	2. 检查、修磨或重配阀芯
		3. 污染物导致阀芯移动不良或卡死	3. 拆卸并清洗
		4. 阀芯几何精度不高或安装不当	4. 检查、修磨，重新安装
		5. 阀体因安装螺钉的拧紧力不均而变形	5. 检查阀体变形情况，调整拧紧力
	电磁铁故障	1. 因滑阀卡住交流电磁铁的铁芯吸不到底面而烧毁	1. 清除滑阀卡住故障，更换电磁铁
		2. 漏磁，吸力不足	2. 检查漏磁原因，更换电磁铁
		3. 电磁铁接线焊接不良，接触不好	3. 检查并重新焊接
		4. 电源电压太低造成吸力不足	4. 提高电源电压
	弹簧故障	弹簧折断、漏装、太软，不能使滑阀恢复中位	检查、更换或补装弹簧
	推杆故障	推杆磨损后长度不够，使阀芯移动过小，引起换向失灵或不到位	检查、修复或更换推杆
电磁铁过热或烧毁	1. 电磁铁线圈绝缘不良		1. 更换电磁铁
	2. 电磁铁铁心与滑阀周线同轴度差		2. 拆卸并重新装配
	3. 电磁铁铁芯吸不紧		3. 修理电磁铁
	4. 电压不对		4. 更正电压
	5. 电线焊接不良		5. 重新焊接
	6. 换向频繁		6. 减少换向次数或采用高频性能的换向阀
电磁铁动作响声大	1. 滑阀卡住或摩擦力过大		1. 研修或更换滑阀
	2. 电磁铁不能压到底		2. 校正电磁铁高度
	3. 电磁铁接触面不平或接触不良		3. 清除污物，修整电磁铁
	4. 电磁铁磁力过大		4. 选用电磁力适当的电磁铁
泄漏	1. 阀体与安装板之间密封不严		1. 更换密封腔
	2. 阀芯与阀体之间磨损严重		2. 修复或更换换向阀

任务2 工件推送装置液压回路的构建

【任务引入】

某工件推送装置如图 5－16 所示，其工作要求为通过按钮控制液压缸 2 的活塞杆伸出，将传送装置送来的重型金属工件 1，推送到另一与其方向垂直的传送装置上进行进一步加工；松开按钮，液压缸 2 的活塞杆缩回。请根据其工作要求分析并构建其液压控制回路。

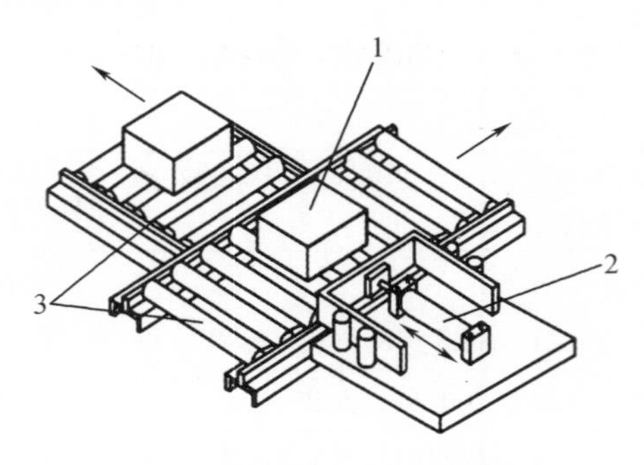

1—工件;2—液压缸;3—传送装置。

图5-16　工件推送装置

【任务分析】

介绍

方向控制回路是用来控制进入执行元件液流的接通、切断、改变流动方向，实现工作机构的启动、停止或变换运动方向的液压基本回路。常用方向控制回路有换向回路、锁紧回路、连续往复运动回路等。

本任务中，通过液压缸活塞杆的伸缩动作实现工件的推送，需要通过方向控制阀控制液压回路中油液走向，使油液进入液压缸的不同工作腔，控制液压缸完成动作，因此需要采用换向回路来实现。

【相关知识】

在实际应用中，将控制液压系统中的液流方向，可使执行元件改变输出方向或转向的基本回路统称为换向回路。

一、换向阀的换向回路

换向回路的核心功能由换向阀实现，二位换向阀只能使执行元件实现正、反向运动；三位阀除了实现正、反向运动，还可利用中位机能使系统获得不同的控制特性，如锁紧、卸荷、浮动等。

1. 二位三通阀的换向回路

对于利用重力或弹簧力回程的单作用液压缸，用二位三通阀可实现换向，如图5-17所示。当二位三通电磁换向阀3处于左位时，压力油经换向阀3进入液压缸的左腔，推动液压缸活塞杆伸出；当阀芯处于右位时，在回程弹簧的作用下，液压缸4左腔的压力油经换向阀3返回油箱，活塞在弹簧力作用下缩回。回路工作过程中，溢流阀2起过载保护作用。

2. 三位四通阀的换向回路

如图5-18所示，回路中的换向功能由三位四通电磁换向阀3控制，当阀芯处于中位时，油液封在液压缸4中不进不出，并且双向锁紧，液压缸活塞停止运动；当阀芯处于左位工作时，液压泵输出的压力油从P口进入电磁换向阀3并由A口流出，进入液压缸的无杆腔，推动液压缸活塞杆伸出；有杆腔的油液自B口流入换向阀并从T口流回油箱。同理，当阀芯处于右位工作时，压力油经电磁换向阀3进入液压缸的有杆腔，推动液压缸活塞杆缩回。溢流阀2在回路中起过载保护作用。

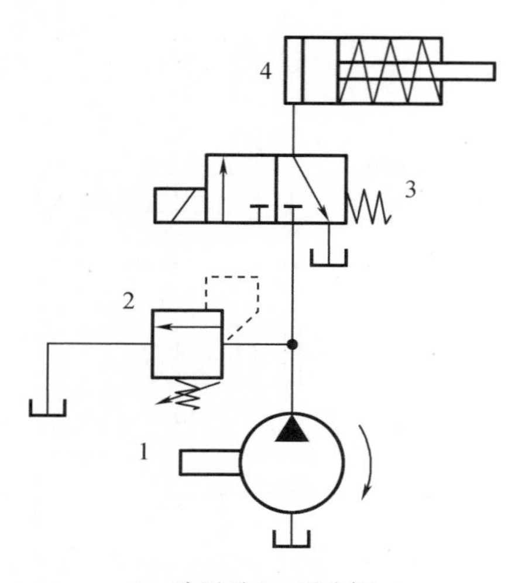

1—液压泵;2—溢流阀;
3—二位三通电磁换向阀;4—单作用液压缸。

图 5-17 二位三通阀的换向回路

三位四通阀的换向回路

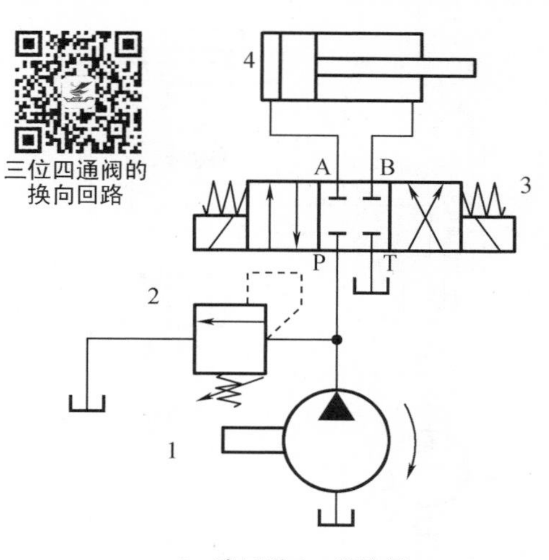

1—液压泵;2—溢流阀;
3—三位四通电磁换向阀;4—液压缸。

图 5-18 三位四通阀的换向回路

二、双向变量泵的换向回路

双向变量泵换向回路是利用双向变量泵直接改变输油方向,以实现液压缸和液压马达的换向。这种换向回路比换向阀换向平稳,多用于大功率的液压系统中,如龙门刨床、拉床液压系统。

如图 5-19 所示为双向变量泵的换向回路,当液压泵 1 左侧油口为压油口时,压力油进入液压缸 11 的左腔,推动液压缸活塞杆右移,液压缸右腔的油液流回液压泵右侧的吸油口;当液压泵右侧油口为压油口时,液压缸动作相反,从而达到换向目的。液压泵 2 可通过单向阀 6 或 7 对回路进行两个方向的补油,由溢流阀 5 调节补油压力;单向阀 8 或 9 使溢流阀 4 在两个方向实现过载保护。二位二通换向阀 10 在右位时,通过溢流阀 3 将泵 1 吸油侧多余的油液排回油箱。

【任务实施】

根据工件推出装置的换向要求,选择二位四通换向阀即可控制液压缸的伸缩动作,换向阀可采用手动控制、电磁控制等控制方式。为了能在操作过程中更好地分析回路状态,可以在液压缸的左、右两侧各安装一个压力表。如图 5-20 所示,当阀芯处于左位时,液压缸活塞杆处于伸出状态,推送工件至垂直传送装置;当阀芯处于右位时,液压缸活塞杆处于缩回状态。

一、实训说明

按照液压回路图选取正确的液压元件,在液压实训台上,按照图中的油路走向连接液压回路并观察回路效果。

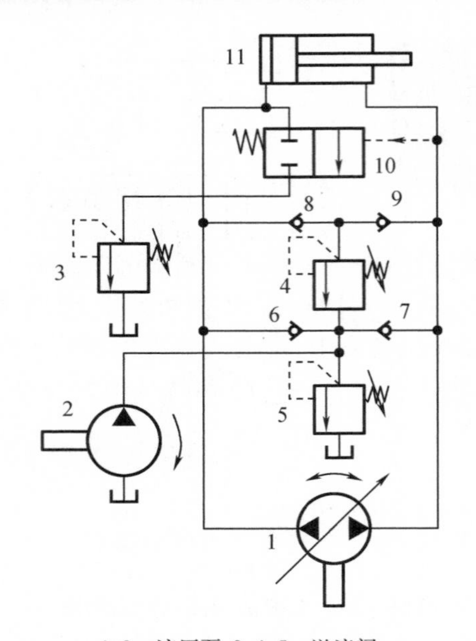

1,2—液压泵;3,4,5—溢流阀;
6,7,8,9—单向阀;10—换向阀;11—液压缸。

图 5 - 19　双向变量泵的换向回路

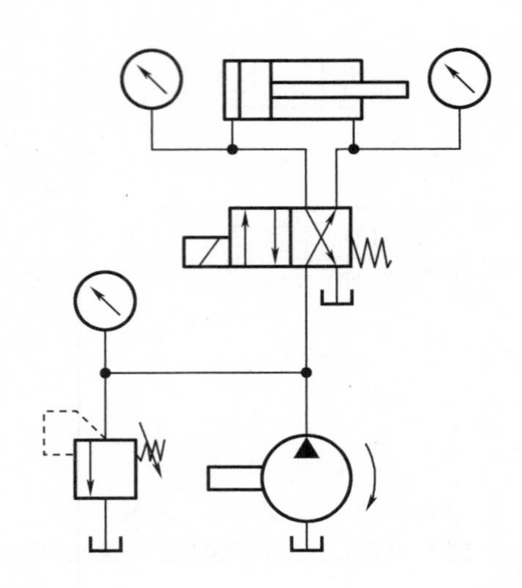

图 5 - 20　工件推出装置液压回路

二、所需元件

液压实训台、双作用单活塞杆式液压缸 1 个、二位四通电磁换向阀 1 个、直动式溢流阀 1 个、三通接头 4 个、压力表 3 个、液压油管若干。

三、操作步骤

(1)按照液压回路图,将实验所需液压元件布置在铝合金面板 T 形槽上;
(2)按液压原理图用油管连接液压元件,检验连接的正确性;
(3)为二位四通电磁换向阀接电,检验连接的正确性;
(4)组装完毕,启动电源开关和油泵开关;
(5)通过二位四通电磁换向阀控制液压缸的动作;
(6)观察完毕,关闭油泵电机和总电源;
(7)拆卸管路和元件并归位。

四、注意事项

(1)实训管路接头均采用闭式快换接头,应确保连接可靠;
(2)接好液压回路之后,检查各油口的连接是否正确,确认无误方可启动;
(3)实训过程中务必拿稳、轻放液压元件,防止碰撞。

【知识拓展】

连续往复运动回路

电磁阀可以与行程开关、行程换向阀、压力继电器等元件配合使用,实现多个往返行程的自动启动和换向，直到需要时方停止。

1. 采用行程开关控制

当换向阀在如图5－21所示位置，液压泵提供的压力油经电磁换向阀进入液压缸左腔，推动活塞杆伸出，液压缸右腔的油液经电磁换向阀回油箱。当活塞杆伸出至其挡铁碰到行程开关2S时，电磁铁断电，换向阀的阀芯右位工作，液压泵输出的压力油经换向阀进入液压缸右腔，控制液压缸活塞杆缩回。当活塞杆缩回至挡铁碰到行程开关1S时，电磁铁再次得电，阀芯左位工作，控制液压缸活塞杆伸出，如此实现连续往复运动。

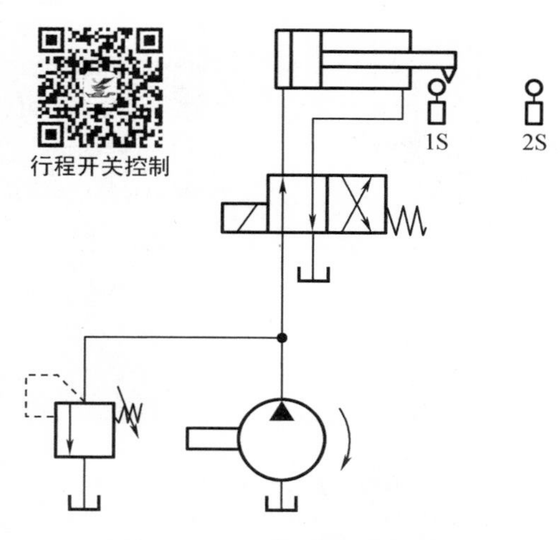

图5－21　采用行程开关控制

2. 采用行程换向阀控制

如图5－22所示，当液控换向阀4的两端均无控制油时，换向阀具有记忆功能，可保持右位工作。液压泵1提供的压力油经单向阀3、液控换向阀4进入液压缸5右腔，推动活塞向左运动，液压缸左腔的油液经液控换向阀4回油箱。当活塞杆缩回至挡铁碰到行程换向阀6时，行程换向阀6上位工作，控制油经行程换向阀6进入液控换向阀4的左腔，推动阀芯实现左位工作。此时液压泵输出的压力油经单向阀3、液控换向阀4进入液压缸5左腔，推动活塞杆伸出，液压缸右腔油液经换向阀回油箱。

当活塞杆伸出至挡铁碰到行程换向阀7时，行程换向阀7上位工作，控制油经行程换向阀7进入液控换向阀4的右腔，推动阀芯实现右位工作。此时液压泵输出的压力油经单向阀3、液控换向阀4进入液压缸5右腔，推动活塞杆缩回，液压缸右腔油液经换向阀回油箱，如此实现连续往复运动。

3. 采用压力继电器控制

当二位四通电磁换向阀1处于如图5－23所示位置时，液压泵提供的压力油经换向阀1进入液压缸右腔，推动活塞向左运动，液压缸左腔的油液经换向阀回油箱。当活塞行至终点后，液压缸右腔中的油压迅速上升至压力继电器3的动作压力，压力继电器发出电信号使换向阀1的电磁铁通电，电磁换向阀1左位工作。液压泵输出的压力油经电磁换向阀进入液压缸左腔，推动活塞向右运动，液压缸右腔的油液经换向阀回油箱。同理，当活塞行至终点后，液压缸左腔油压迅速上升至压力继电器2的动作压力，压力继电器发出电信号，使电磁换向阀1的电磁铁断电，换向阀右位工作，如此实现连续往复运动。溢流阀的调定压力要高于系统的工作压力,防止系统压力达不到压力继电器的动作压力。

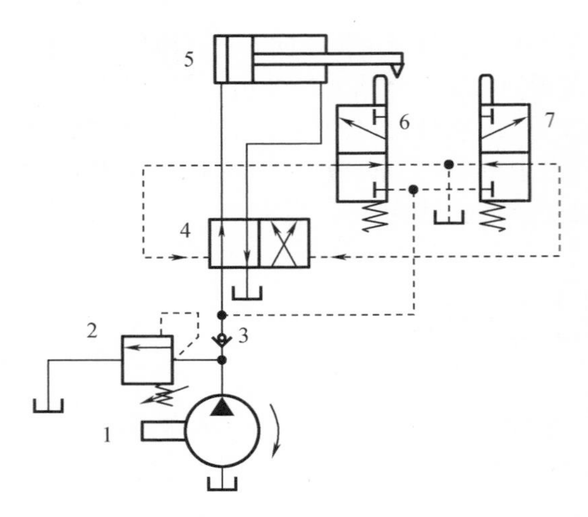

1—液压泵;2—溢流阀;3—单向阀;
4—液控换向阀;5—液压缸;6,7—行程换向阀。

图 5－22 采用行程换向阀控制

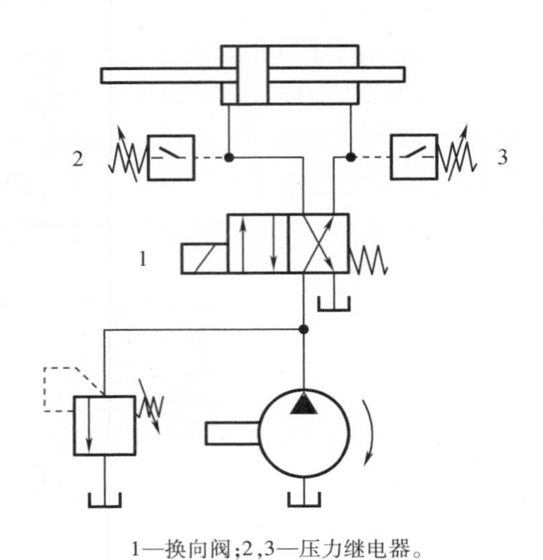

1—换向阀;2,3—压力继电器。

图 5－23 采用压力继电器控制

【应用拓展】

在液压系统当中,换向回路是最常用、最典型的液压回路,可实现工作装置的往复运动或回转运动,如各式液压系统的起升机构、伸缩机构、变幅机构、回转机构、支腿机构和转向机构等,换向回路性能的优劣直接影响到设备的工作效果和使用性能。换向回路的常见应用如叉车的叉架调节、带锯床锯条升降、数控车床卡盘夹紧、注塑机射台调节、磨床工作台移动等,如图 5－24 所示。

(a)叉车叉架调节

(b)带锯床锯条升降

(c)数控车床卡盘夹紧

(d)注塑机射台调节

图 5－24 换向回路的应用

叉车

带锯床

数控车床

注塑机

任务3 汽车起重机支腿锁紧回路的构建

数车卡盘

【任务引入】

如图5－25所示为汽车起重机结构，其轮胎的承载能力是有限的，在起吊重物时必须放下前后支腿使轮胎架空，由支腿液压缸来承受负载。支腿要能够可靠地锁定在固定位置不发生窜动，以防止起吊时整机前倾或颠覆。请根据汽车起重机支腿的工作要求，分析并构建其液压控制回路。

汽车起重机

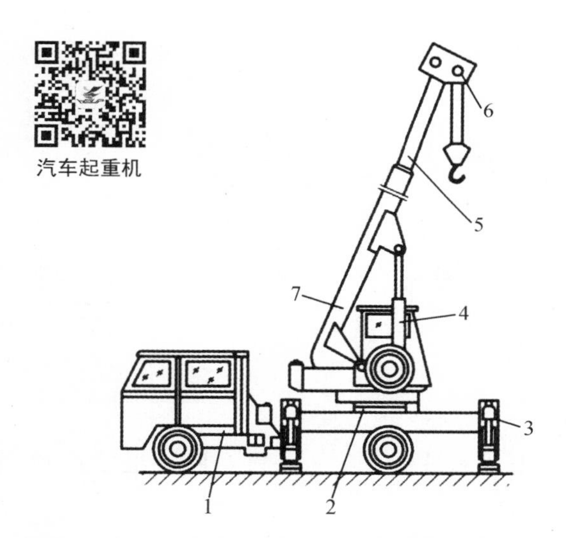

1—驾驶室；2—转台；3—支腿；4—吊臂变幅液压缸；5—吊臂伸缩液压缸；6—起升机构；7—基本臂。

图5－25 汽车起重机结构

【任务分析】

支腿的收、放、停等动作可通过换向阀的不同工作位进行切换，为把支腿锁定于固定位置不发生窜动，须采用锁紧回路，常用锁紧回路包括采用换向阀、单向阀、液控单向阀等常见形式，应根据实际工况进行合理选取。

【相关知识】

锁紧回路的功能是通过切断液压缸的进、出油通道，使活塞在任意位置停止，并可防止活塞在停止运动后，因外界因素而发生窜动、下滑等现象。

一、换向阀的锁紧回路

使液压缸锁紧的最简单的方法是利用三位换向阀的中位机能（如 M 型、O 型）来封闭液压缸的两腔。如图 5－26 所示为采用三位四通 M 型换向阀的锁紧回路，当换向阀的阀芯中位工作时，油液封闭在液压缸中不进不出，液压缸停止运动，实现双向锁紧；液压泵卸荷，溢流阀在回路中起过载保护作用。

这种锁紧回路由于受到滑阀泄露的影响，封闭性能较差，只适用于短时间的锁紧或锁紧精度要求不高的场合。

二、单向阀的锁紧回路

如图 5－27 所示为单向阀的锁紧回路，二位四通手动换向阀左位工作时，压力油经单向阀、换向阀进入液压缸上腔，推动液压缸活塞杆伸出；同理，换向阀右位工作时，液压缸活塞杆缩回，从而起升重物。在活塞起升的过程中，若液压泵发生故障停止工作，由于单向阀的锁紧作用，活塞将被悬挂在该位置，可防止液压泵受反向冲击，溢流阀在回路中起过载保护作用。

该锁紧回路一般用在有立式液压缸的场合和稳定性要求不高的简易液压系统中。

图 5－26　换向阀的锁紧回路

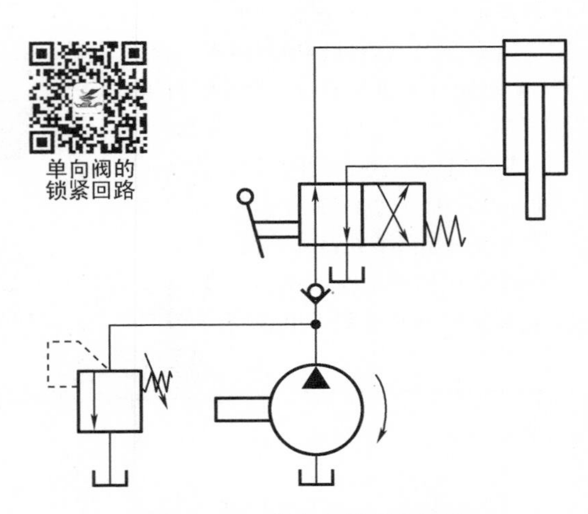

图 5－27　单向阀的锁紧回路

三、液控单向阀的锁紧回路

如图 5－28 所示为液控单向阀的锁紧回路，当三位四通电磁换向阀右位工作时，压力油经换向阀、液控单向阀进入液压缸的下腔，推动液压缸活塞杆缩回，无杆腔的油液经换向阀流回油箱；当换向阀左位工作时，液压缸活塞杆伸出，此时液控单向阀在控制油的作用下反向开启。当活塞下落速度过快时，液压缸上腔压力变小，液控单向阀因控制油压力不足而关小甚至关闭，导致液压缸活塞杆下落速度减慢甚至停止；当换向阀中位工作时，液压缸闭锁，液压泵卸荷，液控单向阀失去控制油而反向关闭，液压缸下腔封闭实现锁紧。

这种锁紧回路常用在对两个方向锁紧精度及运动平稳性要求较高的液压系统中，如汽车起重机的变幅或伸缩臂液压控制回路。

四、采用双向液压锁的锁紧回路

如图 5－29 所示为采用双向液压锁的锁紧回路，回路通过三位四通电磁换向阀 1 控制液压缸活塞杆的动作，在液压缸的两侧油路上串接液控单向阀实现锁紧，回路中溢流阀起过载保护作用。

当换向阀左位工作时，液压泵提供的压力油经换向阀 1、液控单向阀 Ⅰ 流入液压缸的无杆腔，推动活塞杆伸出；此时液控单向阀 Ⅱ 在控制油的作用下反向开启，液压缸有杆腔的油液经液控单向阀 Ⅱ、换向阀 1 流回油箱。同理，当换向阀 1 右位工作时，油液经换向阀、液控单向阀 Ⅱ 流入液压缸的有杆腔，推动活塞杆缩回，此时液控单向阀 Ⅰ 在控制油的作用下反向开启。当换向阀中位工作时，压力油经换向阀 1 回油箱，液压泵卸荷；两个液控单向阀的控制压力消失，处于反向截止状态，液压缸两腔封闭实现锁紧。

由于液控单向阀的反向密封性好，该锁紧方式的锁紧性能可靠，其锁紧精度只受液压缸的泄漏和油液压缩性的影响。

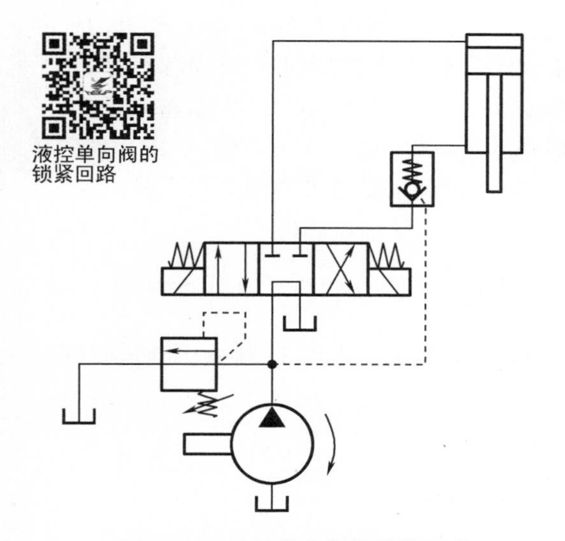

图 5－28　液控单向阀的锁紧回路

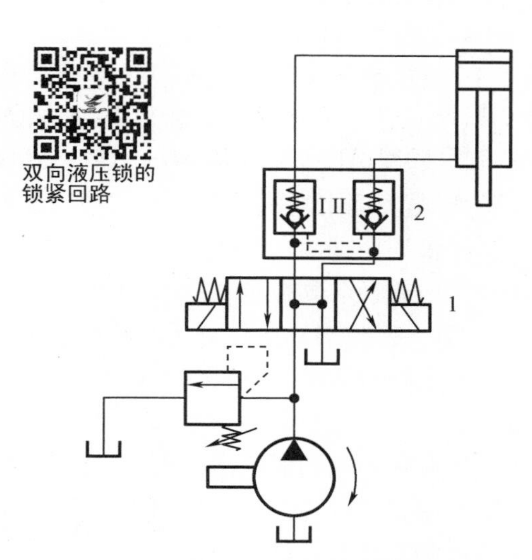

1—三位四通电磁换向阀；2—双向液压锁；
Ⅰ，Ⅱ—液控单向阀。

图 5－29　采用双向液压锁的锁紧回路

【任务实施】

一、任务说明

汽车起重机支腿锁紧回路的参考方案如图 5－29 所示，双向液压锁使活塞可以在任何位置锁紧，其锁紧精度只受液压缸内泄的影响，锁紧性能良好。按照液压回路图选取正确的液压元件，在液压试验台上按照图中的油路走向连接液压回路(图 5－30)，调节回路动作并观察回路锁紧效果。

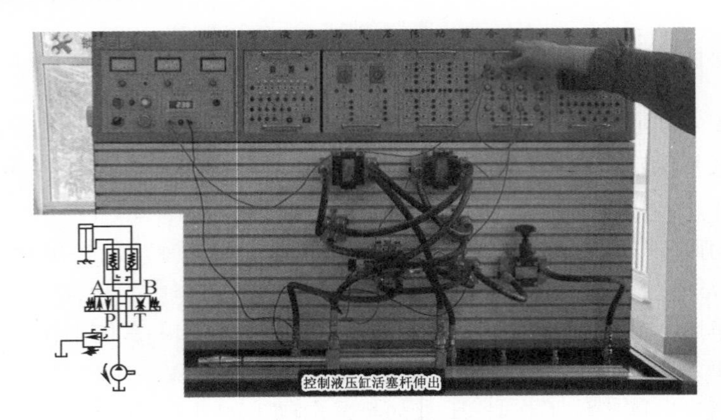

实操演示

图 5－30　双向液压锁的锁紧回路搭建

二、所需元件

液压实训台、双作用单活塞杆式液压缸 1 个、三位四通 H 型电磁换向阀 1 个、直动式溢流阀 1 个、液控单向阀 2 个、三通接头 3 个、液压油管若干。

三、操作步骤

(1)按照液压回路图,将实验所需液压元件布置在铝合金面板 T 形槽上;

(2)按液压原理图用油管连接液压元件,并检验管路连接的正确性;

(3)为电磁换向阀接电,并检验电路连接的正确性;

(4)组装完毕,启动电源开关和油泵开关;

(5)点击控制开关,通过三位四通 H 型换向阀 3 的电磁铁得电,控制液压缸进行伸缩动作;

(6)控制换向阀两侧电磁铁失电,观察回路锁紧效果;

(7)观察完毕,关闭油泵电机和总电源;

(8)拆卸管路和元件并归位。

四、注意事项

(1)实训管路接头均采用闭式快换接头,应确保连接可靠;

(2)接好液压回路之后,检查各油口的连接是否正确,确认无误方可启动;

(3)实训过程中务必拿稳、轻放液压元件,防止碰撞。

思考与习题

1. 举例说明单向阀的用途。

2. 液控单向阀有什么特点,应用于什么场合?

3. 电液换向阀的先导阀为何选用 Y 型中位机能,改用其他中位机能是否可以,为什么?

4. 二位四通电磁阀能否作二位二通阀使用?请说明具体接法。

5. 什么是换向阀的常态位?

6. 请画出下列各种方向控制阀的图形符号:单向阀、液控单向阀、二位二通行程阀、二位三通手动换向阀、二位四通电磁换向阀、三位四通 M 型手动换向阀、三位四通 H 型液动换向阀、三位五通 Y 型直流电磁换向阀。

7. 什么叫锁紧回路，如何实现锁紧？

8. 试分析图 5－31 中回路的工作原理。

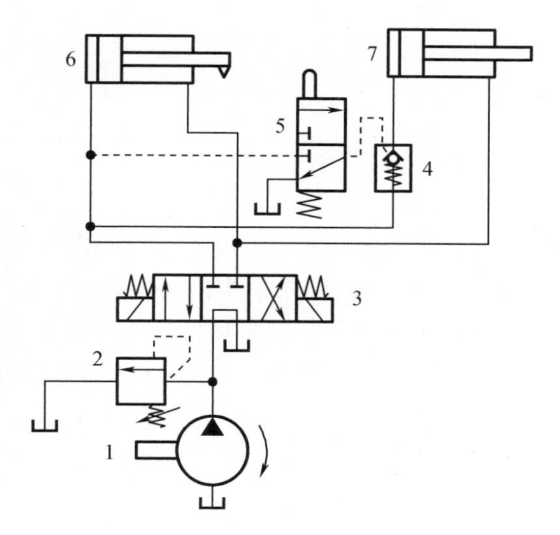

图 5－31　习题 8 图

项目六　压力控制阀及其回路的构建

任务1　认识压力控制阀

【任务引入】

压力控制阀是用来控制液压系统中油液压力或通过压力信号实现控制的阀类，包括溢流阀、减压阀、顺序阀和压力继电器等，这类阀是利用在阀芯上的液压力和弹簧力相平衡的原理来工作的。溢流阀、减压阀、顺序阀等压力控制阀的结构和工作原理相似，但工作过程和特点又各有不同，请学习压力控制阀相关知识，并在【任务实施】中比较上述阀。

【相关知识】

一、溢流阀

溢流阀能使被控制系统或回路的压力维持恒定，以实现稳压、调压或限压作用，几乎在所有的液压系统中都会用到，它是液压系统中重要的压力控制阀，按结构可分为直动式和先导式。

1. 直动式溢流阀

如图6-1所示为直动式溢流阀（锥阀式阀芯），当作用在阀芯上的进油压力小于调压弹簧的调定压力时，阀芯在弹簧力的作用下处于最右端位置，将P和T两油口隔开，阀芯处于关闭状态；当进油压力升高，其产生的液压力大于调压弹簧调定压力时阀芯左移，P和T两油口连通，阀口打开；多余的油液经T口排回油箱，使进口油压保持稳定，溢流阀实现稳压溢流。调节手轮改变弹簧预压缩量，便可调节溢流阀压力。

直动式溢流阀是利用主油路液压力与调压弹簧力平衡来进行压力控制的，具有结构简单、动作灵敏的优点，但压力稳定性较差，只适用于系统压力较低、流量不大的场合。

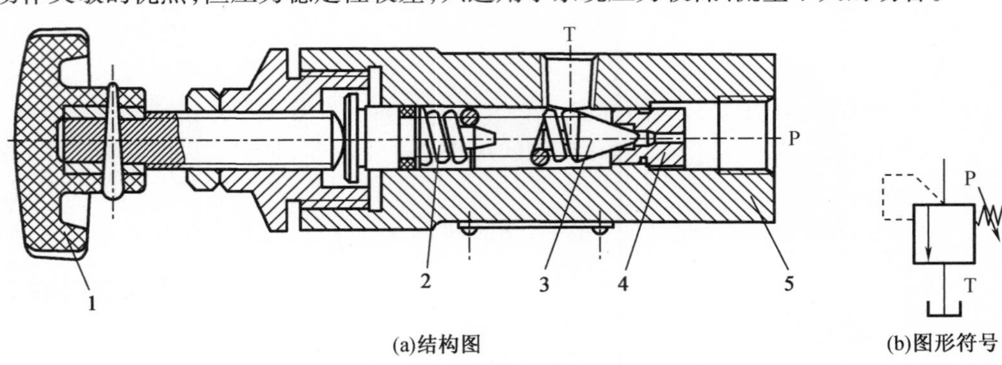

(a)结构图　　(b)图形符号

1—手轮；2—调压弹簧；3—阀芯；4—阀座；5—阀体。

图6-1　直动式溢流阀

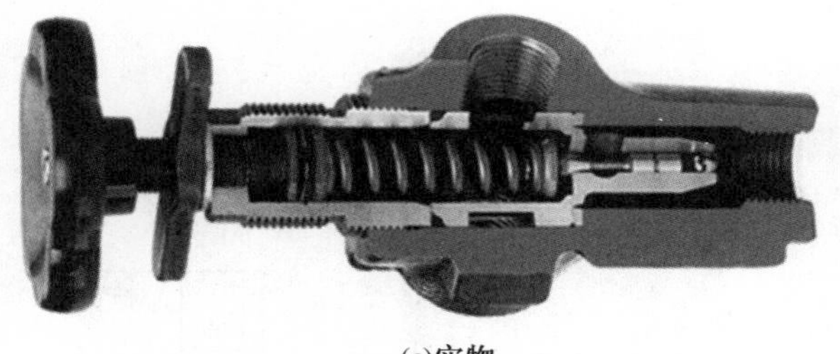

(c)实物

图 6-1(续)

直动式溢流阀的工作原理

直动式溢流阀的油口连接

2. 先导式溢流阀

如图 6-2 所示,先导式溢流阀由先导阀和主阀两部分组成。先导阀是一个小流量的直动型溢流阀,锥阀式阀芯,通过其内部调压弹簧来调定主阀的溢流压力;主阀阀芯是滑阀,用于控制主油路溢流,其内部弹簧为平衡弹簧。在阀体 4 内装有主阀芯 6,主阀芯上部小圆柱面与阀盖 3 配合,主阀芯下部锥体与主阀座 7 配合,主阀芯中间的大直径圆柱面与阀体孔滑动配合,此三处的同心度要求很高,故称为三节同心式。

当压力油由进油口 P_1 进入主阀,通过阻尼孔 5 后作用在先导阀芯 1 上。当作用在先导阀芯上的液压力不足以克服调压弹簧 9 的作用力时,先导阀关闭。这时油液不通,作用在主阀芯 6 上、下两个方向的压力相等。主阀阀口在主阀弹簧 8 的作用下关闭,进油口 P_1 口与出油口 T 不能形成通路,无法溢流。

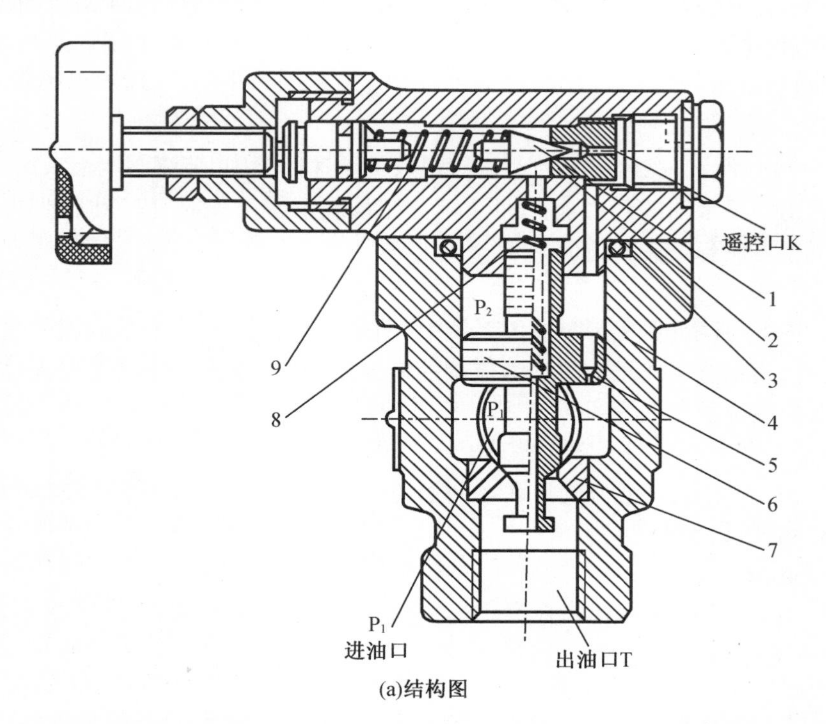

(a)结构图

1—先导阀芯;2—锥阀座;3—阀盖;4—阀体;5—阻尼孔;6—主阀芯;7—主阀座;8—主阀弹簧;9—调压弹簧。

图 6-2 YF 型三节同心先导式溢流阀

先导式溢流阀的工作原理

先导式溢流阀的油口连接

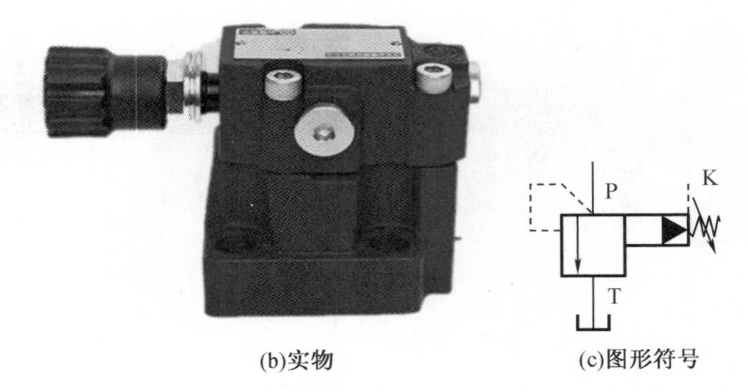

(b)实物　(c)图形符号

图 6－2(续)

当作用先导阀芯上的液压力大于调压弹簧 9 的作用力时,先导阀打开。油液可从 P_1 进入,通过阻尼孔 5、先导阀 1,从出油口 T 流回油箱。阻尼孔的阻尼作用使主阀芯 6 上、下两个方向的压力不相等,主阀芯 6 在压差的作用下向上移动,打开阀口实现溢流并维持压力基本稳定。

先导式溢流阀的 K 油口是一个远程控制口,当 K 油口通过二位二通换向阀接油箱时,若换向阀接通,先导式溢流阀的主阀芯在很小的液压力下便可上移,打开阀口实现溢流。当将 K 油口连接到另一个远程调压阀时,调节远程调压阀的弹簧力,即可调节溢流阀主阀芯上端的液压力,从而对溢流阀的溢流压力实现远程调压。但是,远程调压阀所能调节的最高压力不得超过先导阀的调定压力。

3. 溢流阀的应用

(1)调压溢流

如图 6－3(a)所示,在定量泵与节流阀组成的调速回路中,节流阀调节液压缸所需的流量大小,泵输出的多余油液经溢流阀回油箱。在系统正常工作时,溢流阀阀口始终处于开启状态,调定压力应与负载相适应。

(2)安全保护

如图 6－3(b)所示,在变量泵液压系统中,当系统工作压力低于溢流阀的调定压力时,溢流阀不溢流;当系统工作压力超过溢流阀的调定压力时,溢流阀开启溢流,限定系统的工作压力,以保证系统的安全。

(3)形成背压

如图 6－3(c)所示,将溢流阀串联在回油路上,可产生背压用于承受负值载荷,以改善液压执行元件的运动平稳性。

(4)系统卸荷

如图 6－3(d)所示,电磁溢流阀是由溢流阀和电磁换向阀组合而成,在液压系统中除起到溢流阀的全部作用外,还能控制系统卸荷。

远程调压

(5)远程调压

远程调压阀与先导式溢流阀的遥控口相连,即可实现远程调压。远程调压阀的调定压力小于先导式溢流阀的调定压力,如图 6－3(e)所示。

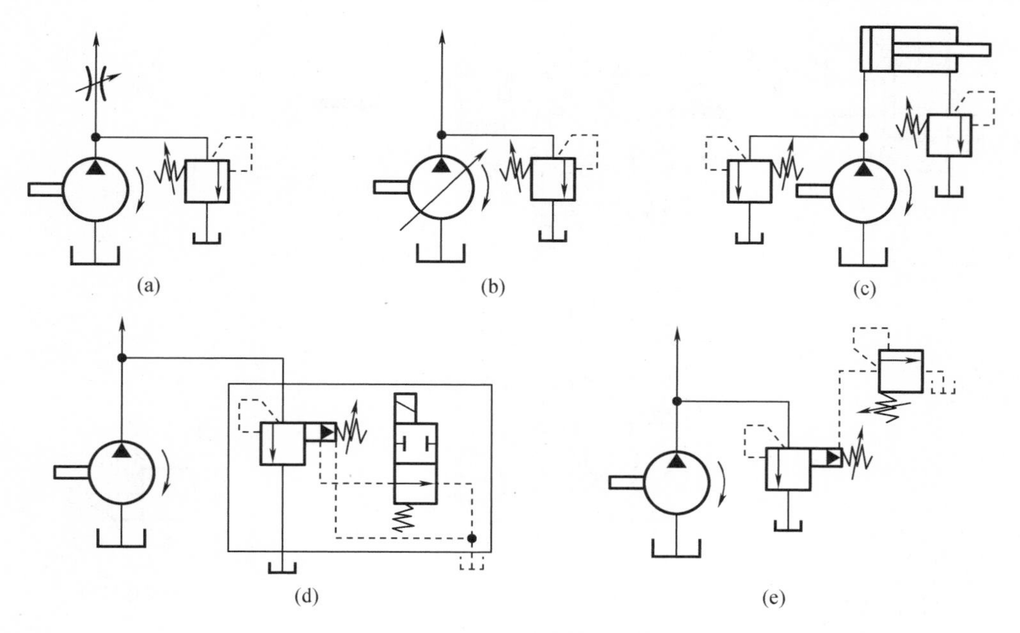

图6－3 溢流阀的应用

二、减压阀

减压阀是使出口压力低于进口压力的一种压力控制阀，主要用于降低并稳定系统中某一支路的油液压力，常用于夹紧、控制、制动、润滑等油路中。与溢流阀类似，按照结构和原理的不同，减压阀也可以分为直动式减压阀和先导式减压阀两类，其中先导式减压阀应用较多，主要是利用油液通过缝隙时的液阻降压。

1. 先导式减压阀

如图6－4(a)所示为先导式减压阀结构，它由先导阀和主阀组成，先导阀调压，主阀减压。最初先导式减压阀的进油口 P_1 和出油口 P_2 是相通的，压力油流入减压阀，经减压阀口 f 减压后由出油口流出，出油口油液经阀体和下阀盖上的孔及主阀芯上的阻尼孔 e 流入主阀芯上腔及先导阀右腔。

当出口压力低于先导阀弹簧的调定压力时，先导阀呈关闭状态，使主阀芯上、下腔油压相等，它在主阀弹簧力作用下处于最下端位置。这时减压阀口 f 的开度最大，不起减压作用。

当出口压力达到先导阀弹簧的调定压力时，先导阀开启，主阀芯上腔油液经先导阀流回油箱，下腔油经阻尼孔 e 向上流动。阻尼孔的减压作用使主阀芯两端产生压力差，主阀芯在压差作用下向上抬起，关小减压阀口 f，减压阀起减压作用，使出口压力稳定在调定压力。

减压阀的阀口为常开型，其泄油口 L 必须由单独设置的油管通往油箱。K 油口是一个远程控制口，当 K 口接远程调压阀且其调定压力低于减压阀的调定压力时，可以实现二级减压。

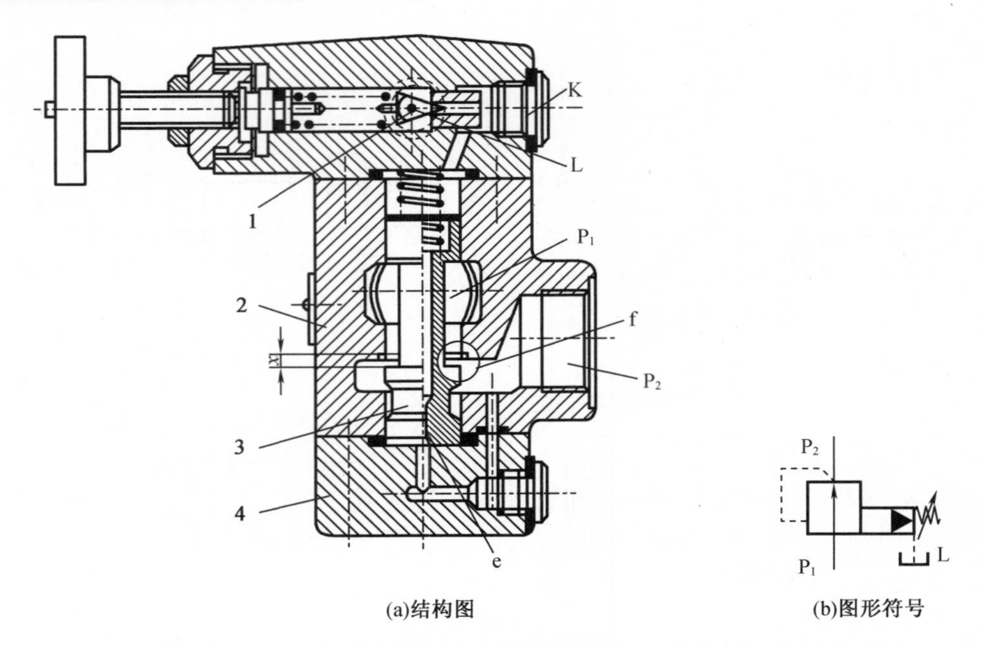

(a)结构图　　(b)图形符号

1—先导阀阀芯;2—阀体;3—主阀阀芯;4—端盖;K—外控口;L—泄油口;P_1—进油口;

P_2—出油口;f—减压阀口;e—阻尼孔。

图6－4　先导式减压阀

2.减压阀的应用

(1)低压支路

用减压阀从主系统中分出低压支路,以得到不同的工作压力,用于实现控制、夹紧、定位等。

(2)与节流阀串联

将减压阀与节流阀串联在一起,可使节流阀前压力差不随负载变化而变化。

(3)单向减压阀

单向阀和减压阀并联组成单向减压阀,当液流正向通过时,单向阀关闭,减压阀工作;当液流反向时,液流经单向阀通过,减压阀不工作。

三、顺序阀

顺序阀是利用油液压力作为控制信号,控制油路通断的压力控制阀。顺序阀也有直动式和先导式,根据控制压力来源不同,还有内控式和外控式之分。通过改变控制方式、泄油方式以及二次油路的连接方式,顺序阀还可用作背压阀、卸荷阀和平衡阀等。

1.直动式顺序阀

直动式顺序阀是作用在阀芯上的主油路液压力与调压弹簧力直接相平衡的顺序阀。

如图6－5所示为直动式顺序阀。常态时,进油口 P_1 与出油口 P_2 不通。压力油从进油口 P_1 进入,经阀体3和下阀盖1中的油道流到控制活塞2的底部,当作用在控制活塞2上的液压力低于弹簧5的调定压力时,阀口关闭,油液无法从 P_2 流出;当作用在控制活塞2上的液压力能克服阀芯上的弹簧力时,阀芯上移,油液从 P_2 流出,弹簧腔的泄漏油从泄油口L流回油箱。因控制压力来自进油口,该阀称为内控外泄式顺序阀,图形符号如图6－5(b)所示。

若将图 6－5 中的下阀盖 1 旋转 90°安装，切断进油口通向控制活塞下腔的通道，并将外控油口 K 的螺塞取下，引入控制压力油，便成为外控外泄式顺序阀，图形符号如图 6－5(c)所示。若将上阀盖 6 旋转 180°安装，并将外控油口 K 堵塞，则弹簧腔与出油口相通，构成外控内泄式顺序阀，图形符号如图 6－5(d)所示。

直动式顺序阀结构简单、动作灵敏，但由于弹簧和结构设计的限制，虽可采用小直径柱塞，弹簧刚度仍较大，因此调压偏差大且限制了压力的提高，调压范围一般小于 8 MPa，较高压力时宜采用先导式顺序阀。

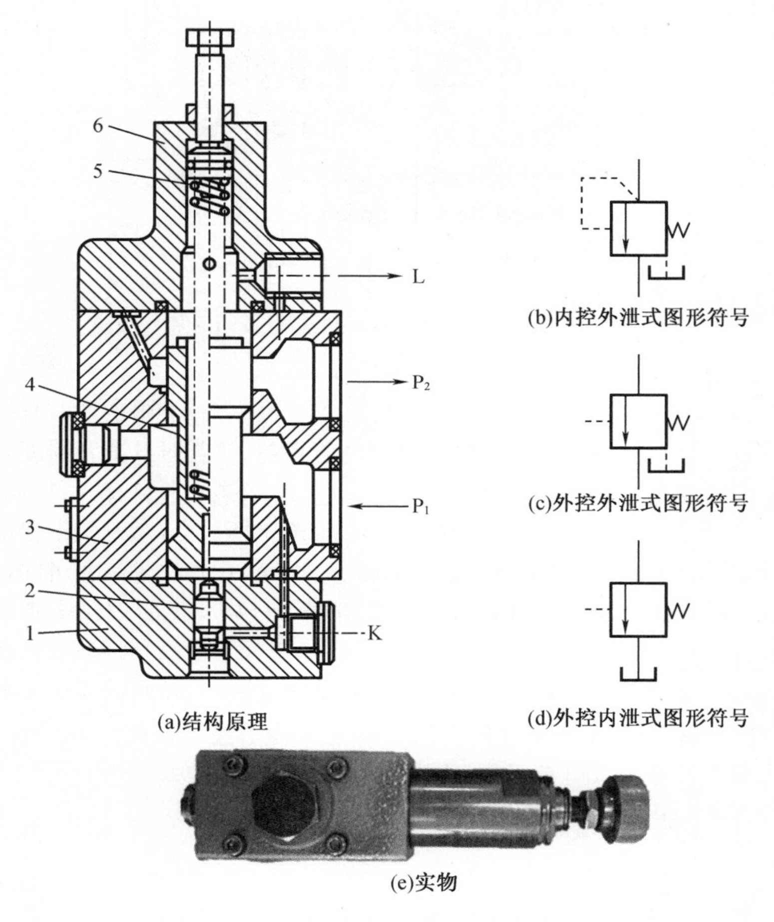

(a)结构原理　(b)内控外泄式图形符号　(c)外控外泄式图形符号　(d)外控内泄式图形符号　(e)实物

1—下阀盖；2—活塞；3—阀体；4—阀芯；5—弹簧；6—上阀盖。

图 6－5　直动式顺序阀

顺序阀的工作原理

顺序阀的油口连接

2. 先导式顺序阀

在直动式顺序阀的基础上，将主阀芯上腔的调压弹簧用半桥式先导调压回路代替，且将先导阀调压弹簧腔引至外泄油口 L，就可以构成先导式顺序阀，如图 6－6 所示。采用先导控制后，主阀弹簧刚度大大减小，主阀芯面积大大增加，启闭特性和工作压力均可显著提高。先导式顺序阀的缺点是当阀的进口压力因负载压力增加而增大时，将使通过先导阀的流量随之增大，从而引起较大的功率损失和油液发热。

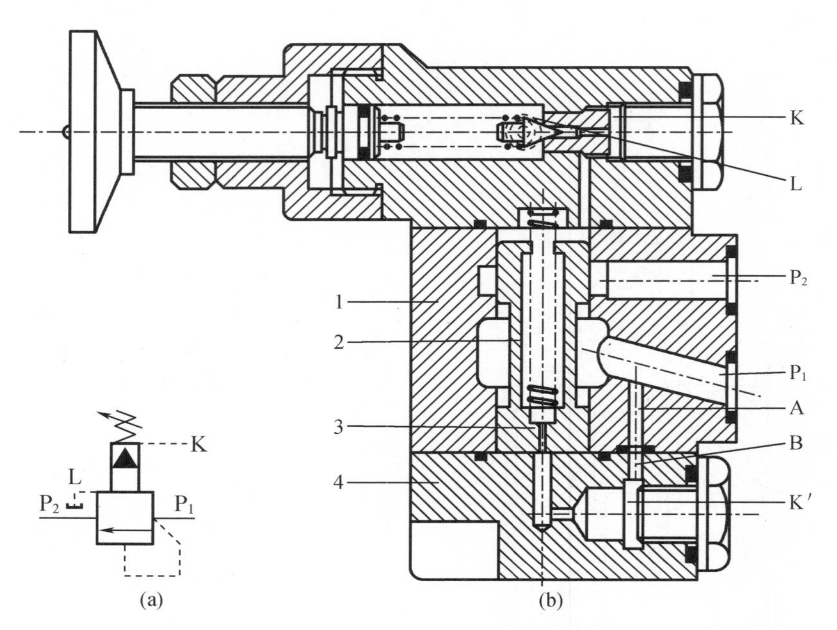

1—阀体；2—主阀芯；3—阻尼孔；4—阀盖；K—遥控腔；L—外泄油口；P_1—进油腔；P_2—出油腔；K′—外控油口。

图 6－6　先导式顺序阀

3. 顺序阀的应用

（1）顺序动作

图 6－7(a)为机床夹具上用顺序阀实现工件先定位后夹紧的顺序动作回路，当换向阀右位工作时，压力油推动定位缸活塞杆伸出完成定位动作，系统压力升高到顺序阀调定压力时，顺序阀打开，压力油经顺序阀推动夹紧缸实现夹紧。

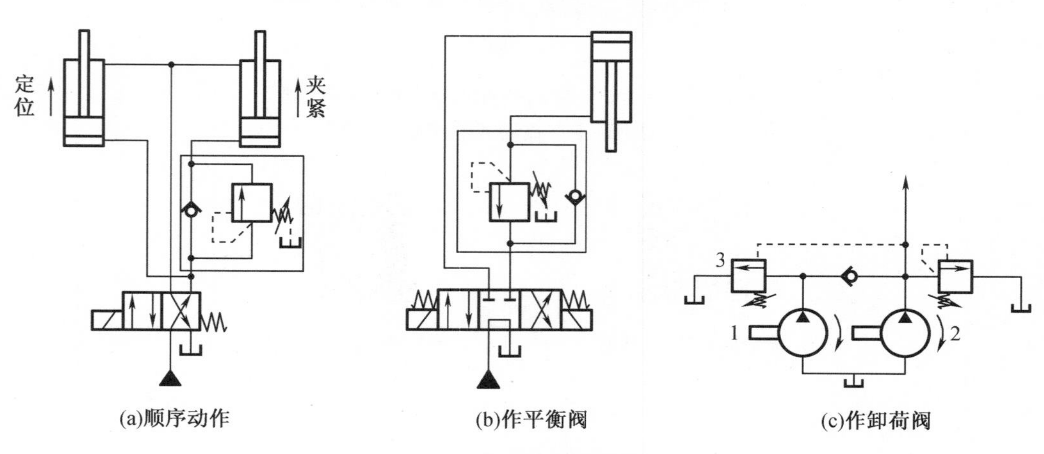

图 6－7　顺序阀的应用

(2)作平衡阀

如图 6－7(b)所示,外控顺序阀和单向阀反向并联组成平衡阀,可以起限速平衡作用,防止因重力使工作装置突然下落或下落超速,主要应用于起重机械和挖掘机械等。

(3)作卸荷阀

控制双泵系统中的大流量泵卸荷,如图 6－7(c)所示。大流量泵 1 和小流量泵 2 为双联泵,在液压缸快速进退阶段,泵 1 输出油液经单向阀与泵 2 输出油液汇合流向系统,使缸获得快速运动;液压缸转为慢速工进时,缸的进油路压力升高,外控式顺序阀 3 被打开,泵 1 卸荷,由泵 2 单独向系统供油以满足工进的流量要求。在此油路中,顺序阀 3 因能使泵卸荷,故又称卸荷阀。

四、压力继电器

压力继电器是将液压信号转换为电信号的转换元件,可根据液压系统的压力变化自动接通或断开有关电路,以实现对系统的程序控制和安全保护功能。

如图 6－8 所示为单柱塞式压力继电器。压力油从 P 油口进入压力继电器并作用在柱塞 1 底部,当系统压力达到调定压力时,作用在柱塞上的液压力克服弹簧力,推动顶杆 2 上移,使微动开关 4 的触点闭合发出电信号;调节螺钉 3 可改变弹簧的压缩量,相应就调节了发出电信号时的控制油压力。当系统压力降低时,柱塞在弹簧力作用下下移,压力继电器复位切断电信号。压力继电器发出信号时的压力称为开启压力,切断电信号时的压力称为闭合压力。由于摩擦力的作用,开启压力高于闭合压力,其差值称为压力继电器的灵敏度,差值小则灵敏度高。

压力继电器在液压系统中的应用很广,如刀具到指定位置碰到挡铁或负载过大时的自动退刀,润滑系统发生故障时的工作机械自动停车,系统工作程序的自动换接等。

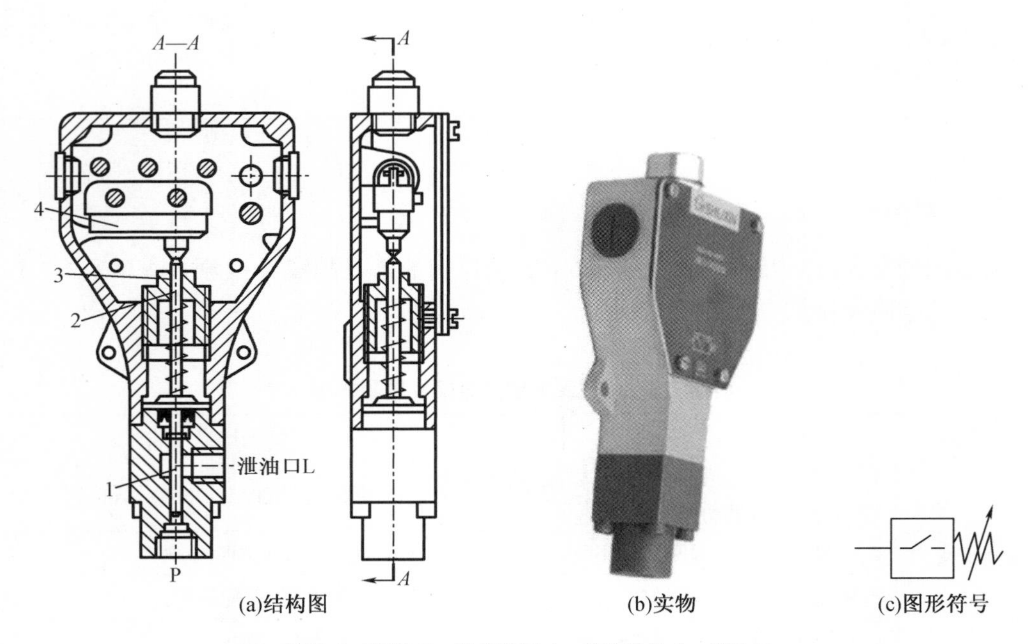

(a)结构图 (b)实物 (c)图形符号

1—柱塞;2—顶杆;3—调节螺钉;4—微动开关;L—泄油口。

图 6－8 柱塞式压力继电器

【任务实施】

压力控制阀的性能比较见表6－1。

表6－1　压力控制阀的性能比较

项目	溢流阀	减压阀	顺序阀
图形符号（直动式）			
功用	限压、保压、稳压	减压、稳压	控制油路的通断
控制油路的特点	进口油液引到阀芯底部与弹簧力平衡	出口油液引到阀芯底部，与弹簧力平衡，所以是控制出口油路压力	进口油液引到阀芯底部与弹簧力平衡
控制压力的位置	控制进油口压力	控制出油口压力	控制进油口压力
出油及泄油	出油口直接流回油箱，泄油与出油口相通，属内泄式	出油口排出低于进油压力的压力油，泄油经泄油口单独引回油箱	出油口与负载油路相通，泄油经泄油口单独引回油箱
常态	用作溢流阀时，阀口常闭；用作安全阀时，阀口常开	常开	常闭
连接方式	一般接在泵的出口，与主油路并联。若作背压阀用，则串联在回油路上，调定压力较低	串联	实现顺序动作时串联，作卸荷阀用时并联

【故障排除】

溢流阀的常见故障及排除方法见表6－2，减压阀的常见故障及排除方法见表6－3，顺序阀的常见故障及排除方法见表6－4。

表6－2　溢流阀的常见故障及排除方法

故障现象	故障原因	排除方法
油液泄露	1. 密封圈、组合密封圈的损坏，或者安装螺钉、管接头的松动	1. 更换密封圈，重新安装螺钉、管接头
	2. 锥阀磨损或与阀座接触不良	2. 及时更换或调整锥阀
	3. 滑阀与阀体配合间隙过大	3. 更换滑阀，重配间隙
	4. 接合面纸垫冲破或铜垫失效	4. 更换纸垫或铜垫

表6－2(续)

故障现象	故障原因	排除方法
系统压力波动	1. 油液不清洁,阻塞阻尼孔	1. 定时清理油箱、管路,更换清洁的液压油,疏通阻尼孔
	2. 主阀芯圆锥面与阀座的锥面接触不良好,没有经过良好磨合	2. 修配或更换不合格的零件
	3. 弹簧弯曲或太软	3. 更换弹簧
	4. 锥阀磨损或与阀座接触不良	4. 及时更换或调整锥阀
	5. 滑阀变形或拉毛	5. 更换或修研滑阀
系统压力不高	1. 主阀芯锥面磨损或不圆,阀座锥面磨损或不圆	1. 更换或修配溢流阀体或主阀及阀座
	2. 锥面处有脏物粘住	2. 清洗溢流阀使之配合良好或更换不合格元件
	3. 主阀芯与阀座配合不好,主阀芯损坏,主阀压盖处有泄漏	3. 拆卸主阀调正阀芯,更换破损密封垫,消除泄漏使密封良好
调整无效	1. 弹簧断裂或漏装	1. 检查、更换或补装弹簧
	2. 阻尼孔堵塞	2. 疏通阻尼孔
	3. 滑阀卡住	3. 检查、修整
	4. 进出油口装反	4. 检查油源方向并纠正
	5. 锥阀漏装	5. 检查、补装
振动及噪声大	1. 弹簧变形不复原	1. 检查并更换弹簧
	2. 滑阀配合过紧	2. 修研滑阀,使其灵活
	3. 主阀动作不良	3. 检查滑阀与泵体是否同心
	4. 阀芯磨损	4. 更换阀芯
	5. 出口油路中有空气	5. 排出空气
	6. 流量超过允许值	6. 调换大流量的阀

表6－3　减压阀的常见故障及排除方法

故障现象	故障原因	排除方法
出油口无压力	1. 主阀芯在全闭位置卡死(如零件精度低)	1. 修理、更换零件
	2. 油源未向减压阀供油	2. 检查油路,消除故障
不起减压作用	1. 泄油口不通	1. 清洗泄油通道
	2. 主阀芯在全开位置时卡死(如零件精度低,油液过脏等)	2. 修理、更换零件
	3. 调压弹簧太硬,弯曲并卡住不动	3. 更换油液,更换弹簧
	4. 顶盖方向装错,使出油孔与回油孔连通	4. 检查顶盖上油孔的位置
	5. 阻尼孔被堵住	5. 疏通阻尼孔,及时更换液压油

表 6－3(续)

故障现象	故障原因	排除方法
出油口压力不稳定	1. 主阀芯与阀体几何精度差,工作时不灵敏	1. 检修,使其动作灵活
	2. 主阀弹簧太弱,变形或将主阀芯卡住,使阀芯移动困难	2. 更换弹簧
	3. 油液中混入空气	3. 排除油液中空气
	4. 阻尼孔有时堵塞	4. 疏通阻尼孔,及时更换液压油
出油口压力升不高	1. 顶盖结合面漏油,其原因如:密封件老化失效,螺钉松动或拧紧力矩不均	1. 更换密封件,紧固螺钉,并保证力矩均匀
	2. 阀体与阀座接触不良	2. 清研配主阀接触面,修配使之结合良好

表 6－4　顺序阀的常见故障及排除方法

故障现象	故障原因	排除方法
始终出油,不起顺序作用	1. 阀芯在打开位置上卡死(如几何精度差,间隙太小,弹簧弯曲、断裂,油液太脏)	1. 修理,使配合间隙达到要求,并使阀芯移动灵活;检查油质,若不符合要求应过滤或更换;更换弹簧
	2. 调压弹簧断裂或漏装	2. 更换弹簧或补装
	3. 锥阀碎裂或漏装	3. 更换或补装
不出油,不起顺序作用	1. 阀芯在关闭位置上卡死(如几何精度差,弹簧弯曲,油脏)	1. 修理使滑阀移动灵活,更换弹簧,过滤或更换油液
	2. 遥控压力不足,或下端盖结合处漏油严重	2. 提高控制压力,拧紧端盖螺钉并使之受力均匀
	3. 泄漏口管道中背压太高,使滑阀不能移动	3. 泄漏口管道不能接在排油管道上一起回油,应单独排回油箱
	4. 通向调压阀油路上的阻尼孔被堵死	4. 清洗疏通
	5. 调节弹簧太硬或压力太高	5. 更换弹簧,适当调整压力
调定压力值不符合要求	1. 调压弹簧调整不当	1. 重新调整所需的压力
	2. 滑阀卡死,移动困难	2. 检查滑阀的配合间隙,修配,使滑阀移动灵活;过滤或更换油液
	3. 调压弹簧变形,最高压力调不上去	3. 更换弹簧
振动、噪声大	1. 回油阻力(背压)太高	1. 降低回油阻力
	2. 油温过高	2. 控制油温在规定范围内

任务 2　塔吊顶升液压回路的构建

【任务引入】

塔吊也叫塔式起重机,是建筑工地上最常用的一种起重设备,用来吊运钢筋、木楞、脚手管等施工原材料。在实际工作过程中，塔吊需要随着建筑物高度变换而升降，通过顶升和下降塔吊套架来加减标准节，从而满足垂直运输需要，称为塔吊顶升。

塔吊顶升机构具有多种传动方式，其中液压顶升机构具有结构简单、工作可靠、运动平稳、操作方便、速度快等诸多优点，得到了广泛的使用。在塔吊液压顶升机构工作时，系统需要承载塔吊质量，如图6－9所示为塔吊顶升回路示意图，分析其压力控制原理，并在【任务实施】中完成回路的搭建。

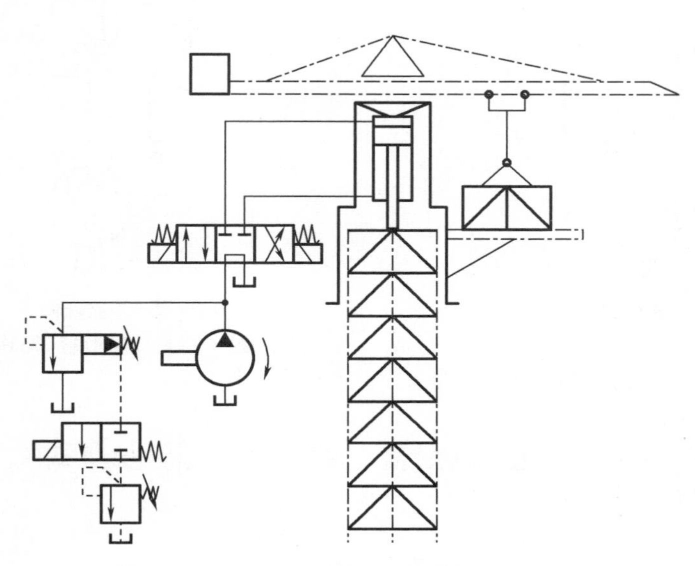

图6－9 塔吊顶升回路示意图

【任务分析】

压力控制回路是利用压力控制阀来控制系统整体或某部分的压力，以满足液压执行元件对力或转矩要求的回路。这类回路包括调压、减压、增压、卸荷和平衡等多种回路，图示塔吊顶升机构的压力控制须通过调压回路完成。

【相关知识】

1. 单级调压回路

图6－10所示为单级调压回路，通过调节直动式溢流阀上的调压弹簧，改变直动式溢流阀的调节压力，从而实现对回路系统的压力调节。当负载使主油路的压力上升至超过溢流阀的调定值时，溢流阀溢流，对液压系统起到安全保护作用。

2. 双向调压回路

执行元件正反行程需不同的供油压力时，可采用双向调压回路，如图6－11所示。该回路的执行元件为液压缸，正反行程不同的供油压力由溢流阀1和溢流阀2进行控制，溢流阀1的调定压力要大于溢流阀2的调定压力。

当换向阀左位工作时，液压泵提供的压力油经二位四通手动换向阀进入液压缸无杆腔，推动液压缸活塞杆伸出，有杆腔的油液经换向阀回油箱；此时，系统的最高工作压力由溢流阀1调定为较高值，超过该调定值，则溢流阀1溢流。同理，当换向阀右位工作时，液压

缸的活塞杆空行程返回，系统的最高工作压力由溢流阀 2 调定为较低值，超过该调定值，则溢流阀 2 溢流。液压缸退回终点后，泵在低压下回油，功率损耗小。

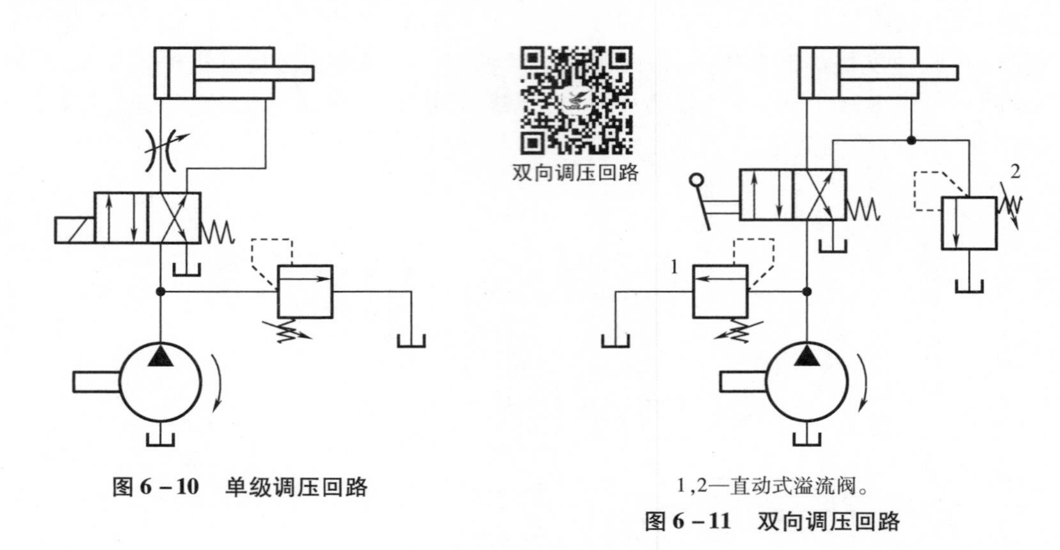

图 6－10　单级调压回路

1，2—直动式溢流阀。

图 6－11　双向调压回路

3. 二级调压回路

如图 6－12 所示，回路可通过直动式溢流阀 2 和先导式溢流阀 4 调压，具备两级不同的调定压力，为二级调压回路。

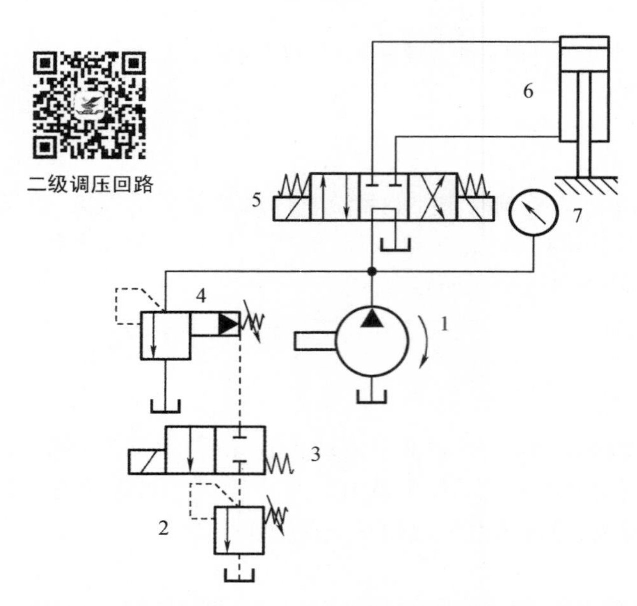

1—液压泵；2—低压溢流阀；3，5—换向阀；4—高压溢流阀；6—液压缸；7—压力表。

图 6－12　二级调压回路

三位四通电磁换向阀 5 控制液压缸 6 缸体动作，当换向阀 5 左位工作时，油液进入液压缸的无杆腔，推动缸体向上运动，液压缸 6 有杆腔的油液经换向阀 5 左位回油箱；同理，当换向阀 5 右位工作时，油液进入液压缸有杆腔，推动缸体向下运动。当换向阀 5 阀芯处于中位，根据 M 型换向阀的滑阀机能可知，液压缸 6 闭锁不动，液压泵卸荷。

直动式溢流阀 2 是远程调压阀，调定工作压力值小于主溢流阀 4 的调定值，二位二通电磁换向阀 3 起到控制系统接入溢流阀的作用。当系统需要限定的最高工作压力较高时，二位二通电磁换向阀 3 断电，阀芯右位工作，系统最高工作压力由高压溢流阀 4 调定；当系统需要限定的最高工作压力较低时，二位二通电磁换向阀 3 通电，阀芯左位工作，将先导式溢流阀 4 的遥控口与直动式溢流阀 2 的进油口相连，系统最高工作压力由低压溢流阀 2 调定。当压力上升到低压溢流阀 2 的调定值时，低压溢流阀溢流，随即高压溢流阀 4 打开并大量溢流。

二级调压回路一般用在机床上具有自锁性能的液压夹紧机构处，能可靠地保证其松开时的压力高于夹紧时的压力。此外，这种回路还可以用于压力调整范围较大的压力机系统中。

4. 多级调压回路

多级调压回路依靠溢流阀、换向阀等元件相互组合作用，达到系统在两种以上的工作压力下按要求切换工作的目的。如图 6－13 所示为使用先导式溢流阀、三位四通电磁换向阀及其他溢流阀组成的调压回路。

先导式溢流阀 2 的遥控口通过电磁换向阀 4 分别连接到具有不同调定压力的直动式溢流阀 6 和 7 上，可通过换向阀 4 实现多级调压。当换向阀 4 处于中位时，系统工作压力由先导式溢流阀 2 调定，当压力上升到溢流阀 2 的调定值时，溢流阀 2 打开溢流；当换向阀 4 处于左位时，溢流阀 6 接通先导式溢流阀 2 的远程控制口，调定系统压力；当换向阀 4 处于右位时，由溢流阀 7 调定系统压力。回路中，直动式溢流阀 6，7 的调定压力必须小于先导式溢流阀 2 的调定压力。

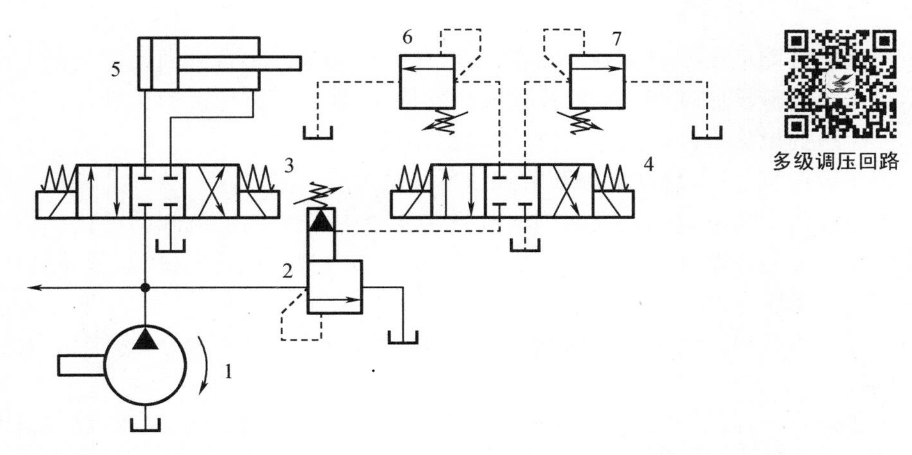

1—液压泵；2—先导式溢流阀；3，4—电磁换向阀；5—液压缸；6，7—直动式溢流阀。

图 6－13　多级调压回路

【任务实施】

一、任务说明

在液压试验台上，按照图中的油路走向连接液压回路（图 6－14），为先导式溢流阀调定较高压力值，为直动式溢流阀调定较低压力值。通过二位二通电磁换向阀控制回路接入不同的溢流阀，并观察当先导式溢流阀和直动式溢流阀分别接入回路时，压力表读数的变化。

搭建过程

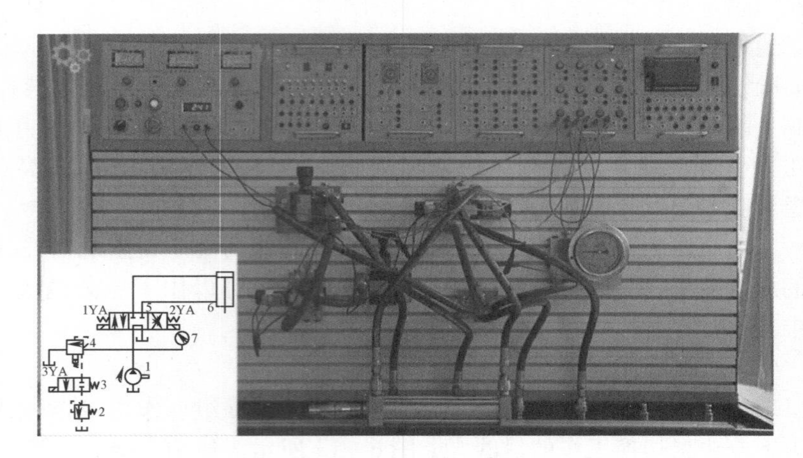

图 6－14　二级调压回路的搭建

二、所需元件

液压实训台、双作用单活塞杆式液压缸 1 个、三位四通电磁换向阀 1 个、二位二通电磁换向阀 1 个、直动式溢流阀 1 个、先导式溢流阀 1 个、四通接头 1 个、液压油管若干。

三、操作步骤

(1)按照液压回路图，将实验所需液压元件布置在铝合金面板 T 形槽上；

(2)按液压原理图用油管连接液压元件，并检验管路连接的正确性；

(3)为电磁换向阀接电，并检验电路连接的正确性；

(4)组装完毕，启动电源开关和油泵开关；

(5)将二位二通电磁换向阀断电，系统压力由先导式溢流阀调定；

(6)点击控制开关，分别为三位四通电磁换向阀两端通电，控制液压缸活塞杆完成伸缩动作，并观察压力表读数；

(7)为二位二通电磁换向阀通电，将直动式溢流阀接入回路，系统压力由直动式溢流阀调定；

(8)点击控制开关，分别为三位四通电磁换向阀两端通电，控制液压缸活塞杆完成伸缩动作，观察压力表读数变化；

(9)观察完毕，关闭油泵电机和总电源；

(10)拆卸管路和元件并归位。

四、注意事项

(1)接好液压回路之后，再重新检查各油口的连接部分是否可靠，确认无误后，方可启动；

(2)实训管路接头均采用闭式快换接头，应确保连接可靠；

(3)实训过程中,务必轻拿、轻放液压元件,防止碰撞。

任务3 数控车床卡盘夹紧回路的构建

【任务引入】

数控车床利用程序控制刀具和工件的相对运动,可以获得较高的加工精度。目前,数控车床大多采用了液压传动技术。卡盘是机床上用来夹紧工件的机械装置,如图6-15所示。液压卡盘工作原理是工作时油液进入液压缸,完成伸缩动作,从而控制液压卡盘完成夹紧与松开动作。卡盘的夹紧状态可分为高压夹紧和低压夹紧,夹紧力的大小通过减压阀进行调整。请学习各类减压回路的工作原理进而分析液压卡盘夹紧回路,并在实训台进行回路搭建。

(a)外观

(b)卡盘夹紧回路

图6-15 液压卡盘

数控车床

【相关知识】

减压回路的功用是使系统中某一支路获得低于主油路压力(或泵的压力)的稳定压力,如控制系统、润滑系统等。

减压回路介绍

1. 单级减压回路

单级减压回路采用定值减压阀与主油路相连,如图6-16所示。液压泵经减压阀、单向阀供给液压缸压力油,支路压力大小由减压阀1调节,液压泵输出的压力油由溢流阀2调定,以满足主油路系统的要求。回路中的单向阀用于防止油液倒流,起短时保压的作用。

原理讲解

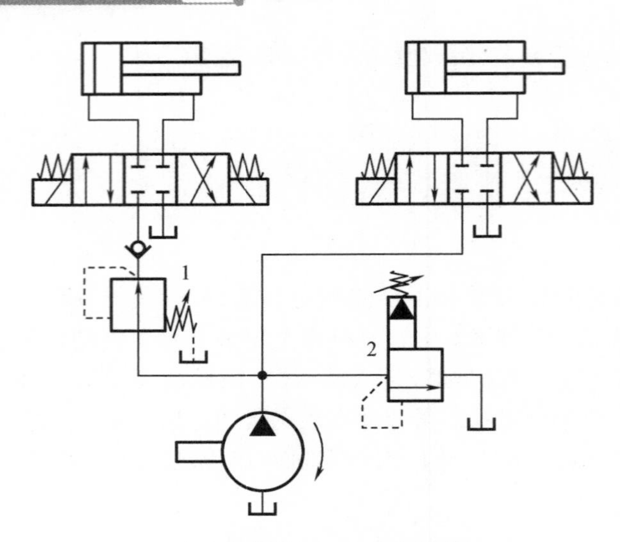

1—直动式减压阀;2—先导式溢流阀。

图 6 - 16　单级减压回路

2. 二级减压回路

如图 6 - 17 所示为二级减压回路,利用先导式减压阀 3 的远程控制口接入溢流阀 7,则可构成二级减压回路。换向阀 4 控制液压缸 5 的活塞杆进行伸缩动作,换向阀 6 控制起远程调压作用的溢流阀 7 接入回路。系统过载时,先导式溢流阀 2 打开溢流。

二级减压回路

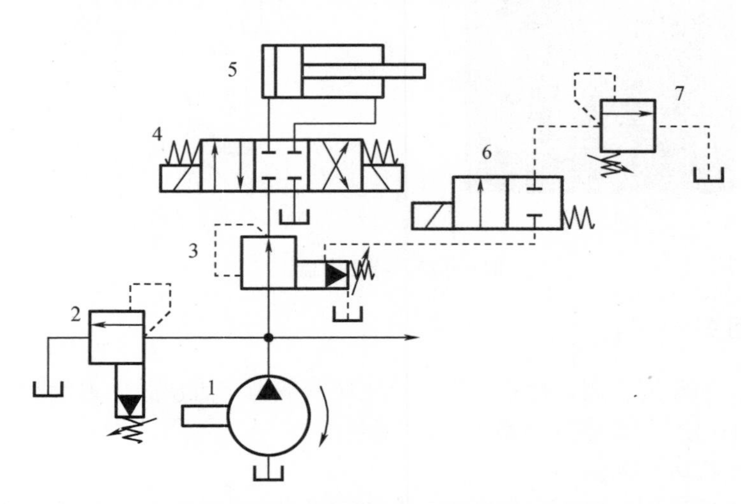

1—液压泵;2—先导式溢流阀;3—先导式减压阀;
4,6—换向阀;5—液压缸;7—直动式溢流阀。

图 6 - 17　二级减压回路

当换向阀 4 左位工作时,液压泵提供的压力油经先导式减压阀 3 减压后,经换向阀 4 进入液压缸 5 的无杆腔,推动活塞杆伸出,有杆腔的油液经换向阀 4 回油箱;同理,当换向阀 4 右位工作时,液压缸活塞杆缩回;当换向阀 4 的阀芯处于中位时,液压缸 5 的活塞双向锁紧,液压泵不卸荷。

当液压缸 5 需要更小的稳定工作压力时,二位二通电磁换向阀 6 左位工作,先导式减压阀 3 的遥控口与直动式溢流阀 7 的入口相通,此时先导式减压阀 3 的出口压力由直动式溢流阀 7 调定。

3. 多级减压回路

如图 6－18 所示是由三个减压阀实现的三级减压回路，该回路用于只有一个液压泵但有两个以上的执行机构，且其中某个执行机构在工作过程中需要有三种不同的、较低的稳定供油压力的场合。换向阀 6 可切换减压阀 3，4，5 接入油路，换向阀 8 控制液压缸 9 的活塞杆伸缩动作。当系统过载时，先导式溢流阀 2 打开溢流。

当换向阀 6 中位工作时，减压阀 5 接入回路，液压泵提供的压力油经减压阀 5 减压并稳压后，经单向阀 7、换向阀 8 进入液压缸 9，推动液压缸活塞杆完成伸缩动作。同理，当换向阀 6 左位工作时，减压阀 3 接入系统，液压缸的进油压力由减压阀 3 调定；当换向阀 6 右位工作时，减压阀 4 接入系统，液压缸的进油压力由减压阀 4 调定。

多级减压回路

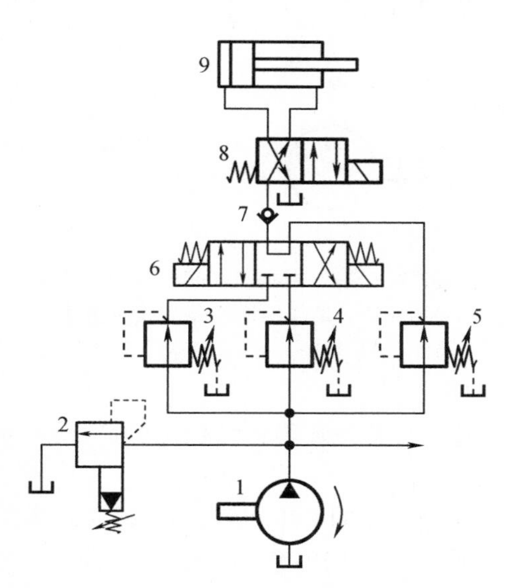

1—液压泵；2—先导式溢流阀；3，4，5—减压阀；6，8—换向阀；7—单向阀；9—液压缸。

图 6－18　多级减压回路

【知识拓展】

增 压 回 路

增压回路

增压回路可以提高系统中某一支路的工作压力，以满足局部工作机构的要求。采用了增压回路，系统的整体工作压力仍然较低，但支路压力得以提高，可降低能源消耗。

1. 单作用增压器的增压回路

如图 6－19 所示为采用单作用增压器的增压回路，该回路用于负载大、行程小和作业时间短等工作特点的执行机构，如制动器和离合器等。

当二位四通电磁换向阀 3 右位工作，压力油经换向阀进入增压器 4 的 a 腔，推动活塞向右运动，b 腔的油液经换向阀 3 回油箱；增压器 c 腔的高压油进入单作用液压缸 5，推动活塞杆伸出，此时单向阀 6 在压差作用下关闭。当换向阀 3 左位工作时，压力油经换向阀 3 进入增压器 4 的 b 腔,推动活塞向左运动,a 腔的油液经换向阀 3 回油箱;单作用液压缸 5 的活塞杆在弹簧作用下缩回,无杆腔油液返回增压缸 c 腔;充液缸的油液可通过单向阀 6 进入增压器 c 腔,补充增压器的泄漏。

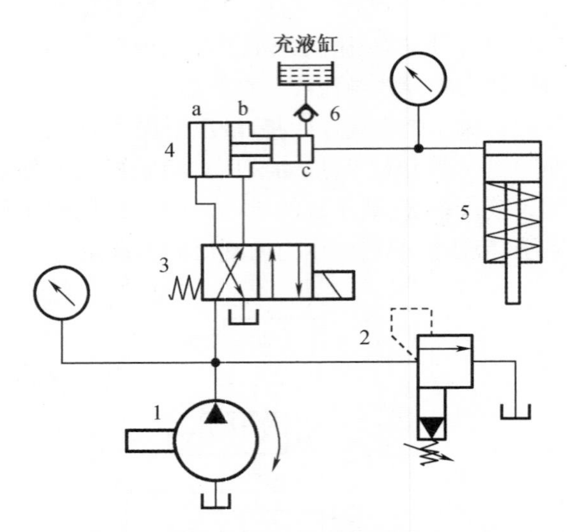

1—液压泵;2—先导式溢流阀;3—换向阀;4—增压器;5—液压缸;6—单向阀。

图 6 - 19　单作用增压器的增压回路

2. 双作用增压器的增压回路

单作用增压器只能断续供油,若须获得连续输出的高压油,可采用双作用增压器的增压回路。

如图 6 - 20 所示为双作用增压器的增压回路,当电磁换向阀左位工作,压力油经换向阀进入增压器左端大、小油腔,推动活塞向右移动。增压器右端大油腔的油液经换向阀左位流回油箱,增压器右端小腔油液经单向阀 4 输出,此时单向阀 1,3 被封闭。同理,当电磁换向阀右位工作,压力油经换向阀进入增压器右端大、小油腔,推动活塞向左移动。增压器左端大油腔的油液经换向阀右位流回油箱,增压器左端小油腔的油液经单向阀 3 输出,此时单向阀 2,4 被封闭。增压器活塞不断往复运动,两端便交替输出高压油,从而实现了连续增压。

【任务实施】

一、任务说明

搭建液压卡盘夹紧回路(图 6 - 21):通过二位四通过电磁换向阀控制液压缸活塞杆伸缩;为两个减压阀设置不同的调定压力,并通过二位三通电磁换向阀进行压力切换。

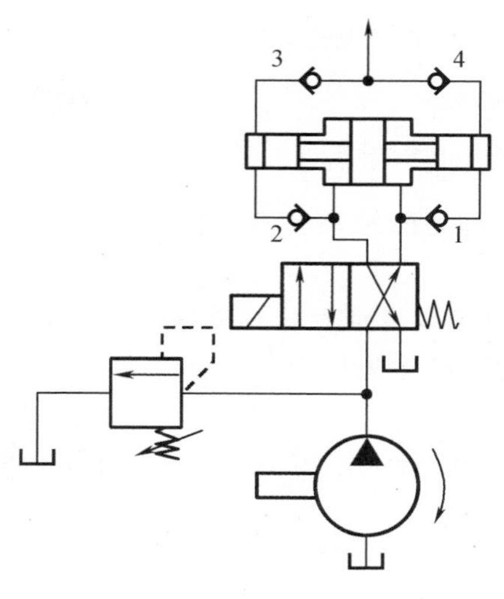

1,2,3,4—单向阀。

图 6－20　双作用增压器的增压回路

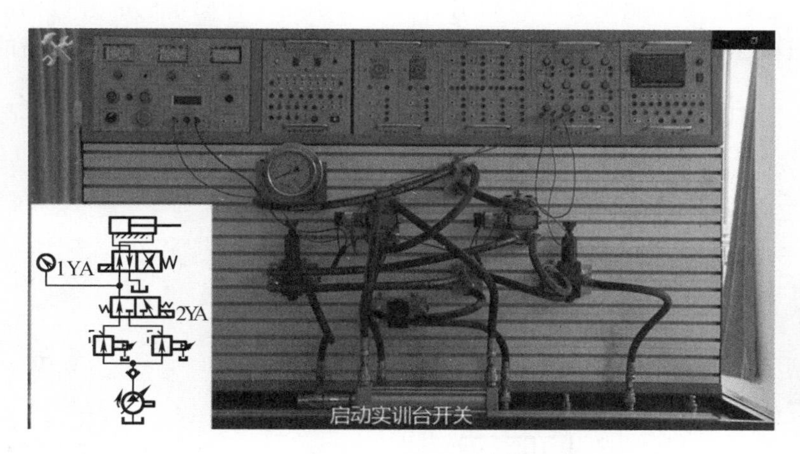

搭建过程

图 6－21　液压卡盘夹紧回路搭建

二、所需元件

液压实训台、双作用单活塞杆式液压缸 1 个、二位四通电磁换向阀 1 个、二位三通电磁换向阀 1 个、减压阀 2 个、单向阀 1 个、三通接头 2 个、压力表 1 个、液压油管若干。

三、操作步骤

(1)按照液压回路图选取实验所需液压元件,并合理布置在铝合金面板 T 形槽上;

(2)根据液压回路的走向用油管连接液压元件,并检验管路连接的正确性;

(3)为电磁换向阀接电,并检验电路连接的正确性;

(4)组装完毕,启动电源开关和油泵开关;

(5)点击控制开关,通过二位四通电磁换向阀控制液压缸活塞缸进行伸缩动作;

(6)点击控制开关,通过二位三通电磁换向阀控制不同的减压阀接入回路,并观察回路压力变化;

(7)观察完毕,关闭油泵电机和总电源;

(8)拆卸管路和元件并归位。

四、注意事项

(1)接好液压回路之后,再重新检查各油口的连接部分是否可靠,确认无误后,方可启动;

(2)实训管路接头均采用闭式快换接头,应确保连接可靠;

(3)实训过程中务必拿稳、轻放液压元件,防止碰撞。

任务4　起升机构液压平衡回路的构建

【任务引入】

汽车起重机的起升机构可实现所吊重物的升降或在空中停留等动作,要求速度平稳、变速方便、冲击小、起动转矩和制动力大。如图6-22所示是一种简单的起升机构液压回路,液压马达6通过减速器8驱动卷筒9进行动作,试分析平衡阀4的作用和回路的工作过程。

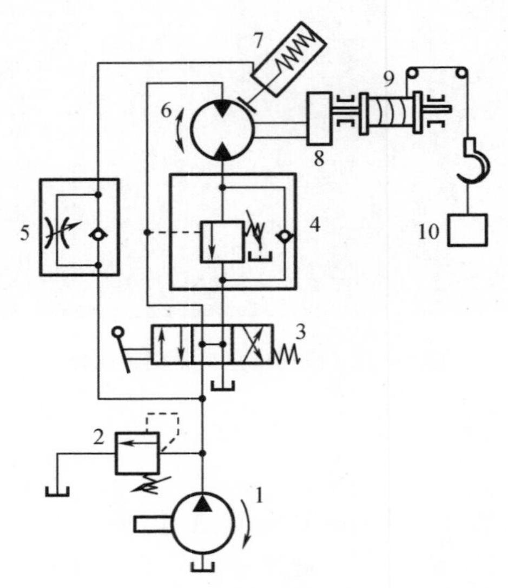

1—液压泵;2—溢流阀;3—换向阀;4—平衡阀;5—单向节流阀;6—液压马达;7—制动液压缸;8—减速器;9—卷筒;10—重物。

图6-22　起升机构液压回路

【任务分析】

与起升机构相类似,许多机械设备的执行机构是沿垂直方向运动的,这些设备的液压系统受到执行机构重力负载的作用,将会造成执行机构因自重而自行下滑或超速下降,造成十分危险的后果,可设置平衡回路进行控制。

【相关知识】

平衡回路的功用在于使液压执行元件的回油路上保持一定的背压值，以平衡重力负载，使执行机构不会因自重而自行下落或超速下滑，实现液压系统对设备动作的平稳、可靠控制。

1. 采用单向顺序阀的平衡回路

如图6－23所示为采用单向顺序阀的平衡回路，当三位四通电磁换向阀1右位工作时，油液经换向阀1、单向顺序阀2中的单向阀进入液压缸下腔，推动液压缸活塞杆上升，液压缸上腔的油液经换向阀回油箱。当换向阀1左位工作时，油液经换向阀进入液压缸上腔，推动液压缸活塞杆下降，液压缸下腔的油液经单向顺序阀2中的顺序阀、换向阀回油箱。由于顺序阀形成背压平衡重力负载，可防止活塞自由下落。当换向阀1处于中位时，液压泵卸荷，活塞停止运动。

此处的顺序阀又称作平衡阀，在这种平衡回路中，由于顺序阀和换向阀存在内泄漏，很难使活塞长时间稳定地停在任意位置，这会造成重力负载装置下滑，故这种回路适用于工作负载固定且对液压缸活塞定位要求不高的场合。

2. 采用液控单向阀的平衡回路

如图6－24所示为采用液控单向阀的平衡回路，三位四通电磁换向阀1右位工作时，油液经换向阀1、液控单向阀2、单向节流阀3中的单向阀进入液压缸下腔，推动液压缸活塞杆上升，液压缸上腔的油液经换向阀回油箱。当换向阀1左位工作时，油液经换向阀进入液压缸上腔，推动液压缸活塞杆下降，液压缸下腔的油液经单向节流阀3中的节流阀、液控单向阀2回油箱。由于单向节流阀3在液压缸下腔形成背压来平衡重力负载，保证活塞下行动作的平稳性。当换向阀1处于中位时，液压泵卸荷，活塞不再继续下行。液控单向阀为锥面密封结构，其闭锁性能好，能够保证活塞较长时间悬持重物。

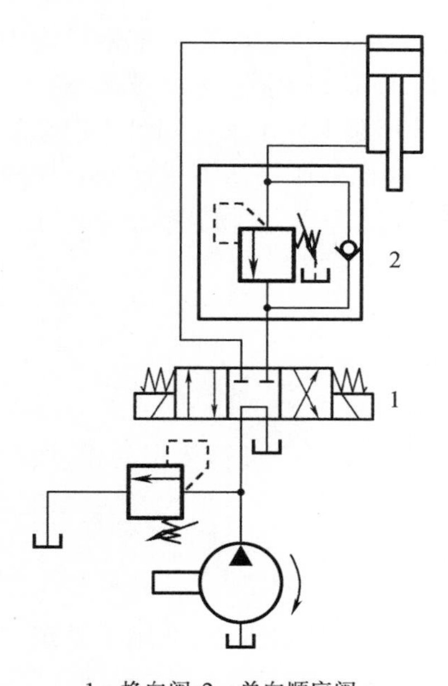

1—换向阀；2—单向顺序阀。

图6－23 采用单向顺序阀的平衡回路

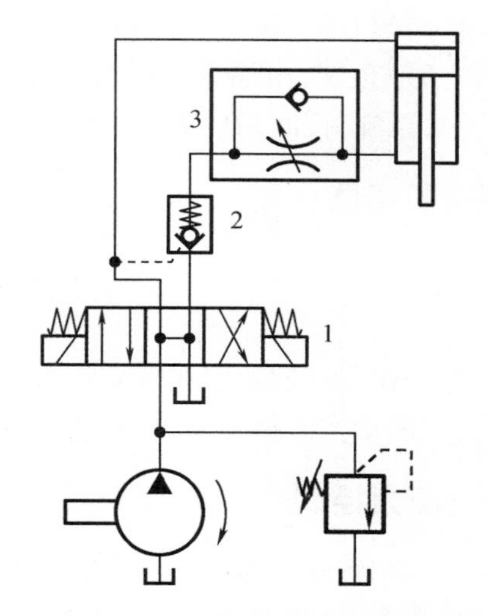

1—换向阀；2—液控单向阀；3—单向节流阀。

图6－24 采用液控单向阀的平衡回路

3. 采用外控顺序阀的平衡回路

在工程机械液压系统中常采用如图 6 – 25 所示的采用外控顺序阀的平衡回路。当换向阀 1 右位工作时,油液经换向阀 1、外控顺序阀 2 中的单向阀进入液压缸下腔,推动活塞杆上升,液压缸上腔的油液经换向阀回油箱。当换向阀处于中位时,液压泵卸荷,顺序阀口关闭,对执行元件进行锁紧。当换向阀的左位工作时,油液经换向阀 1 进入液压缸上腔,待液压缸上腔油路压力足以开启单向顺序阀 2 后,液压缸下腔的油液才能通过顺序阀回流并控制其通流速度,限制执行元件的运动速度。

这种外控顺序阀又称为限速锁,不但具有很好的密封性,起到对活塞长时间的锁闭定位作用,而且阀口的开口大小能自动适应不同载荷对背压压力的要求,保证了活塞下降速度的稳定性不受载荷变化的影响。

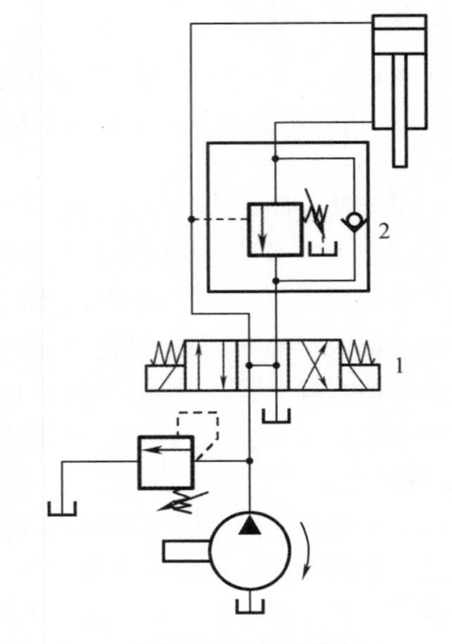

1—换向阀;2—单向顺序阀。

图 6 – 25　采用外控顺序阀的平衡回路

【任务实施】

通过以上分析可知,在图 6 – 22 所示的起升机构液压回路中。当换向阀 3 处右位时,油液经换向阀 3、平衡阀 4 控制液压马达 6 旋转,液压马达 6 经减速器 8 和卷筒 9 提升重物 10 上升。同理,当换向阀 3 处于左位时,油压达到平衡阀调定压力后,马达带动实现重物下降。当换向阀 3 处于中位时,回路实现承重静止。

由于液压马达内部泄漏比较大,即使平衡阀的闭锁性能很好,卷筒 – 吊索机构仍难以支撑重物。如要实现承重静止,可以设置常闭式制动器,依靠制动液压缸 7 来实现。

在换向阀右位(吊重上升)和左位(负重下降)时,液压泵 1 压出液体同时作用在制动缸下腔,将活塞顶起,压缩下腔弹簧,使制动器闸瓦拉开,这样液压马达不受制动。换向阀处于中位时,泵卸荷,制动缸活塞被弹簧压下,闸瓦使液压马达停转,重物就静止于空中。

【知识拓展】

顺序动作回路

顺序动作回路的功能在于使几个执行元件严格按照预定顺序进行依次动作,按控制方式不同,顺序动作回路分为压力控制和行程控制两种。

一、压力控制

压力控制顺序动作回路的可靠性取决于顺序阀的性能及调定压力,适用于系统中执行元件数目不多、负载变化不大的场合。其优点是动作灵敏、连接安装较方便,但可靠性不高,动作换接时相对换接精度较低。

1. 顺序阀控制顺序动作回路

如图 6－26 所示为顺序阀控制顺序动作回路，要完成的动作是：①夹紧缸夹紧→②工作缸进给→③工作缸退回→④夹紧缸松开。当换向阀 1 左位接入时，夹紧缸活塞向右运动夹紧工件，压力升高到顺序阀 2 的调定压力后，顺序阀开启，工作缸活塞杆伸出实现进给。工件加工完毕，将换向阀 1 右位接入回路，工作缸活塞杆缩回到左端点后，回路压力升高使阀 3 开启，夹紧缸活塞杆缩回松开工件。

2. 压力继电器控制顺序动作回路

如图 6－27 所示为压力继电器控制顺序动作回路，当换向阀 1 左位工作时，夹紧缸活塞杆伸出到终端后回路压力升高，压力继电器 1K 发出电信号使 3YA 得电，控制换向阀 2 左位接入回路，使工作缸活塞杆伸出实现动作②。按返回按钮，1YA、3YA 同时失电，但 4YA 得电，换向阀 1 中位接入回路使夹紧缸锁定，换向阀 2 右位接入回路，控制工作缸活塞杆缩回实现动作③；待工作缸退回原位后，回路压力升高，压力继电器 2K 发出电信号使 2YA 得电，换向阀 1 右位接入回路，夹紧缸缩回松开工件实现动作④。

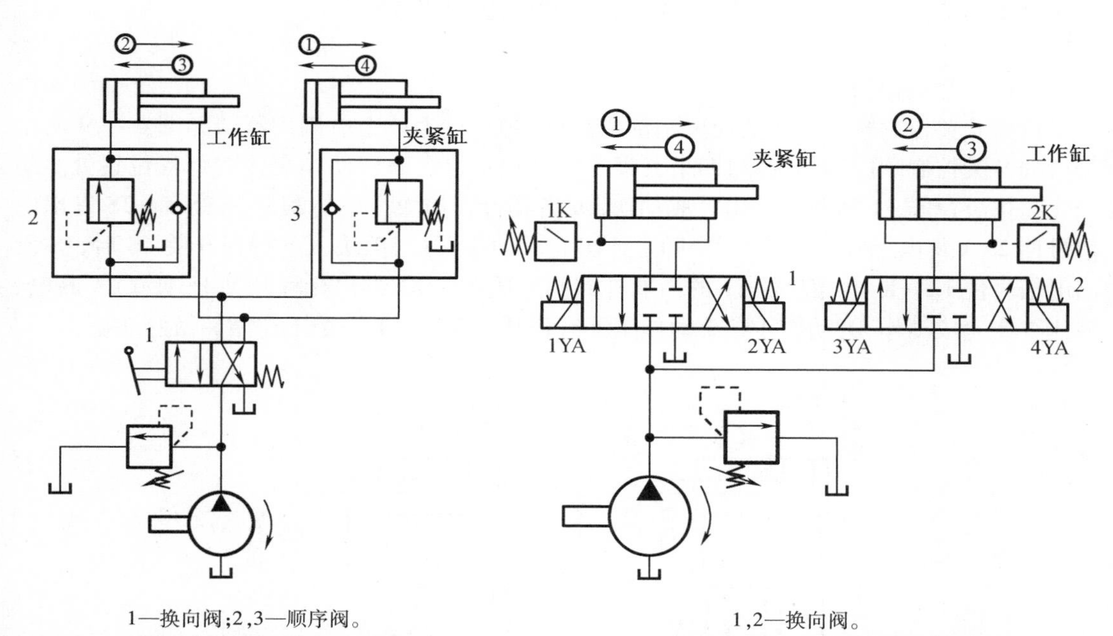

1—换向阀；2，3—顺序阀。

图 6－26 顺序阀控制顺序动作回路

1，2—换向阀。

图 6－27 压力继电器控制顺序动作回路

二、行程控制

1. 行程阀控制顺序动作回路

如图 6－28 所示为行程阀控制顺序动作回路，回路工作前，液压缸均缩回至左端点。当换向阀 3 左位工作时，液压缸 1 活塞杆伸出，实现动作①；当活塞杆上的挡块压下行程阀 4 后，油液经行程阀 4 上位进入液压缸 2 推动其活塞杆伸出，实现动作②；将换向阀 3 右位接入回路，液压缸 1 活塞杆缩回，实现动作③；当行程挡块离开行程阀 4 后，行程阀 4 复位，油液经行程阀 4 下位进入液压缸 2 推动其活塞杆缩回，直至两个液压缸都到达左端点。

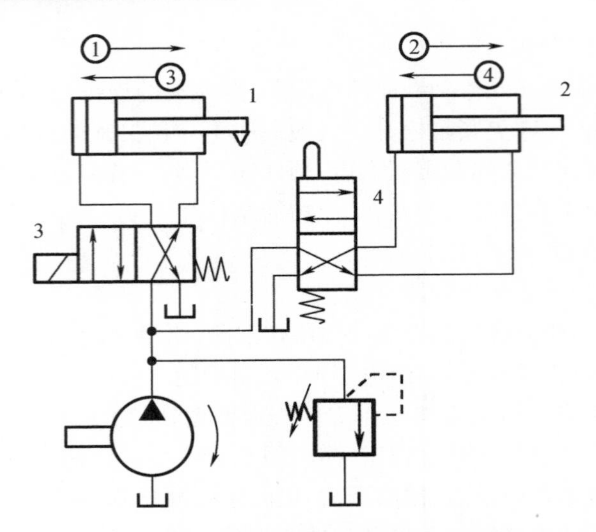

1,2—液压缸;3—二位四通电磁换向阀;4—行程换向阀。

图 6－28　行程阀控制顺序动作回路

2. 行程开关控制顺序动作回路

行程开关控制顺序动作的使用和调节都很方便,在生产上应用广泛。如图 6－29 所示为行程开关控制顺序动作回路,四个行程开关分别布置在顺序动作交接的行程位置处。当 1YA 得电,液压缸 1 活塞杆伸出完成动作①;当其行程挡块压下行程开关 2S 后,2S 发出电信号使 2YA 得电,液压缸 2 的活塞随之伸出完成动作②;当挡块压下行程开关 4S 后,4S 发出电信号使 1YA 断电,液压缸 1 的活塞杆缩回完成动作③;再由行程开关 1S 使 2YA 断电,液压缸 2 完成动作④;动作④结束动作压下行程开关 3S,为下一个工作循环做好准备。

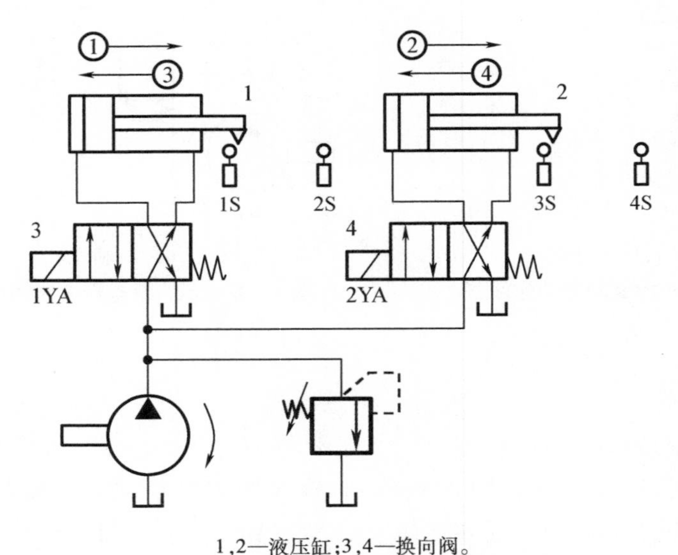

1,2—液压缸;3,4—换向阀。

图 6－29　行程开关控制顺序动作回路

任务5 压力机自动补油保压回路的构建

【任务引入】

压力机通过对金属坯件施加强大的压力使金属发生塑性变形和断裂,以此加工成零件,可广泛应用于切断、冲孔、落料、弯曲、铆合和成形等工艺。某压力机液压系统自动补油的保压回路如图6-30所示,通过【相关知识】学习各类保压回路,并分析该回路工作过程。

【相关知识】

保压回路的作用是在液压系统中的执行元件停止工作或仅有工件变形所产生微小位移的情况下,使系统压力基本保持不变。

1. 采用液压泵的保压回路

保压过程中,液压泵仍以较高的压力工作,若回路采用定量泵供油,则压力油几乎全部经溢流阀流回油箱,系统功率损失大,发热严重,故只适用于小功率系统且保压时间较短的工作场合。如图6-31所示为采用变量泵的保压回路,若回路采用限压式变量泵供油,根据限压变量泵的结构性能可知,在保压时泵的压力虽然较高,但输出流量较小,直到维持系统压力所必需的流量,回路实现保压。因而系统的功率损失较小,且可随泄漏量的变化而自动调整输出流量,具有较高的效率。

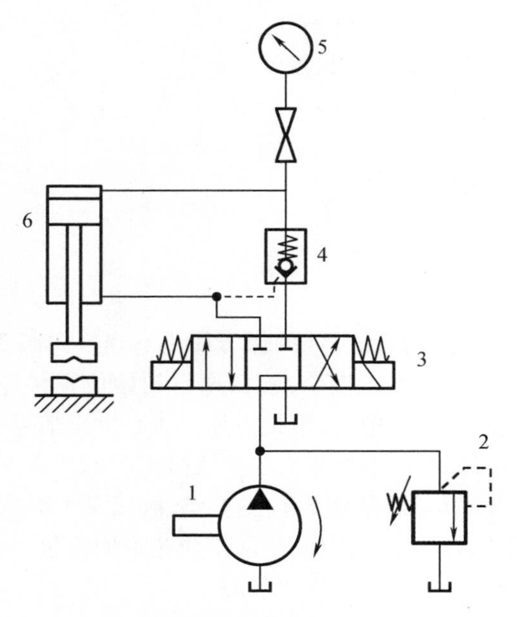

1—液压泵;2—溢流阀;3—换向阀;
4—液控单向阀;5—压力表;6—液压缸。

图6-30 自动补油的保压回路

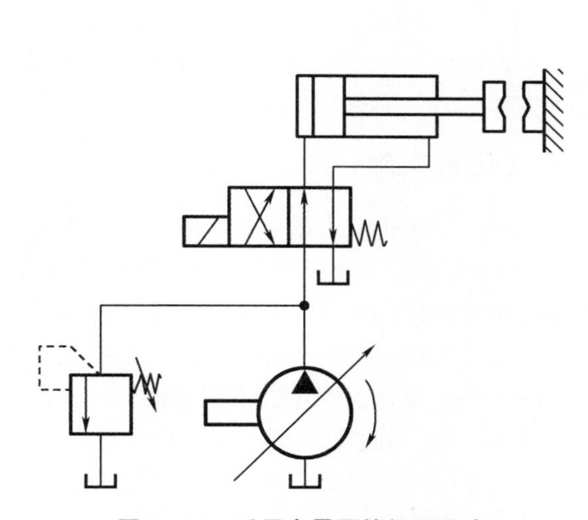

图6-31 采用变量泵的保压回路

2. 采用蓄能器的保压回路

如图 6－32 所示为采用蓄能器的保压回路，当换向阀 5 左位工作时，液压缸 6 的活塞杆伸出压紧工件，蓄能器 4 充油且进油路压力升高。当压力升至压力继电器 3 的调定值时，继电器 3 发出信号使电磁阀 7 通电，液压泵 1 卸荷，单向阀 2 自动关闭，液压缸由蓄能器保压。缸压不足时，压力继电器复位使泵 1 重新工作。若夹紧时间过长，蓄能器中的压力下降到低于压力继电器 3 的调定压力，压力继电器将使电磁换向阀 7 断电，液压泵重新为回路供油。当换向阀 5 右位工作时，液压缸活塞轻载退回，此时蓄能器中压力较低，压力继电器 3 不动作。

这种回路保压时间长且压力稳定，但工作循环中必须有一定的时间保证蓄能器充液，保压时间取决于蓄能器的容量及液压缸油路中的泄漏情况。

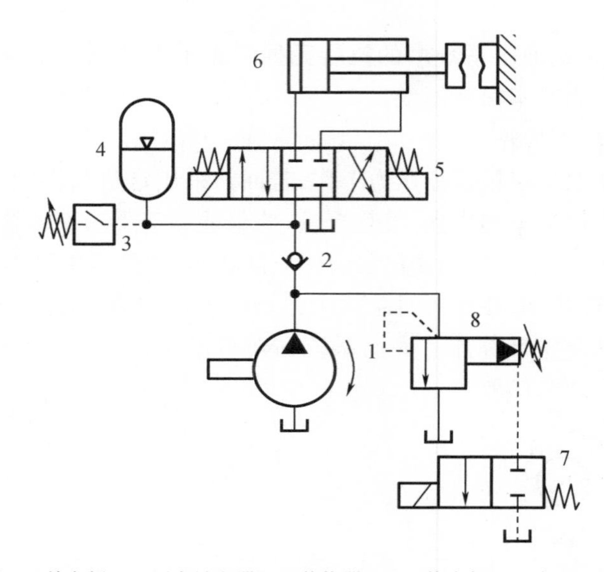

1—液压泵；2—单向阀；3—压力继电器；4—蓄能器；5，7—换向阀；6—液压缸；8—溢流阀。

图 6－32　采用蓄能器的保压回路

【任务实施】

图 6－30 所示为采用液控单向阀和电接点压力表的自动补油的保压回路。当换向阀 3 的右位工作时，油液经换向阀 3、液控单向阀 4 向液压缸 6 上腔供油，活塞自初始位置快速伸出并逐渐触及工件。当液压缸上腔压力上升到预定压力值时，电接点压力表 5 发出信号，将换向阀 3 移至中位，使液压泵 1 卸荷，液压缸由液控单向阀保压。当液压缸上腔的压力下降到电接点压力表调定的下限值时，压力表 5 又发出信号，使阀 3 右位工作，液压泵 1 再次向系统供油，如此反复，实现自动补油保压。当换向阀 3 左位工作时，活塞快速退回原位。

这种保压回路能自动地补充压力油，保压时间长，压力稳定性也较好。

【知识拓展】

卸荷回路

卸荷是指泵的功率损耗接近于零的运转状态。卸荷回路的功用是在系统执行元件短时间不工作时,不频繁启闭驱动泵的电动机,使液压泵在零压或很低压力下运转,以减少功率损耗,降低系统发热,延长泵和电动机的使用寿命。

1. 主换向阀的卸荷回路

采用主换向阀卸荷,主要是利用换向阀的中位机能使液压泵卸荷,主阀必须采用中位机能是 M、H、K 型。图 6 - 33 所示为采用三位四通换向阀的卸荷回路,当换向阀处于中位时,液压泵卸荷。

这种方法比较简单,但当启动压力较高、流量较大时,易产生冲击,一般用于低压小流量的液压系统。

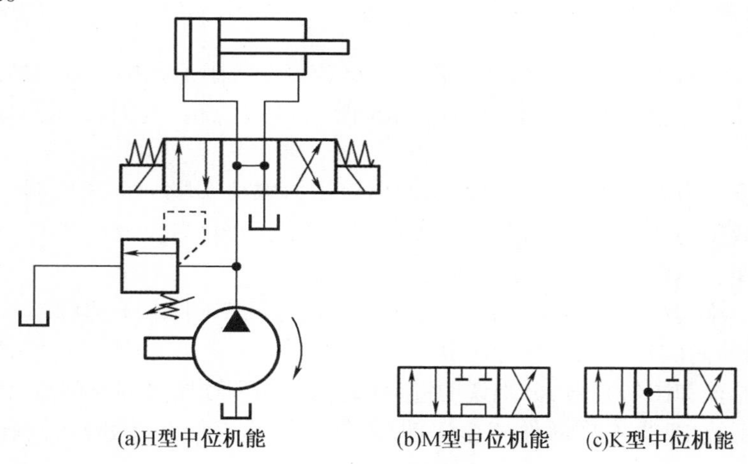

图 6 - 33 采用三位四通换向阀的卸荷回路

2. 二位二通换向阀的卸荷回路

如图 6 - 34 所示为采用二位二通阀的卸荷回路,当系统需要卸荷时,将二位二通电磁换向阀左位接入系统,这时液压泵输出的油液通过该阀流回油箱,液压泵卸荷。

这种方法的卸荷效果较好,易于实现自动控制。二位二通阀的规格必须与泵的额定流量相适应,因此这种卸荷方式不适用于大流量的场合。

3. 电磁溢流阀的卸荷回路,如图 6 - 3(d)所示。

4. 液控顺序阀卸荷回路,如图 6 - 7(c)所示。

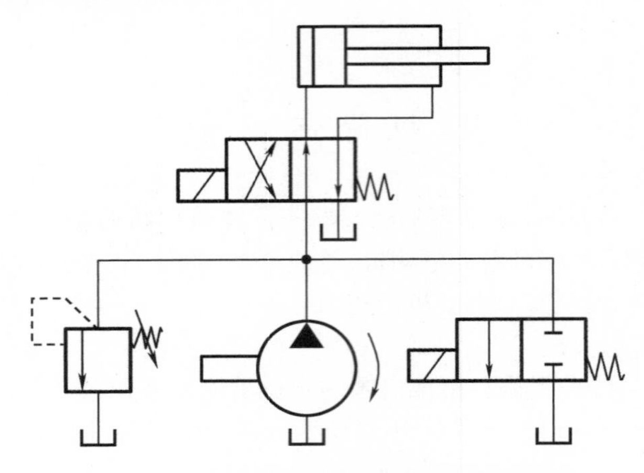

图 6-34　采用二位二通换向阀的卸荷回路

思考与习题

1. 先导式溢流阀中的阻尼孔起什么作用？是否可以将阻尼孔扩大或阻塞？

2. 若将先导式溢流阀的远程控制口当成泄油口接油箱，这时液压系统会产生什么问题？

3. 不同调整压力的两个减压阀串联后的出口压力取决于哪一个减压阀，为什么？不同调整压力两个减压阀并联时，出口压力取决于哪一个减压阀，为什么？

4. 顺序阀和溢流阀是否可以互换使用，为什么？

5. 先导式溢流阀和先导式减压阀有何区别？现有两个阀，由于铭牌不清，在不拆开阀的情况下，根据她们的特点如何进行区分？

6. 用结构原理和图形符号，分别说明溢流阀、减压阀和顺序阀的异同点。

7. 在液压系统中，当工作部件停止运动后，使泵卸荷有什么好处？举例说明几种常用的卸荷方法。

8. 简述卸荷回路的作用和原理。

9. 保压回路的作用是什么，应满足哪些基本要求？

10. 如图 6-35 所示系统中，溢流阀的调整压力分别为 $p_A = 3$ MPa，$p_B = 2$ MPa，$p_C = 4$ MPa。当外负载趋于无限大时，该系统的压力 p 是多少？

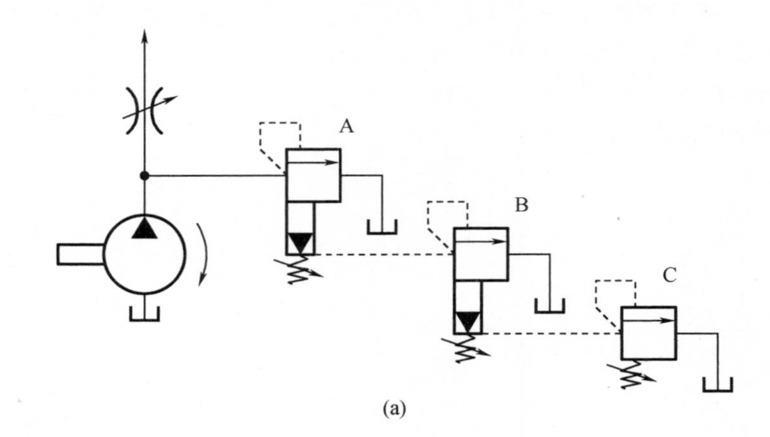

(a)

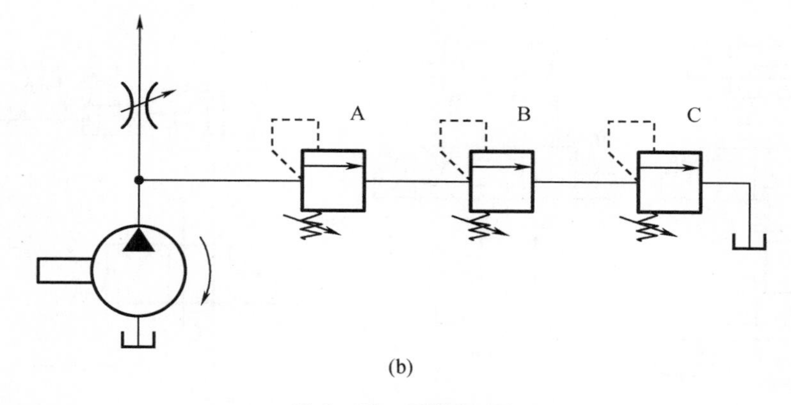

图 6-35 习题 10 图

11. 如图 6-36 所示，溢流阀 1 的调整压力为 5 MPa，减压阀 2，3 的调整压力分别为 3 MPa 和 1.5 MPa，如果活塞杆已运动至端点与挡铁碰撞，试分别确定 A、B 点处的压力。

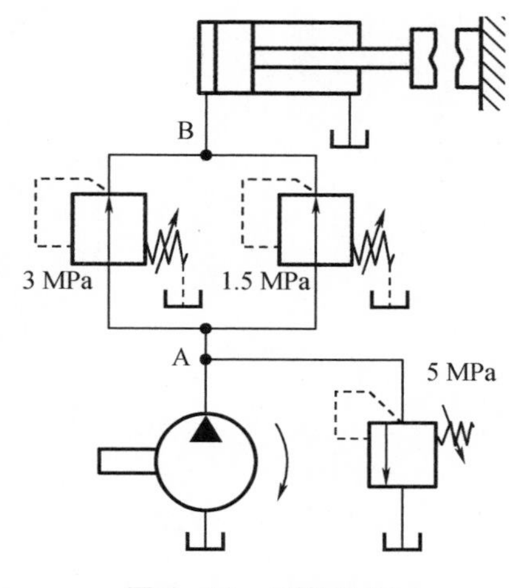

图 6-36 习题 11 图

12. 如图 6-37 所示液压系统，液压缸的有效面积 $A_1 = A_2 = 100\ \text{cm}^2$，缸 1 负载 $F_L = 35\ 000$ N，缸 2 运动时负载为 0，不计摩擦阻力、惯性力和管路损失，溢流阀、顺序阀和减压阀的调整压力分布为 4 MPa、3 MPa 和 2 MPa，求在下列三种情况下，A、B、C 处的压力。

①液压泵起动后，两换向阀处于中位；

②1YA 通电，液压缸 1 活塞移动时及活塞运动到终点时；

③1YA 断电，2YA 通电，液压缸 2 活塞运动时及活塞碰到固定挡块时。

13. 如图 6-38 所示增压回路中，泵供油压力 $p = 2.5$ MPa，增压缸大腔直径 $D_1 = 100$ mm，工作缸直径 $D_2 = 140$ mm，若工作缸负载 $F = 153\ 000$ N，试求增压缸小腔直径 d。

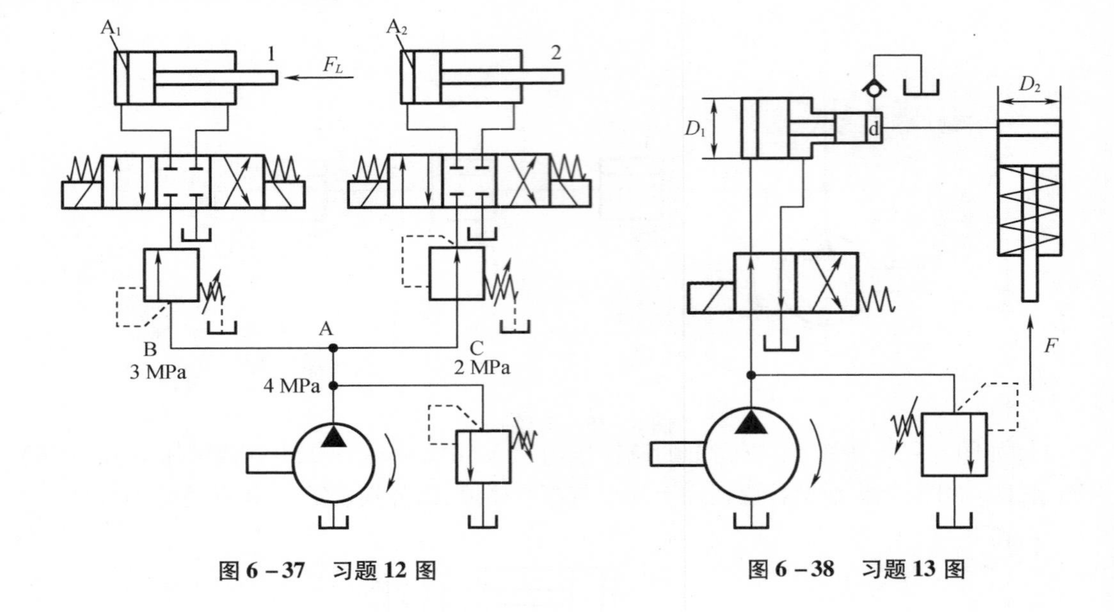

图 6－37　习题 12 图

图 6－38　习题 13 图

项目七　流量控制阀及其回路的构建

任务1　认识流量控制阀

【任务引入】

流量控制阀是通过改变阀口通流截面积来调节通过阀口的液压油流量,从而控制执行元件的运动速度的阀。常用的流量控制阀有节流阀和调速阀。请学习【相关知识】掌握量控制阀的流量调节原理和结构,并在液压实训台上连接流量控制阀与液压缸,观察调节流量的效果。

【相关知识】

一、节流阀

1. 流量控制的原理

(1)节流口的流量特性公式

油液流经小孔、狭缝或毛细管时,会产生较大的液阻,通流面积越小,油液受到的液阻越大,通过阀口的流量就越小。所以,改变节流口的通流面积使液阻发生变化,就可以调节流量的大小,这就是流量控制的工作原理。节流口的流量可用式(7-1)表示

$$q = KA\Delta p^{m} \tag{7-1}$$

式中　K——由孔口形状、尺寸和液体性质决定的流量系数;

A——节流口的通流面积;

Δp——节流口前后的压力差;

m——节流口形式参数,一般为0.5~1,薄壁孔取0.5,细长孔取1。

(2)影响通过节流口流量的因素

影响通过节流口流量的因素很多,主要有以下几个方面。

①压力差Δp对流量的影响。节流口前后的压力差Δp随执行元件所受负载的变化而变化,从而引起通过节流口的流量变化。由流量特性公式可知,通过薄壁孔的流量受压差的影响最小。

②温度对流量的影响。油温直接影响油液的黏度,使流量特性公式中的流量系数K值发生变化,从而使流量发生变化。节流孔越长,影响越大;薄壁孔长度短,对温度变化最不敏感。

③孔口形状对流量的影响。节流口可能因油液中的杂质或由于油液氧化后析出的胶质、沥青等胶状颗粒而局部堵塞,改变原节流口的通流面积,使流量发生变化。当开口较小时,这一影响更为突出。

(3)节流口的形式

如图7-1所示为流量控制阀的节流口。图7-1(a)为针阀式节流口,针阀做轴向移动

改变通流面积以调节流量，其结构简单，但流量稳定性差，一般用于要求不高的场合。图7－1(b)为偏心式节流口，阀芯上开有截面为三角形或矩形的偏心槽，转动阀芯就可改变通流面积以调节流量，其阀芯受径向不平衡力，适用于压力较低场合。图7－1(c)为轴向三角槽式节流口，阀芯端部开有一个或两个斜三角槽，在轴向移动时，阀芯就可改变通流面积的大小，其结构简单，可获得较小的稳定流量，应用广泛。图7－1(d)为周向缝隙式节流口，阀芯上开有狭缝，油液可以通过狭缝流入阀芯内孔，然后由左侧孔流出，转动阀芯就可以改变缝隙的通流截面面积。图7－1(e)为轴向缝隙式节流口，在套筒上开有轴向缝隙，轴向移动阀芯即可改变缝隙的通流面积以调节流量。

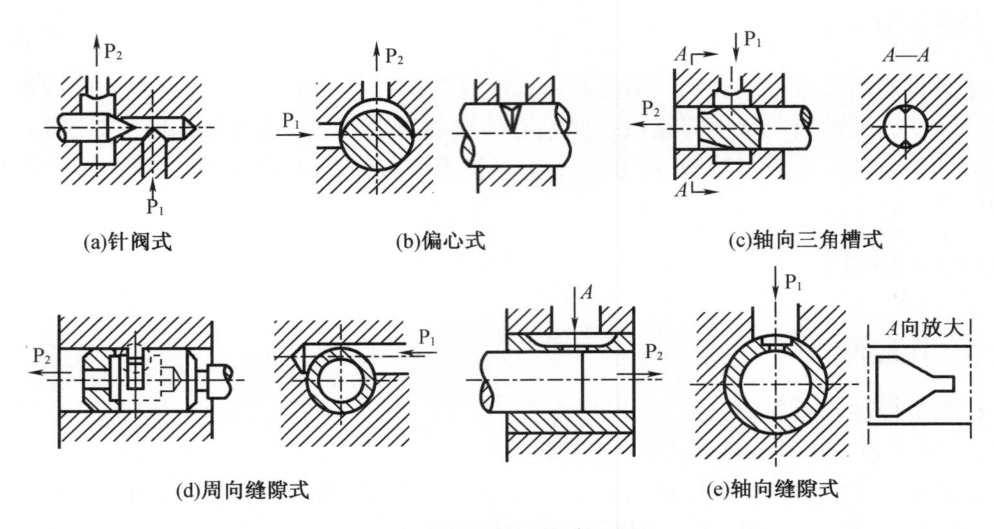

图7－1　流量控制阀的节流口

2. 节流阀的结构和工作原理

节流阀有多种结构形式，图7－2为一种普通节流阀的基本结构。打开节流阀时，压力油从进油口P_1流入，经孔A、阀芯2左端的轴向三角槽、孔B，至出油口P_2流出。阀芯2在弹簧的作用下始终紧贴在推杆3的端部。转动手轮4使推杆做轴向移动，可改变节流口的通流面积，实现流量的调节。

节流阀的工作原理

采用节流阀调速，在节流开口一定的条件下通过它的流量随负载和供油压力的变化而变化，无法保证执行元件运动速度的稳定性，速度负载特性较软，因此只适用于工作负载变化不大和速度稳定性要求不高的场合。

二、调速阀

调速阀是由定差减压阀与节流阀串联而成的组合阀，节流阀用来调节通过的流量，定差减压阀使节流阀前后的压差为定值，消除了负载变化对流量的影响。为了使执行元件获得稳定的运动速度且不产生爬行，可采用调速阀。

1. 调速阀的原理

如图7－3(a)所示，定差减压阀1与节流阀2串联，定差减压阀1的左右两腔也分别与节流阀2的前后端连通。设定差减压阀的进口压力为p_1，油液经减压后出口压力为p_2，通

过节流阀又降至 p_3 进入液压缸。p_3 的大小由液压缸负载 F 决定,若负载 F 变化,则 p_3 和调速阀两端压差 p_1-p_3 随之变化,但节流阀两端压差 p_2-p_3 却不变。例如 F 增大使 p_3 增大,减压阀芯弹簧腔 A 的液压作用力也增大,阀芯左移使减压开口度 δ 加大,减压作用减小,导致 p_2 有所增加,结果压差 p_2-p_3 保持不变,反之亦然。

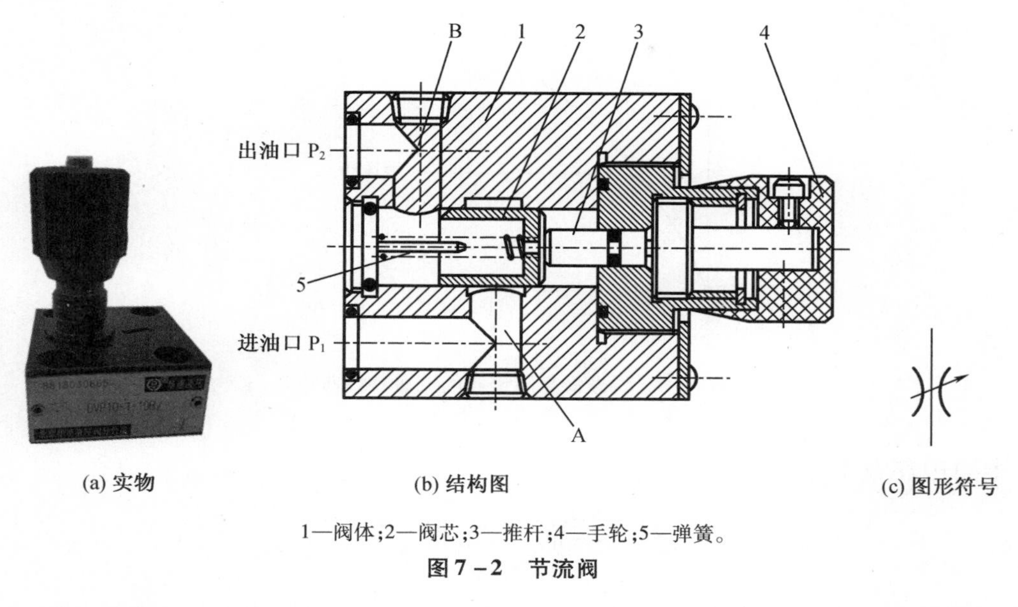

(a) 实物　(b) 结构图　(c) 图形符号

1—阀体;2—阀芯;3—推杆;4—手轮;5—弹簧。

图 7-2　节流阀

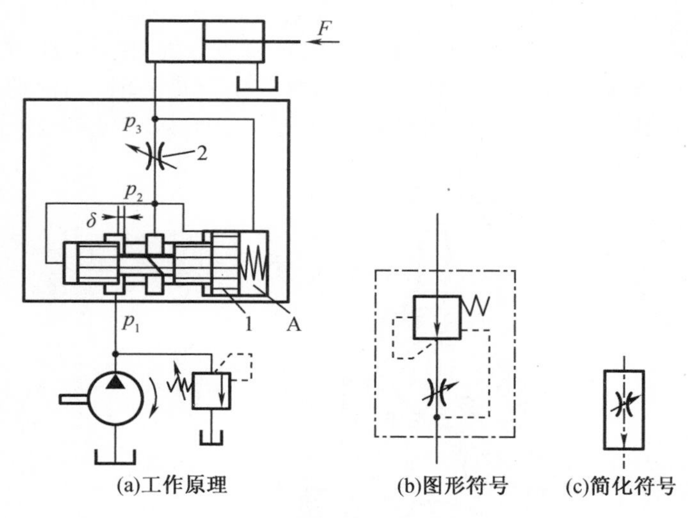

(a)工作原理　(b)图形符号　(c)简化符号

1—定差减压阀;2—节流阀。

图 7-3　调速阀

调速阀通过的流量因此保持恒定,适用于负载变化较大,速度平稳性要求较高的小功率场合,如各类组合机床等设备的液压系统中。

2. 调速阀的流量特性

图 7-4 表示节流阀和调速阀的流量特性曲线,对比曲线可以看出节流阀的流量随压差的变化较大。当压力差小于 Δp_{min} 时,调速阀的压差不足以克服定差减压阀阀芯上的弹簧

力，减压阀不起减压作用，这时调速阀的特性和节流阀相同。当压力差大于 Δp_{min} 时，通过调速阀的流量基本稳定，不随调速阀前、后压差的改变而变化。因此，要使调速阀正常工作，就必须保证最小压力差（约 0.5 MPa）。

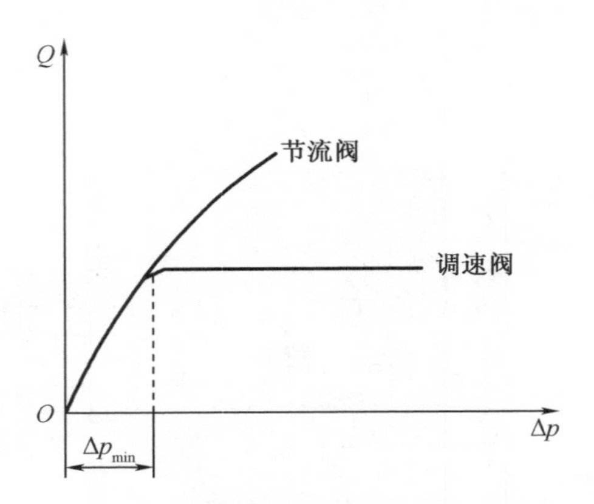

图 7－4　调速阀与节流阀的流量特性曲线

【知识拓展】

单向节流阀

单向节流阀可实现流阀与单向阀并联的功能，如图 7－5 所示为单向节流阀，它把节流阀阀芯分成了上阀芯和下阀芯两部分。液压油从 p_1 口进入时，由于阀口的节流作用，使液压油流量减小，此时该阀起到节流作用。当液压油从 p_2 口进入时，油液的压力把下阀芯 4 压下，使阀口开度达到最大，液压油无阻碍从 p_1 口流出，此时该阀起到单向阀作用。

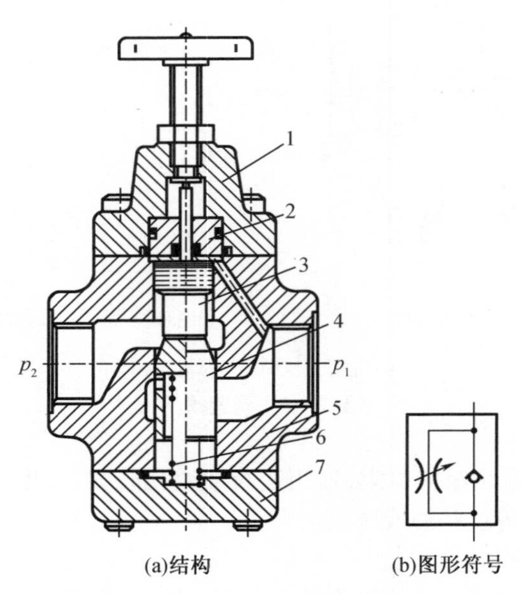

1—顶盖；2—导套；3—上阀芯；4—下阀芯；5—阀体；6—复位弹簧；7—底座。

图 7－5　单向节流阀

单向节流阀的工作原理

单向节流阀的油口连接

【任务实施】

一、任务说明

在液压试验台上，连接节流阀和液压缸，通过手柄调节节流阀开口，观察液压缸活塞杆的速度变化情况。

节流阀的调节效果

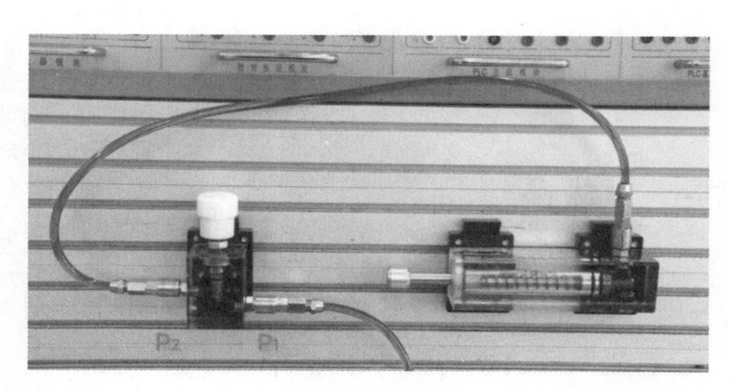

图 7－6　节流阀流量调节效果

二、所需元件

液压实训台、节流阀 1 个、液压缸 1 个、液压油管若干。

三、操作步骤

(1)分析所用节流阀的节流口形式；
(2)将实验所需液压元件布置在铝合金面板 T 形槽上；
(3)用液压油管连接实训台 P 口、节流阀与液压缸，并检验管路连接的正确性；
(4)启动电源开关和油泵开关；
(5)调节手柄改变调节口开度大小控制流量，改变液压缸活塞杆的工作速度；
(6)观察完毕，关闭油泵电机和总电源；
(7)拆卸管路和元件并归位。

四、注意事项

(1)接好液压回路之后，再重新检查各油口的连接部分是否可靠，确认无误后，方可启动；

(2)实训管路接头均采用闭式快换接头,应确保连接可靠;

(3)实训过程中务必拿稳、轻放液压元件,防止碰撞。

【故障排除】

流量控制阀的常见故障、故障原因及排除方法见表7-1。

表7-1　流量控制阀的常见故障、故障原因及排除方法

故障现象	故障原因	排除方法
流量调节失灵	1. 节流阀阀芯与阀体间隙过大,发生泄漏	1. 修复或更换磨损零件
	2. 节流口阻塞或滑阀卡住	2. 清洗元件,更换液压油
	3. 节流口结构不良	3. 选用节流特性好的节流口
	4. 密封件损坏	4. 更换密封件
流量不稳定	1. 油液中杂质、污物黏附在节流口上,通流面积变小,速度变慢	1. 清洗元件,更换油液,加强过滤
	2. 节流阀性能差,由于振动使节流口变化	2. 增加节流锁紧装置
	3. 节流阀内、外泄漏大	3. 检查零件精度和配合间隙,修正或更换超差的零件
	4. 负载变化使速度突变	4. 改用调速阀
	5. 油温升高,油液黏度降低,使速度加快	5. 采用温度补偿节流阀或调速阀,或设法减少温升,并采取散热冷却措施
	6. 系统中存在大量空气	6. 排除空气
阀芯不能复位	1. 阀芯卡阻	1. 拆检更换阀芯
	2. 弹簧失效	2. 更换弹簧
泄漏	1. 调节手柄及安装面处密封圈变形、破碎或漏装造成的外漏	1. 更换密封圈
	2. 节流阀芯与阀孔的配合间隙过大	2. 调节或研磨,消除影响
	3. 油温过高使油液黏度下降,导致泄漏	3. 增加油箱的容量或加装冷却装置
调速阀压力补偿装置失灵	1. 阀芯、阀孔尺寸精度及形位公差超差,间隙过小压力补偿阀芯卡死	1. 拆卸检查,修配或更换超差的零件
	2. 弹簧弯曲、使压力补偿阀芯卡死	2. 更换弹簧
	3. 油液污染物使补偿阀芯卡死	3. 清洗元件,疏通油路
	4. 调速阀进、出油口压力差太小	4. 调整压力,使之达到规定值

任务2　带锯床锯条进给回路的构建

【任务引入】

带锯床是用于锯切各种金属材料的机床,作为机械加工制造第一道工序所需的设备,其加工精度和自动化程度直接关系到后续工序的效率和质量。

如图7－7所示为带锯床，带锯条张紧在主动带轮和从动带轮上，并由主动轮驱动实现带锯条的往复式锯切运动，锯架由进给导向柱和进给液压缸支撑，并由进给液压缸驱动实现带锯条的锯切进给运动。带锯床液压系统进给回路控制锯条升降锯切动作，请学习各类速度控制回路进而分析锯条进给回路的调速原理，并进行回路搭建。

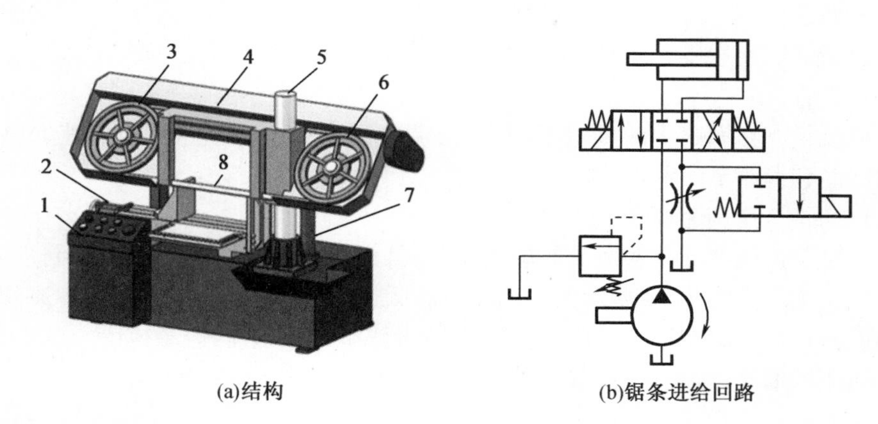

1—控制柜；2—夹紧液压缸；3—从动轮；4—锯架；5—进给导向柱；6—主动轮；7—进给液压缸；8—带锯条。

图7－7 带锯床

【任务分析】

机床或工程机械在工作过程中，液压传动系统除了必须满足主机对力或力矩的要求外，还须满足对执行机构运动速度的各项要求，须用到速度控制回路。速度控制回路包括调速回路、增速回路和速度换接回路等。

【相关知识】

调速回路介绍

调速回路通过改变液压系统中的流量大小来改变执行元件的运动速度。在不考虑管路变形、油液压缩性和回路中各种泄露因素的情况下，执行元件液压缸和液压马达的速度分别为

液压缸

$$v=\frac{q}{A} \tag{7-2}$$

液压马达

$$n=\frac{q}{V} \tag{7-3}$$

式中，q 是输入液压缸或液压马达的流量；A 为液压缸的有效作用面积；V 为液压马达的排量。由此可知，改变输入液压执行元件的流量 q 或液压马达的排量 V 可以达到调速的目的。根据以上原理，将调速回路分为以下三种类型。

(1)节流调速回路

用定量泵供油，用流量控制阀调节进入执行元件的流量来调节执行元件的运动速度。

(2)容积调速回路

通过改变回路中变量泵或变量马达的排量来调节执行元件的运动速度。

(3)容积节流调速回路

采用压力补偿式的变量泵供油,并用流量控制阀调节进入执行元件的流量,从而控制执行元件的运动速度。

一、节流调速回路

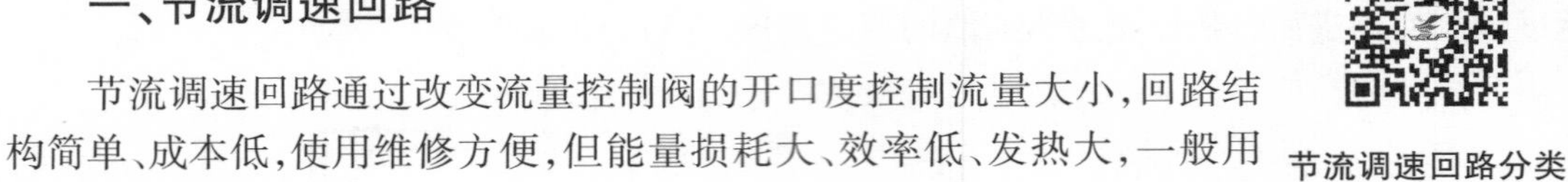

节流调速回路分类

节流调速回路通过改变流量控制阀的开口度控制流量大小,回路结构简单、成本低,使用维修方便,但能量损耗大、效率低、发热大,一般用于小功率场合。

根据流量阀在回路中的位置不同,节流调速回路分为进油路节流调速回路、回油路节流调速回路和旁路节流调速回路。

1. 进油路节流调速回路

进油路节流调速回路将节流阀串联在液压缸的进油路上,用节流阀控制进入液压缸的流量实现调速。如图 7-8 所示为进油路节流调速回路,泵的供油压力由溢流阀调定,调节节流阀的开口即可改变进入液压缸的流量,从而控制液压缸的运动速度。泵多余的油液通过溢流阀流回油箱,故在这种调速回路中,节流阀须和溢流阀配合使用。

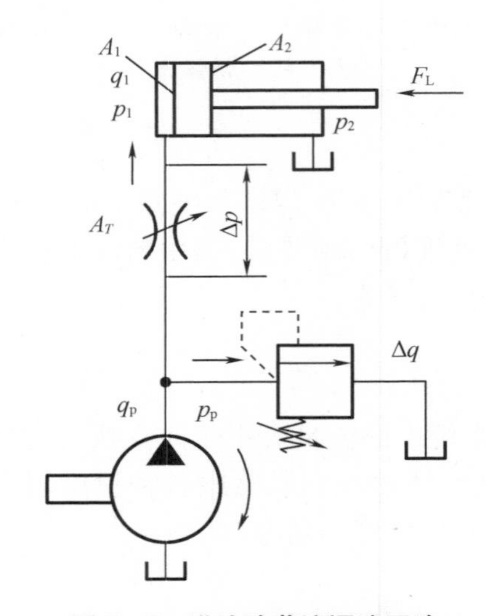

图 7-8　进油路节流调速回路

(1)速度负载特性

设 q_p为泵的输出流量,p_p溢流阀调定压力,q_1为流经节流阀进入液压缸的流量,Δq 为溢流阀的溢流量,p_1和 p_2为液压缸进油腔和回油腔的工作压力,A_1和 A_2为液压缸两腔作用面积,F_L为负载的大小。

液压缸活塞的受力平衡方程为

$$p_1A_1 = p_2A_2 + F_L \tag{7-4}$$

当回油腔通油箱时,$p_2 = 0$,于是

$$p_1 = \frac{F_L}{A_1} \tag{7-5}$$

若 $\Delta p = p_p - p_1$是节流阀前后的压差,A_T 为节流阀的通流面积,C 为节流阀阀口的流量

系数，m 为节流阀的指数。则经节流阀进入液压缸的流量为

$$q_1 = CA_T\Delta p^m = CA_T\,(p_p - p_1)^m = CA_T\left(p_p - \frac{F_L}{A_1}\right)^m \tag{7-6}$$

可知液压缸活塞运动速度为

$$v = \frac{q_1}{A_1} = \frac{CA_T}{A_1}\left(p_p - \frac{F_L}{A_1}\right)^m \tag{7-7}$$

式(7-7)即为进油路节流调速回路的速度负载特性方程，它反映了液压缸的运动速度 v 与负载 F_L和节流阀通流面积 A_T 三者之间的关系。如图 7-9 所示为利用速度负载特性方程做出的进油节流调速回路速度负载特性曲线，从该曲线可知：

①当节流阀通流面积 A_T 不变时，活塞的运动速度 v 随负载 F_L的增加而按抛物线规律下降，因此，这种调速的速度负载特性较软；

②当节流阀通流面积 A_T 一定时，重载区域比轻载区域的速度刚性差；

③在相同负载的情况下，节流阀通流面积大的比小的速度刚性差，即高速时的速度刚性差；

④回路的最大承载能力为 $F_{max} = p_pA_1$，液压缸作用面积 A_1不变，所以在液压泵供油压力 p_p已经调定的情况下，其承载能力不随节流阀通流面积 A_T 的改变而改变。

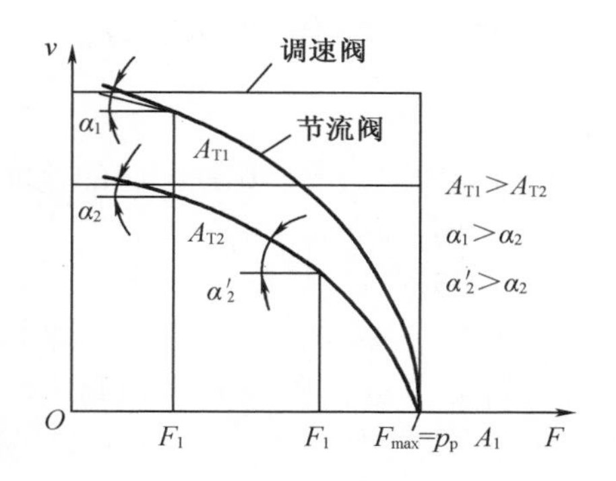

图 7-9 进油节流调速回路速度负载特性曲线

(2)功率特性

在图 7-8 所示的回路中，液压泵的输出功率为 $P_p = p_pq_p$ = 常量，而液压缸的输出功率 $P_1 = F_Lv = \frac{F_Lq_1}{A_1} = p_1q_1$，且 $\Delta q = q_p - q_1$为溢流阀的溢流量。则该回路的功率损失为

$$\Delta P = P_p - P_1 = p_pq_p - p_1q_1 = p_p(q_1 + \Delta q) - (p_p - \Delta p)q_1 = p_p\Delta q + \Delta pq_1 \tag{7-8}$$

由式 7-8 可知，进油路节流调速回路的功率损失由两部分组成，即溢流阀将多余油液流回油箱时的溢流损失 $\Delta P_1 = p_p\Delta q$ 和油液流经节流阀时的节流损失 $\Delta P_2 = \Delta pq_1$。则回路的效率 η 是输出功率与输入功率之比，

$$\eta = \frac{P_p - \Delta P}{P_p} = \frac{p_1q_1}{p_pq_p} \tag{7-9}$$

进油路节流调速回路存在两部分功率损失，故效率较低，尤其是在低速、小负载情况下效率更低，并且此时的功率损失主要是溢流损失 ΔP_1，会造成升温并增加泄漏的可能性，进而影响速度稳定性和效率。

2. 回油路节流调速回路

在执行元件的回油路上串接一个流量阀,即构成回油路节流调速回路。如图 7-10 所示,用节流阀调节缸的回油量,定量泵多余的油液经溢流阀流回油箱,控制了进入液压缸的流量从而实现调速。

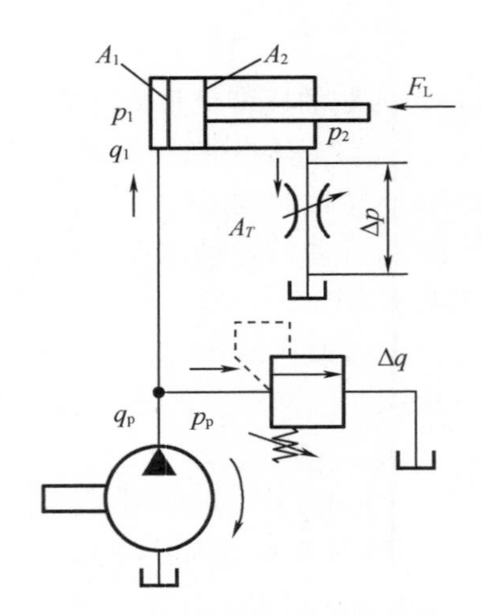

图 7-10　回油路节流调速回路

(1)速度负载特性

重复式(7-7)的推导过程,可得回油路节流调速回路的速度负载特性方程

$$v=\frac{q_2}{A_2}=\frac{CA_T}{A_2}\left(p_P\frac{A_1}{A_2}-\frac{F_L}{A_2}\right)^m \tag{7-10}$$

对比式(7-7)和式(7-10)可发现,回油路节流调速回路与进油路节流调速回路的速度负载特性方程公式形式相似,若液压缸两腔有效面积相同的双活塞杆式液压缸($A_1=A_2$),则两种调速回路的速度负载特性就完全一致。仅从速度负载特性方程来看,回油路节流调速回路与进油路节流调速回路的工作特性也基本相同。

(2)功率特性

回油路节流调速回路的功率特性与进油路节流调速回路相同。

(3)回油路、进油路节流调速回路比较

①承受负值负载的能力。回油路节流调速回路的节流阀使液压缸回油腔形成一定的背压,在负值负载时,背压能阻止工作部件前冲;而进油路节流调速由于回油腔没有背压力,因而不能在负值负载下工作。

②启动性能。回油路节流调速回路长时间停车后,液压缸回油腔的油液会泄漏到回油箱,重新启动时因不能迅速建立背压,会引起启动瞬间工作机构的启动前冲现象。而在进油路节流调速回路中,由于进油路上有节流阀控制流量,故活塞前冲很小,甚至没有启动冲击。

③实现压力控制的方便性。进油路节流调速回路中,进油腔的压力将随负载而变化,当工作部件碰到固定挡块停止后,其压力将升到溢流阀的调定压力,利用这一压力变化来实现压力控制是很方便的。但在回油路节流调速回路中,只有回油腔的压力才会随负载而变化,若工作部件碰到固定挡块,其压力逐渐降低为零,不易提取压力信号,一般不采用。

④油液发热的影响。在进油节流调速回路中,经过节流阀后发热的液压油将直接进入液压缸,使液压缸的泄漏增加。回油节流调速回路中,经过节流阀后,发热的液压油将直接流回油箱冷却,对系统泄漏影响较小。

⑤运动平稳性。在回油节流调速回路存在背压,可有效防止空气从回油路吸入,低速时不易爬行,高速时不易震颤,即运动平稳性好。而在进油路节流调速回路中无背压,运动平稳性较差。

3. 旁路节流调速回路

将流量阀安装在与执行元件并联的旁油路上即构成旁路节流调速回路,如图 7-11 所示。节流阀调节了液压泵溢流回油箱的流量,从而控制了进入液压缸的流量,调节节流阀的通流面积,即可实现调速。由于溢流作用已由节流阀承担,故溢流阀作安全阀用,常态时关闭。因此,系统调定压力 p_p 随负载变化,所以这种调速方式又称变压式节流调速。

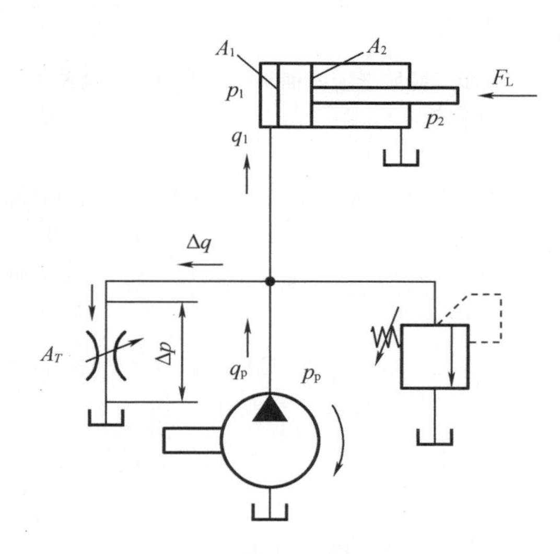

图 7-11 旁路节流调速回路

(1)速度负载特性

进入液压缸的流量 q_1 为液压泵的流量 q_p 与节流阀溢流量 Δq 之差,且液压泵的流量中应考虑泵的泄漏流量 Δq_p。

重复式(7-7)的推导过程,可得旁油路节流调速回路的速度负载特性方程

$$v=\frac{q_1}{A_1}=\frac{q_p-\Delta q}{A_1}=\frac{q_{pt}-\Delta q_p-\Delta q}{A_1}=\frac{q_{pt}-K\dfrac{F_L}{A_1}-CA_T\left(\dfrac{F_L}{A_1}\right)^m}{A_1} \tag{7-11}$$

式中,q_{pt} 是泵的理论流量,K 是泵的泄漏系数,A_1 为液压缸有杆腔作用面积,F_L 为负载的大小,A_T 为节流阀的通流面积,C 为节流阀阀口的流量系数,m 为节流阀的指数。

根据速度负载特性方程,选取不同的节流阀通流面积 A_T,可作出旁路节流调速回路速度负载特性曲线,如图 7-12 所示。从该曲线可知:

①开大节流阀阀口,活塞运动速度减小;关小节流阀阀口,活塞运动速度增加;

②当节流阀通流面积一定而负载增加时,速度显著下降,且负载越大,速度刚性越大;

③当负载一定时,节流阀通流面积 A_T 越小(活塞运动速度越高),速度刚性越大。

这种调速回路的低速性还会受到泵泄漏量的直接影响，当负载变化时会引起泵的泄漏量变化，对泵的实际输出流量产生直接影响，导致回路的速度抗负载变化的能力较前两种回路差。

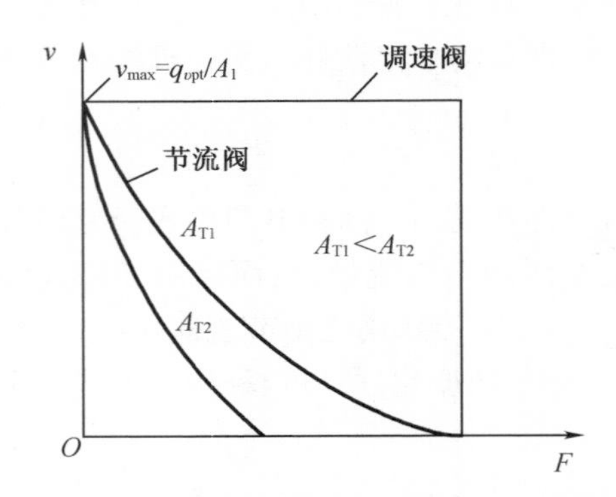

图 7-12　旁路节流调速回路速度负载特性曲线

(2)功率特性

在旁路节流调速回路中，因为系统的工作压力随外负载的变化而发生变化，与液压泵并接的溢流阀在这个回路中作安全阀使用。在正常工作时，溢流阀口处于关闭状态，没有油液流过，在工作过程中也就没有溢流损失，故功率特性与其他回路调节有不同之处，具体分析如下。

液压泵的输出功率 $P_p = p_p q_p = p_1 q_p$，而液压缸的输出功率 $P_1 = F_L v = p_1 q_1$，则该回路的功率损失为

$$\Delta P = P_p - P_1 = p_1 q_p - p_1 q_1 = p_1 \Delta q \tag{7-12}$$

回路的工作效率为

$$\eta = \frac{P_1}{P_p} = \frac{p_1 q_1}{p_1 q_p} = \frac{q_1}{q_p} \tag{7-13}$$

由以上分析可看出，旁路节流调速回路只有节流损失，而无溢流损失，因而其功率损失比前两种调速回路小，效率高，但速度负载特性较差，故这种调速回路一般用于高速、重载、对速度稳定性要求不高的较大功率工作场合。

二、容积调速回路

采用变量泵或变量马达调速的容积调速回路，没有溢流损失和节流损失，液压泵输出的油液直接进入执行元件，且工作压力随负载变化而变化，因此效率高、发热少，在大功率工程机械的液压系统中应用广泛。

根据容积调节对象的不同，容积调速可分为变量泵－定量执行元件(液压缸、定量马达)的调速回路、定量泵－变量马达的调速回路、变量泵－变量马达的调速回路等。

1. 变量泵－液压缸调速回路

如图 7-13 所示为变量泵－液压缸调速回路，液压泵从油箱吸油并供给执行元件，执行元件有杆腔的油液经换向阀回油箱，这种循环方式称为开式回路。开式回路中的液压油经油箱的循环，得到充分的冷却和过滤，但空气和杂质也容易侵入回路。该回路通过调节变

量泵的排量就可以调节液压缸活塞杆的运动速度，溢流阀起安全阀作用。

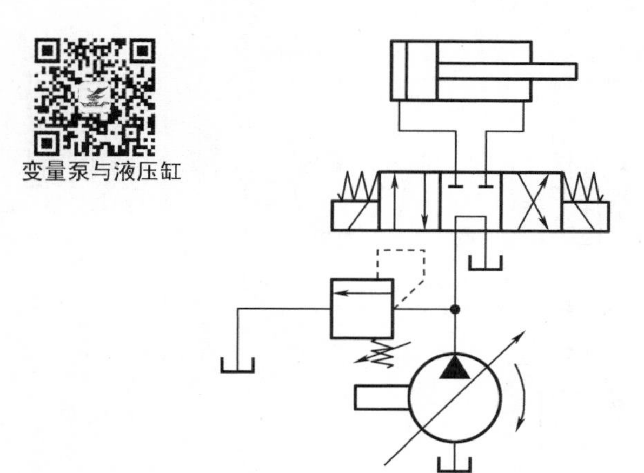

图 7－13　变量泵－液压缸调速回路

设 v 为液压缸输出速度，V_p 为液压泵的排量，n_p 为转速，p_p 为溢流阀调定压力；A_1 和 A_2 为液压缸两腔作用面积，P 为液压缸的输出功率，P_p 为泵的输出功率，F_{max} 为最大承载能力。可得

$$
\begin{aligned}
v &= \frac{V_p n_p}{A_1} \\
P &= P_p = p_p V_p n_p \\
F_{max} &= P_p A_1
\end{aligned}
\tag{7-14}
$$

由式(7－14)可得出以下回路特性。

(1) 液压缸的输出速度 v 与液压泵的排量 V_p 成正比。

(2) 如不考虑系统损失，则液压缸的输出功率 P 等于泵的输出功率 P_p，且与泵的排量 V_p 成正比。

(3) 液压缸的最大承载能力 F_{max} 为定值，与液压泵的排量无关。

该回路由于没有溢流损失和节流损失，因而系统效率高，发热小，适用于调速范围要求不高的大功率液压系统，也可在回路中安装调速阀配合变量泵进行调速，从而增大调速范围。

2. 变量泵－定量马达调速回路

如图 7－14 所示为变量泵－定量马达调速回路，回路中的回油管直通液压泵的进油腔，油液在液压泵和执行元件之间形成封闭的循环，这种循环方式称为闭式回路。闭式回路的结构紧凑，空气和杂质不易进入回路，但散热效果差且须补油装置。

该回路主油路压力油按顺时针方向循环，溢流阀 4 防止系统过载。调节变量泵 3 的排量，就可以调节定量马达 5 的转速。定量泵 1 用以补充变量泵 3 和定量马达 5 的泄漏，并通过单向阀 2 防止空气渗入管路，补油压力由低压溢流阀 6 调定。

设 n_M 为液压马达的输出转速，V_M 为每转排量，P_M 为输出功率，T_M 为输出转矩，若不考虑工作时的能耗损失，可得

$$
n_M = \frac{V_p n_p}{V_M}
$$

$$
P_M = P_p = p_p V_p n_p
$$

$$T_M=\frac{P_{\mathrm{p}}V_M}{2\pi} \tag{7-15}$$

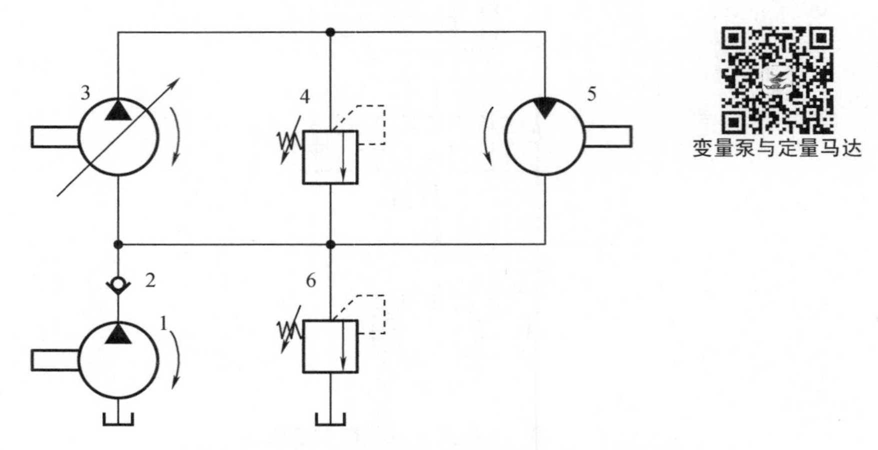

1—定量泵;2—单向阀;3—变量泵;4,6—溢流阀;5—定量马达。

图 7-14　变量泵-定量马达调速回路

由式(7-15)可得出以下回路特性。

(1)液压马达的转速 n_M 与液压泵的排量 V_{p}成正比。

(2)如不考虑系统损失,则液压马达的输出功率 P_M 等于泵的输出功率 P_{p},且与泵的排量 V_{p}成正比。

(3)液压马达的输出转矩 T_M 为定值,与液压泵的排量无关。

该回路的调速范围取决于变量泵的流量调节范围,调速范围较宽,适用于大功率系统且执行元件单向旋转的闭式回路中。

3. 定量泵-变量马达调速回路

如图 7-15 所示为定量泵-变量马达调速回路,溢流阀 4 起安全保护作用,限定主油路最高工作压力,定量泵 1 和溢流阀 6 用以补充泄漏。定量泵 3 输出流量不变,回路通过调节变量马达 5 的排量实现调速。

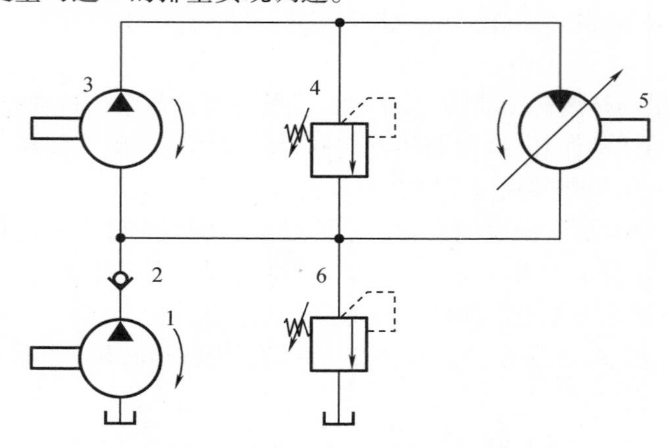

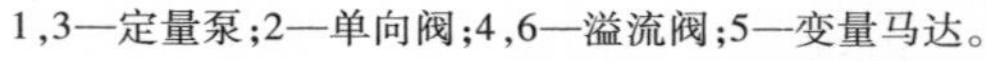
1,3—定量泵;2—单向阀;4,6—溢流阀;5—变量马达。

图 7-15　定量泵-变量马达调速回路

与变量泵-定量马达调速回路同理,根据式(7-15)可得出以下回路特性。

(1)变量马达的转速 n_M 与液压马达的排量 V_M 成反比。

(2)如不考虑系统损失,则变量马达的输出功率 P_M 等于定量泵的输出功率 P_p,且不随马达的排量 V_M 而变化。

(3)液压马达的输出转矩 T_M 与液压马达的每转排量 V_M 成正比。

实际应用中,这种回路调速范围比较小,因而很少单独应用。

4. 变量泵-变量马达调速回路

如图7-16所示为变量泵-变量马达调速回路,调节变量泵3和变量马达4的排量都可以调节液压马达4的转速,因而扩大了液压马达的调速范围。当双向变量泵3顺时针方向供油时,压力油由上油口进入液压马达4中,驱动马达旋转;压力油也通过单向阀7流向溢流阀9,系统过载则溢流。液压马达4的回油由下油口回到双向变量泵3的下油口。定量泵1通过单向阀5为系统补油,并由溢流阀2限定补油压力。同理可知,改变双向变量泵3的供油方向,即可实现马达4反向旋转。

变量泵与变量马达调速回路

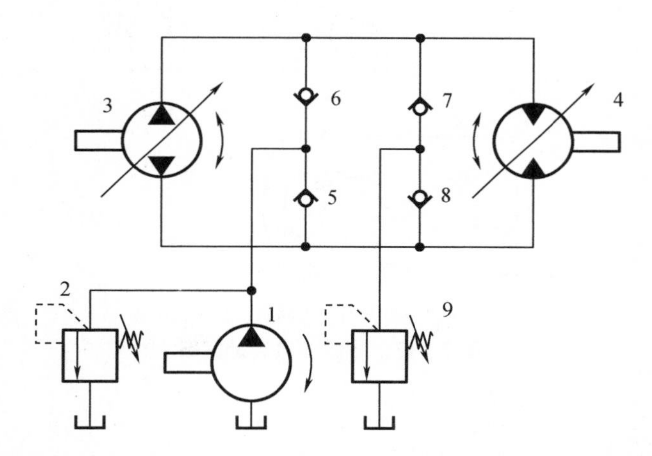

1—单向定量泵;2,9—单向阀;3—双向变量泵;4—双向变量马达;5,6,7,8—单向阀。

图7-16 变量泵-变量马达调速回路

根据式(7-15)可得出以下回路特性。

(1)马达转速 n_M 可通过改变变量泵、变量马达的排量 V_p 和 V_M 来进行调节,这种回路是上述两种调速方式的组合。

(2)在低速段时:将马达的排量 V_M 调为最大值并固定(相当于定量马达),然后由小到大调节变量泵的排量 V_p,马达转速逐渐升高,该段调速属于恒转矩调速。

(3)高速段:将变量泵的排量 V_p 调为最大值并固定(相当于定量泵),然后由大到小调节变量马达的排量 V_M,马达转速逐渐升高,该段调速属恒功率调速。

该回路效率高、发热少,适用于调速范围大、功率大且工作效率要求高的设备,如各种行走机械、牵引机等大功率机械等。

三、容积节流调速回路

容积节流调速回路是以上两种方法的组合,即用变量泵供油,配合流量控制阀进行节流来实现调速,又称联合调速。其主要优点是只有节流损失,无溢流损失,发热较低、效率较高且速度稳定性也比容积调速回路好，常用在空载时快速、承载时稳定低速的各种中等功率的机械设备中。

如图7-17所示容积节流调速回路由限压式变量泵1供油，压力油经调速阀3推动液压缸活塞杆伸出。液压缸有杆腔回油经背压阀4返回油箱。调节调速阀3便可改变进入液压缸的流量，限压式变量泵1的输出流量 q_p 和液压缸所需流量 q_1 相适应。调整调速阀当 $q_p > q_1$ 时，多余油液迫使泵的供油压力升高，限压式变量泵的输出流量自动减少到 $q_p \approx q_1$ 为止；当 $q_p < q_1$ 时，限压式变量泵的输出油液压力下降，泵的输出流量自动增加到 $q_p \approx q_1$ 为止。调速阀3在回路中的作用不仅是使液压缸的流量保持恒定，还使泵的供油量和供油压力基本保持不变，从而使变量泵和进入液压缸的流匹配。

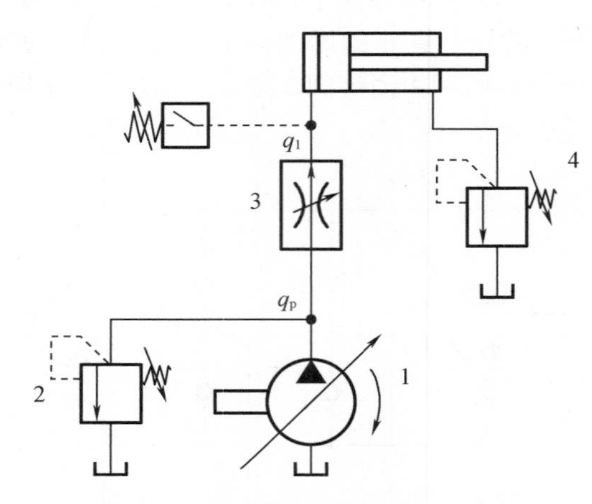

1—变量泵；2—溢流阀；3—调速阀；4—背压阀。

图7-17 容积节流调速回路

几种速度控制回路的性能比较见表7-2。

表7-2 速度控制回路性能比较

<table>
<tr><td colspan="2" rowspan="3">回路类
主要性能</td><td colspan="4">节流调速回路</td><td rowspan="3">容积调速回路</td><td colspan="2" rowspan="2">容积节流
调速回路</td></tr>
<tr><td colspan="2">用节流阀</td><td colspan="2">用调速阀</td></tr>
<tr><td>进回油</td><td>旁路</td><td>进回油</td><td>旁路</td><td>限压式</td><td>稳流式</td></tr>
<tr><td rowspan="2">机械
特性</td><td>速度稳定性</td><td>较差</td><td>差</td><td colspan="2">好</td><td>较好</td><td colspan="2">好</td></tr>
<tr><td>承载能力</td><td>较好</td><td>较差</td><td colspan="2">好</td><td>较好</td><td colspan="2">好</td></tr>
<tr><td colspan="2">调速范围</td><td>较大</td><td>小</td><td colspan="2">较大</td><td>大</td><td colspan="2">较大</td></tr>
<tr><td rowspan="2">功率
特性</td><td>效率</td><td>低</td><td>较高</td><td>低</td><td>较高</td><td>最高</td><td>较高</td><td>高</td></tr>
<tr><td>发热</td><td>大</td><td>较小</td><td>大</td><td>较小</td><td>最小</td><td>较小</td><td>小</td></tr>
</table>

表 7-2(续)

回路类 主要性能	节流调速回路				容积调速回路	容积节流 调速回路	
	用节流阀		用调速阀				
	进回油	旁路	进回油	旁路		限压式	稳流式
成本	低		较低		高	低	最高
适用范围	小功率、轻载的中低压系统				大功率、重载高速的中、高压系统	中小功率的中压系统	

【任务实施】

一、实训说明

电磁换向阀和节流阀控制进给液压缸油液流动速度，实现带锯床锯切进给过程的向下工进运动和向上退刀运动，工进速度由节流阀的阀口面积调定。按照液压回路图选取正确的液压元件并连接液压回路(图 7-18)，调节节流阀开口度控制液压缸活塞杆的运动速度，观察回路效果。

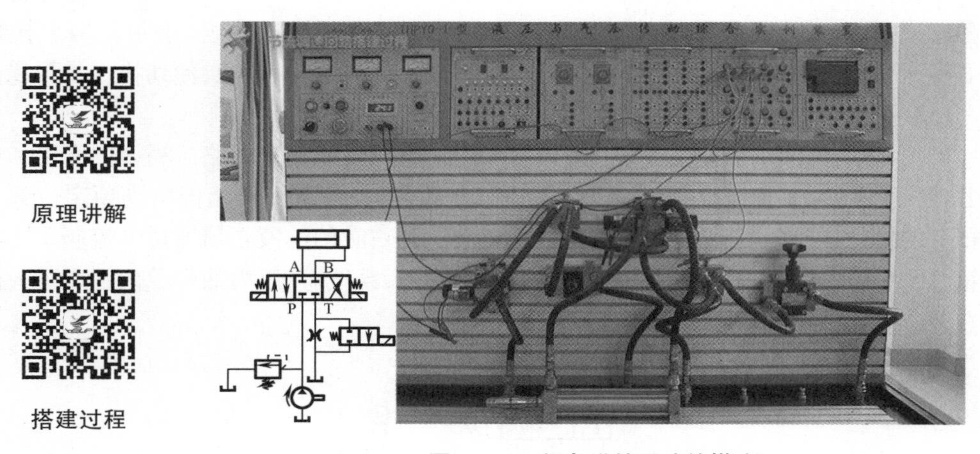

图 7-18　锯条进给回路的搭建

二、所需元件

液压实训台、双作用单活塞杆式液压缸 1 个、三位四通电磁换向阀 1 个、二位二通电磁换向阀 1 个、直动式溢流阀 1 个、三通接头 3 个、节流阀 1 个、液压油管若干。

三、操作步骤

(1)按照液压回路图，将实验所需液压元件布置在铝合金面板 T 形槽上；
(2)按液压原理图用油管连接液压元件，并检验管路连接的正确性；
(3)为电磁换向阀接电，并检验电路连接的正确性；
(4)组装完毕，启动电源开关和油泵开关；

(5)点击控制开关,通过三位电磁换向阀的电磁铁得电,控制液压缸进行伸缩动作;

(6)调节节流阀的开口度,控制液压缸的运动速度;

(7)点击控制开关,通过二位电磁换向阀的电磁铁得电,控制是否接入节流阀并观察回路动作;

(8)观察完毕,关闭油泵电机和总电源;

(9)拆卸管路和元件并归位。

四、注意事项

(1)接好液压回路之后,再重新检查各油口的连接部分是否可靠,确认无误后,方可启动;

(2)实训管路接头均采用闭式快换接头,应确保连接可靠;

(3)实训过程中务必拿稳、轻放液压元件,防止碰撞。

【知识拓展】

速度换接回路

速度换接回路的功能是使液压执行元件在一个工作循环中从一种运动速度变换到另一种运动速度,这个变换不仅包括液压执行元件快速到慢速的变换,也包括两个慢速之间的变换。该回路在速度变换过程中,应使其尽可能不出现前冲现象,使切换保持平稳。

1. 快速 - 慢速换接回路

如图 7 - 19 所示为采用二位二通行程阀的快速 - 慢速换接回路。当换向阀 1 和行程阀 4 处于图示位置,油液经换向阀 1 进入液压缸左腔,推动活塞杆快速伸出到预定位置。当活塞杆上的挡块压下行程阀 4 时,行程阀关闭,液压缸右腔的油液必须通过节流阀 3 才能流回油箱,活塞运动转为慢速工进。当换向阀 1 左位接入系统时,压力油经单向阀 2 进入液压缸的右腔,活塞实现快速退回运动。

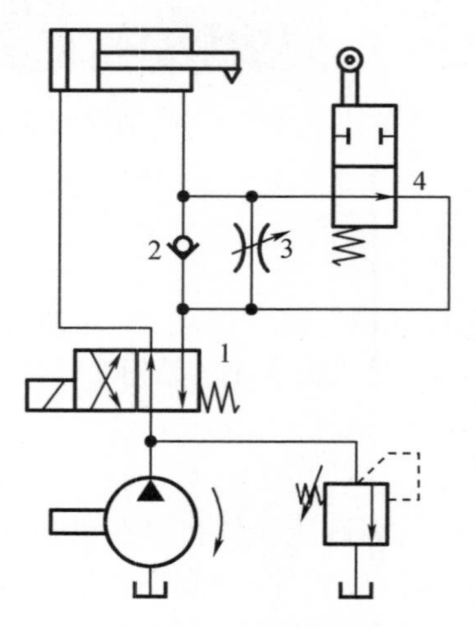

1—电磁换向阀;2—单向阀;3—节流阀;4—行程阀。

图 7 - 19　采用行程阀的快速 - 慢速换接回路

这种回路的快、慢速换接过程比较平稳,换接点位置准确,但行程阀的安装位置不能任意布置,管路连接较为复杂,常用于机床液压系统中。

2. 慢速－慢速换接回路

采用两个调速阀的速度换接回路,如图7－20所示为串联调速阀的速度换接回路,图中两个调速阀1和2串联,可实现两种进给速度的换接。在图示位置,调速阀2被换向阀3短接,输入液压缸的流量由调速阀1控制。当换向阀3右位接入回路时,因调速阀2的开口要调得小于调速阀1的开口,所以输入液压缸的流量由调速阀2控制。由于调速阀1一直处于工作状态,在速度换接时限制着进入调速阀2的流量,故这种回路的速度换接平稳性较好。

如图7－21所示为并联调速阀的速度换接回路,图中的两个调速阀1和2并联,由换向阀3实现切换。两个调速阀可以独立调节其流量,互不影响,可实现两种进给速度的换接。此种回路一个调速阀工作时另一个调速阀内无油液通过,该调速阀中的定差减压阀处于最大开度的非减压状态,速度换接时大量油液通过该处会使工作部件产生突然前冲现象。因此,该回路不宜在同一行程中实现速度换接,适宜用在速度预选的场合。

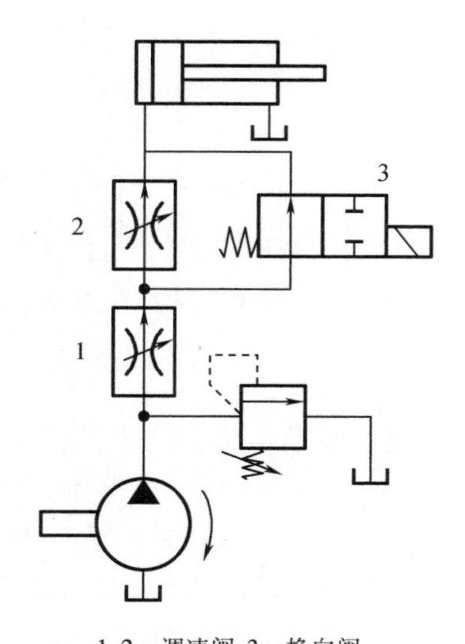

1,2—调速阀;3—换向阀。

图7－20 串联调速阀的速度换接回路

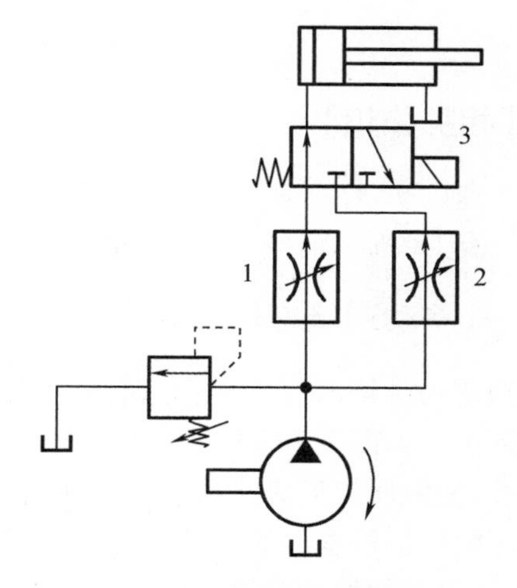

1,2—调速阀;3—换向阀。

图7－21 并联调速阀的速度换接回路

任务3 钻床钻削进给回路的构建

【任务引入】

如图7－22所示,液压钻床是由液压驱动钻头在工件上加工孔的机床,其动力强、刚性好、稳定可靠,可实现自动化生产。钻削进给运动可以通过流量控制阀实现无级进刀调速,实现快进、工进的切换,解决了进刀速度和深度难以控制的问题,在实际生产中应用广泛。请学习各类增速回路,进而分析钻削进给回路的调速原理,并在实训台完成增速回路的搭建。

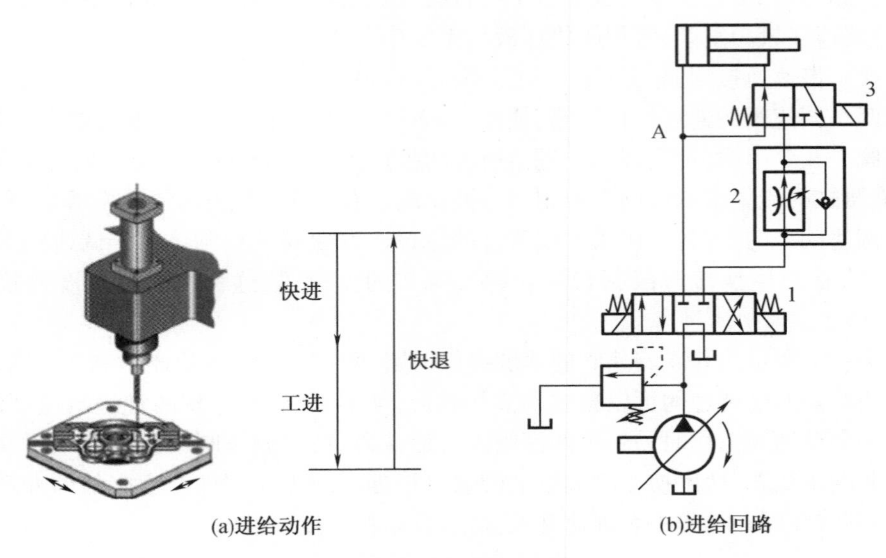

(a)进给动作　　(b)进给回路

1,3—换向阀;2—单向调速阀

图 7－22　某型号液压钻床

【相关知识】

快速运动回路又称增速回路,当泵的流量一定时,可使执行元件获得尽可能大的工作速度,同时使液压系统的输出功率尽可能小,实现系统功率的合理匹配以提高系统的工作效率。

一、差动连接增速回路

当压力油同时供给单活塞杆式液压缸两腔时,由于无杆腔的作用力较大,活塞以一定速度伸出。如图 7－22 所示回路,当换向阀 1、3 均左位工作时,油液在 A 处分别进入液压缸两腔,使液压缸形成差动连接。此时有杆腔排出的油液再次进入液压缸的无杆腔,从而加快了液压缸活塞杆的运动速度,实现快进。当换向阀 3 改为右位接入时,差动连接被切断,液压缸的回油经调速阀流回油箱,实现工进。当换向阀 1,3 均右位工作时,油液经换向阀 1、单向阀 2、换向阀 3 进入液压缸有杆腔,推动液压缸活塞杆缩回,实现快退。

这种连接方式可在不增加液压泵流量的情况下提高液压缸的运动速度,但由于液压缸的结构导致其增速有限,有时不能满足快速运动的要求;且在旋转和使用各类阀时,其通流量必须同时考虑泵的输出流量和有杆腔的输出流量,否则会因阀类通流量不足而使系统压力损失增大。

增速回路介绍

差动连接增速回路介绍

差动连接增速回路原理讲解

二、双泵供油增速回路

如图 7－23 所示为双泵供油增速回路，采用低压大流量泵 1 和高压小流量泵 2 组成双联泵，作为动力源向系统供油。两泵共用一个进油口，但各有单独的出油口，根据两泵供油方式的调整达到控制运动速度的目的。

当换向阀 6 左位工作，系统压力低于卸荷阀 3 调定压力时，阀 3 处于关闭状态，两个泵同时向系统供油，液压缸 8 的活塞杆快速伸出。此时尽管回路的流量很大，但负载很小，回路压力低，所以输出功率并不大。当换向阀 6 右位工作，节流阀 7 接入回路，流动阻力增大使系统压力达到或超过卸荷阀 3 的调定压力时，卸荷阀 3 阀口打开，低压大流量泵 1 通过卸荷阀 3 卸荷，单向阀 4 反向截止。回路只有高压小流量泵 2 向系统供油，液压缸 8 慢速运动，减少了动力消耗，回路效率较高。

双泵供油快速运动回路功率利用合理、效率高，并且速度换接较平稳，在快、慢速度相差较大的机床中应用广泛。

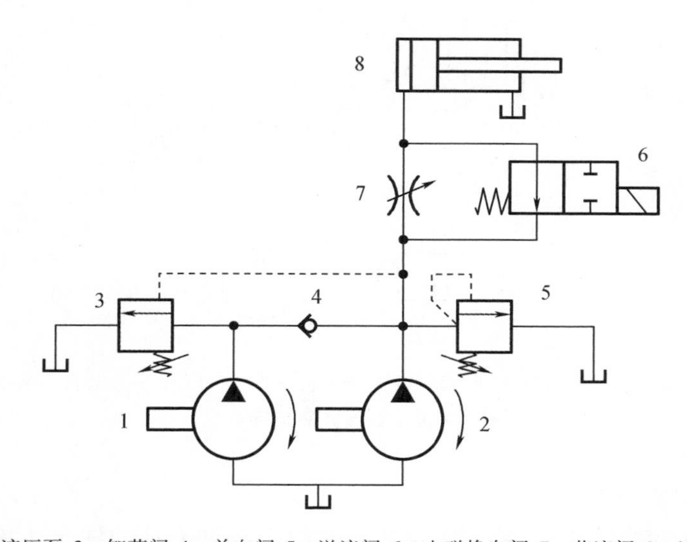

1,2—液压泵;3—卸荷阀;4—单向阀;5—溢流阀;6—电磁换向阀;7—节流阀;8—液压缸。

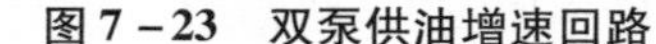
图 7－23 双泵供油增速回路

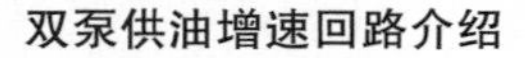
双泵供油增速回路介绍

双泵供油增速回路原理讲解

三、充液增速回路

充液增速回路介绍

当回路快速运动需要的流量很大时，直接用液压泵供油效果不理想，往往考虑从油箱或其他位置向回路充液补油而获得快速运动，这类回路称为充液增速回路。

1. 自重充液增速回路

自重充液增速回路一般用于垂直运动部件质量较大的液压系统，如图

7－24 所示。当换向阀 3 右位工作时，自重作用使液压缸 5 的活塞快速下降，其下降速度由单向节流阀 4 调节。当下降速度较快时，因液压泵供油不足，液压缸上腔将会出现负压，充液缸通过充液阀 6 向液压缸 5 上腔补充油液。当运动部件接触到工件从而负载增大时，液压缸 5 上腔压力升高，充液阀 6 关闭，此时液压泵 1 单独为回路供油，活塞运动速度下降。回程时换向阀 3 左位接入回路，压力油进入液压缸下腔，同时打开充液阀 6，液压缸上腔一部分回油进入充液缸。

在实际应用中，为防止活塞快速下降时液压缸上腔吸油不充分，充液缸常用冲压油箱代替，实现强制充液。

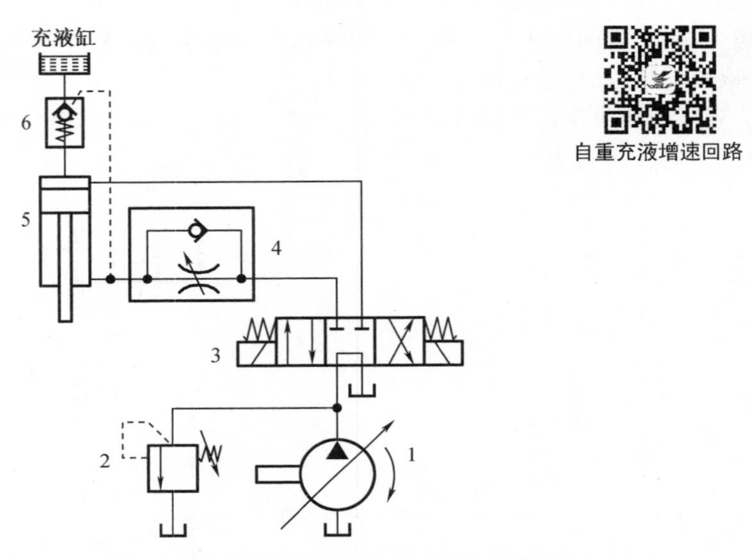

1—液压泵；2—溢流阀；3—三位四通电磁换向阀；4—单向节流阀；5—液压缸；6—充液阀。

图 7－24　自重充液增速回路

2. 增速缸的增速回路

增速缸是一种复合液压缸，其活塞内含有柱塞缸，中间有孔的柱塞又和增速缸体固连。如图 7－25 所示为采用增速缸的增速回路，该回路增速比大、效率高且功率利用较合理，但油缸结构复杂，常用于液压机中。

当换向阀 1 左位工作时，压力油先进入工作面积小的柱塞缸内 B 腔，使活塞快进，增速缸 A 腔出现真空，通过充液阀 2 从油箱进行补油，活塞右腔的油液经换向阀 1 流回油箱。当执行元件接触到工件造成负载增加时，回路压力升高使顺序阀 3 开启，高压油关闭充液阀 2 并进入增速缸 A 腔，活塞慢速运动且推力增大。当换向阀 1 右位工作时，压力油进入增速缸 4 右腔，同时打开充液阀 2，A 腔的回油经充液阀 2 排回油箱，B 腔的油液通过换向阀 1 流回油箱，从而使活塞快速实现向左快退运动。

3. 蓄能器的增速回路

采用蓄能器的增速回路可用流量较小的液压泵，当执行元件需要快速运动时，蓄能器可作为泵的辅助动力源共同向系统供油。

如图 7－26 所示为蓄能器的增速回路，当换向阀 4 处于左位或右位时，液压泵 1 和蓄能器 5 同时向系统供油，使液压缸 6 的活塞杆快速运动。当系统停止工作时，液压泵 1 经单向

阀 3 向蓄能器 5 充油，蓄能器压力升高到顺序阀 2 调定压力后，顺序阀 2 的阀口打开，液压泵 1 通过顺序阀 2 卸荷。

在实际应用中，根据系统工作循环要求，合理地选用液压泵的流量、蓄能器的工作压力范围和容积，可获得较高的回路效率。这种回路常用于某些间歇工作且停留较长的液压设备及某些存在快、慢两种工作速度的液压设备等，如冶金机械、组合机床等。

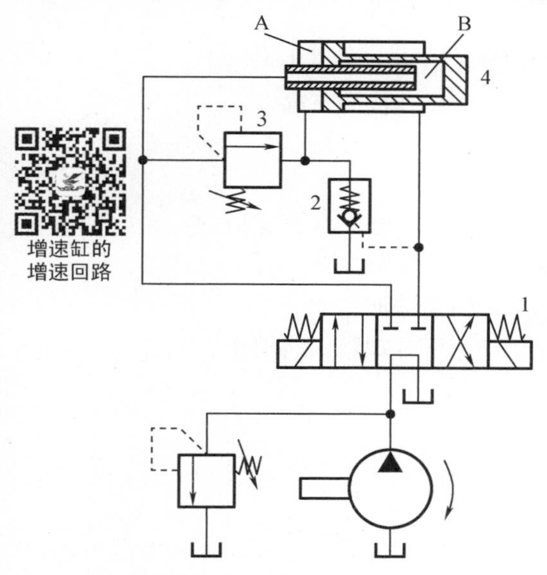

1—换向阀；2—充液阀；3—顺序阀；4—增速缸。

图 7－25　增速缸的增速回路

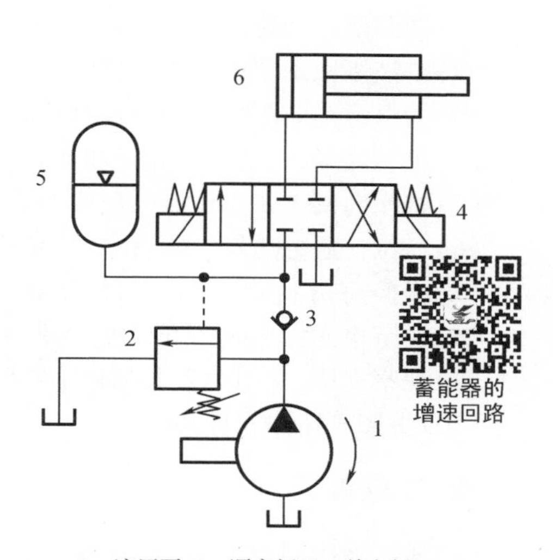

1—液压泵；2—顺序阀；3—单向阀；
4—三位四通电磁换向阀；5—蓄能器；6—液压缸。

图 7－26　蓄能器的增速回路

【任务实施】

视频－搭建过程

一、实训说明

按照液压回路图选取正确的液压元件，在液压试验台上，按照如图 7－27 所示的油路走向连接液压回路。了解回路动作，并观察回路锁紧效果。

搭建过程

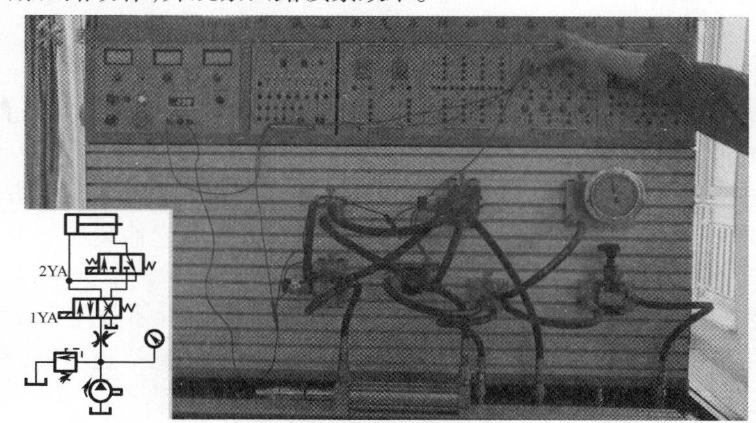

图 7－27　差动连接增速回路的搭建

二、所需元件

液压实训台、双作用单活塞杆式液压缸 1 个、三位四通 M 型电磁换向阀 1 个、二位三通电磁换向阀 1 个、直动式溢流阀 1 个、单向调速阀 1 个、三通接头 2 个、液压油管若干。

三、操作步骤

(1)按照液压回路图,将实验所需液压元件布置在铝合金面板 T 形槽上;
(2)按液压原理图用油管连接液压元件,并检验管路连接的正确性;
(3)为电磁换向阀接电,并检验电路连接的正确性;
(4)组装完毕,启动电源开关和油泵开关;
(5)将换向阀 1,3 左位接入形成差动连接,控制液压缸活塞杆快速伸出;
(6)二位三通电磁换向阀得电,控制液压缸活塞杆慢速伸出;
(7)将换向阀 1,3 右位接入,控制液压缸活塞杆快速缩回;
(8)调节单向调速阀的开口度,控制活塞杆运动速度并观察回路动作;
(9)观察完毕,关闭油泵电机和总电源;
(10)拆卸管路和元件并归位。

四、注意事项

(1)接好液压回路之后,再重新检查各油口的连接部分是否可靠,确认无误后,方可启动;
(2)实训管路接头均采用闭式快换接头,应确保连接可靠;
(3)实训过程中务必拿稳、轻放液压元件,防止碰撞。

思考与习题

1. 节流阀和调速阀有什么区别,分别应用于什么场合?
2. 简述调速阀的工作原理。
3. 节流阀的最小稳定流量有什么意义?影响其数值的因素主要有哪些?
4. 液压系统为什么要设快速运动回路?执行元件实现快速运动的方法有哪些?
5. 如何调节执行元件的运动速度?常用的调速方法有哪些?
6. 容积调速回路中流量阀和变量泵之间是如何实现流量匹配的?
7. 流量阀的节流口为什么常采用薄壁小孔而不采用细长小孔形式?液压流量阀的最小稳定流量表示什么意思?
8. 在液压缸的回油路上,用减压阀在前、节流阀在后相互串联的方法,能否起到和调速阀相同的作用,使液压缸活塞的运动速度稳定?如果将它们装在缸的进油路或旁通路上,活塞运动速度能否稳定?
9. 在图 7-28 中,各液压缸完全相同,负载 $F_A > F_B$ 并不计压力损失。试判断图 7-28(a)和图 7-28(b)中,哪一个液压缸缸先动,哪一个液压缸缸速度快,为什么?

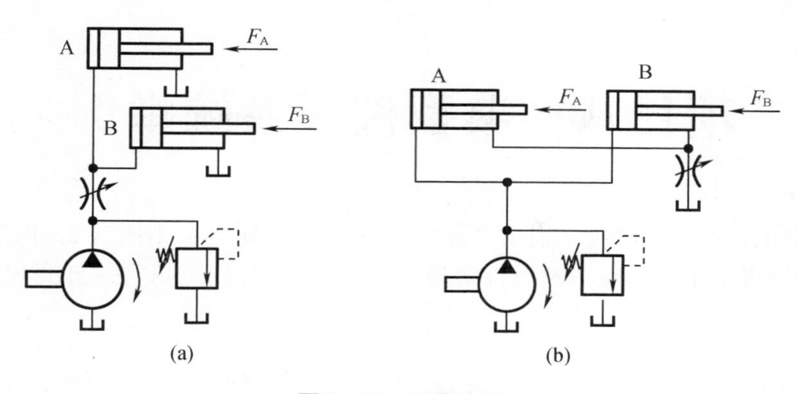

图 7-28 习题 9 图

10. 如图 7-29 所示的液压回路，可完成的工作循环为“快进→工进→快退→原位停止泵卸荷”，试分析电磁铁的动作顺序。若工进速度 $v=5.6\ cm/min$ 液压缸直径 $D=40\ mm$。活塞杆直径 $d=25\ mm$，节流阀的最小流量为 50 mL/min，系统是否可以满足要求？

11. 如图 7-30 所示回路实现“快进→工进→快退”工作循环，试分析回路中各元件的作用和回路工作原理。

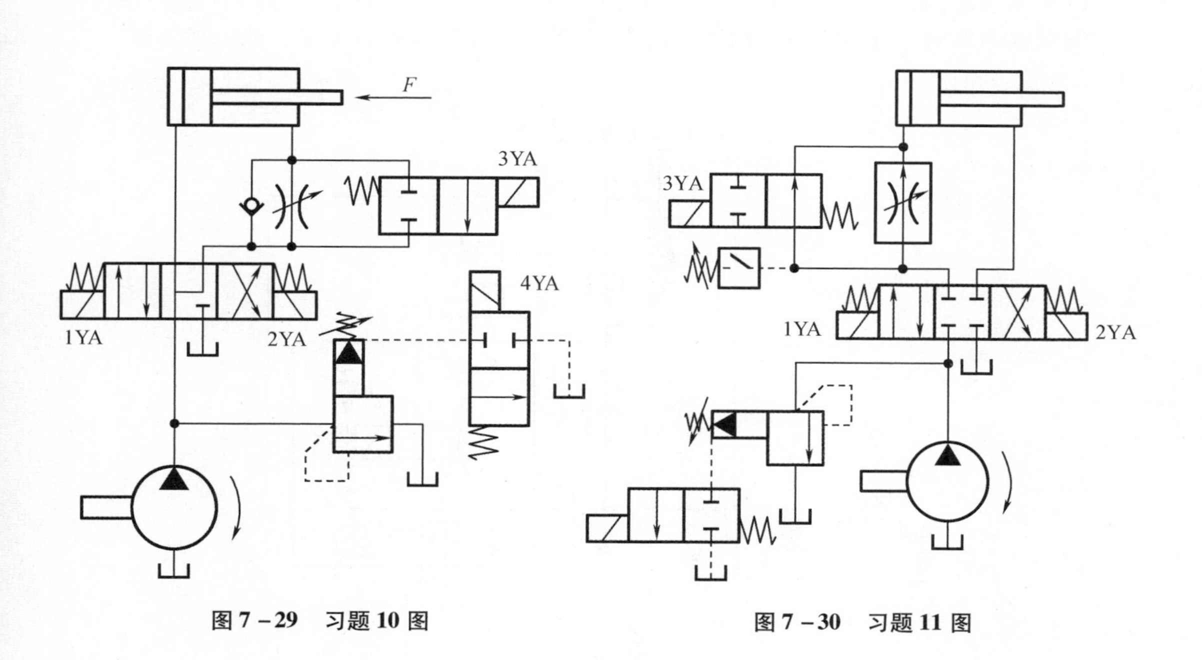

图 7-29 习题 10 图

图 7-30 习题 11 图

项目八　典型液压系统举例

机械设备的液压传动系统是根据设备的工作要求,采用各种不同功能的基本回路组成的,液压系统图表示了系统内油液元件的连接和控制情况,以及执行元件实现各种动作的工作原理。

任务1　组合机床动力滑台系统的分析、安装与调试

【任务引入】

组合机床是由通用部件结合某些专用部件组成的高效专用机床,当产品以大批量方式生产时,用若干组合机床能方便快速地组成加工自动线。组合机床动力滑台一般采用液压传动系统来实现钻、扩、绞、车端面等工序的进给运动。如图8－1所示为某型号组合机床动力滑台液压系统,其典型工作循环包括快进→工进→二工进→固定挡停→快退→原位停止。请根据动作循环分析该系统的工作过程,并学习系统装调及日常维护的一般步骤。

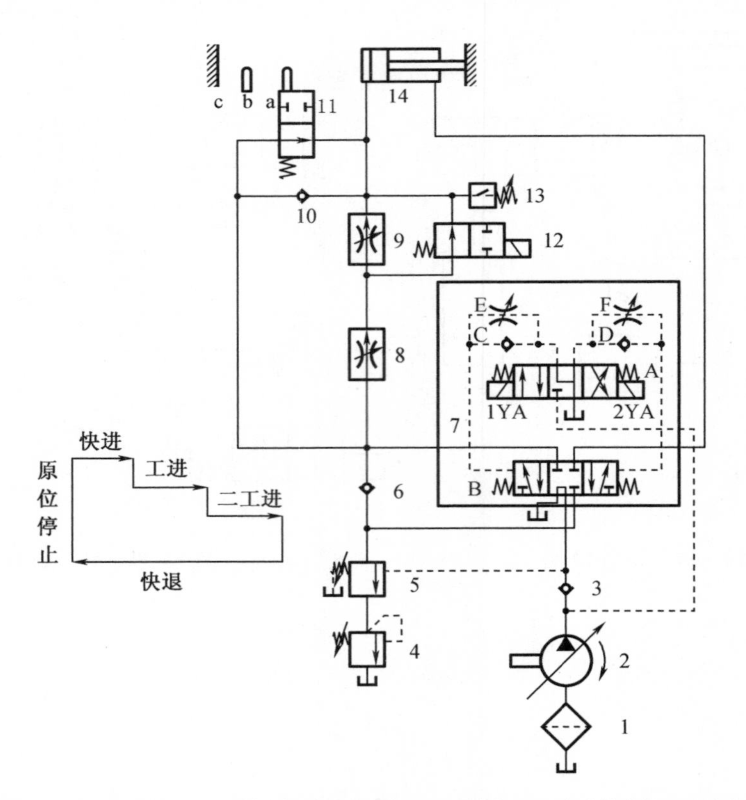

1—过滤器;2—变量泵;3,6,10—单向阀;4—背压阀;5—顺序阀;7—电液换向阀;8,9—调速阀;11—行程阀;12—二位二通电磁换向阀;13—压力继电器;A、B—换向阀;C、D—单向阀;E、F—节流阀。

图8－1　组合机床动力滑台液压系统图

【相关知识】

一、液压系统的分析步骤

1. 了解设备的用途、对液压系统的要求,以及液压系统应实现的运动和工作循环。

2. 初步阅读液压系统图,分析各元件的功用与原理,弄清它们之间的相互连接关系。并以执行元件为中心,将系统拆分成子系统。

3. 逐步分析各个子系统,了解每一个子系统由哪些基本回路组成,以及各个元件的功用和相互关系。

4. 根据运动循环和动作要求,分析各工况工作原理及油流路线。一般遵循"先看图示位置,后看其他位置","先看主油路,后看辅助油路"的原则。

5. 归纳液压系统的特点。

二、液压系统的安装与调试

(一)液压系统的安装

液压系统的安装实质就是通过流体连接件或液压集成块,将系统的各单元或元件连接起来,包括液压管路的安装和液压元件的安装。

1. 管路的安装

管路的安装与要求见项目四的任务4。

2. 元件的安装

(1)液压元件的配置形式

一个能完成一定功能的液压系统是由若干个液压阀有机组合而成的。液压阀的安装连接形式与液压系统的结构形式和元件的配置形式有关。

①集中式

集中式配置形式是将液压系统的动力源、阀类元件集中安装在主机外的液压泵站上。其安装与维修方便,并能消除动力源振动和油温对主机工作的影响。

②分散式

分散式配置形式是将液压系统的动力源、阀类元件分散在设备各处,如以机床床身或底座作油箱,把控制调节元件设置在便于操作的地方。其结构紧凑、占地面积小;动力源振动、发热等会对设备工作精度产生不利影响。

(2)液压元件的连接方式

一个液压系统中各个液压控制阀的连接方式主要有管式连接、板式连接和集成式连接。

①管式连接

管式连接就是将管式液压阀用管道互相连接起来,构成液压回路。管式连接不需要其他专门的连接元件,系统中油液运行线路明确;但由于结构分散、所占空间大、管路交错、接头数量多,不便于装拆维修,易造成漏油和空气渗入,进而产生振动和噪声。目前管式连接在液压系统中使用较少。

②板式连接

板式连接就是将液压阀用螺钉安装在专门的连接板上,液压管与连接板背面相连。板式连接结构简单、密封性较好，油路检查也较方便，但所需安装空间较大。

③集成式连接

集成式连接分为集成块式连接、叠加阀式连接和插装阀式连接。

a. 集成块式连接

如图8－2所示，集成块式连接是利用集成块将标准化的板式液压元件连接在一起构成液压系统，在集成块内加工出所需的油路通道，取代油管连接。集成块与装在周围的控制阀组成了可以完成一定控制功能的集成块组，将多个集成块组组合在一起，就可构成一个完整的集成块式液压传动系统。

集成块式连接结构紧凑，装卸维修方便，可以根据控制需要选择相应的集成块组，广泛用于各种液压系统中。集成块式连接的缺点是设计工作量大，加工复杂，已经组成的系统不能随意修改。

b. 叠加阀式连接

叠加阀式连接由叠加阀直接连接而成，无须额外连接体，只要将叠加阀直接叠合再用螺栓连接即可，如图8－3所示。

图8－2　集成块式

图8－3　叠加阀式

用叠加阀构成的液压系统结构紧凑，配置方式灵活。由于叠加阀已经成为标准化元件，因此，可以根据设计要求选择相应的叠加阀，进行组装就能实现控制功能。该连接方式设计、装配快捷，装卸、改造也很方便，消除了油管和管接头引起的漏油、振动和噪声。其缺点是回路形式较少，通径较小，不能满足复杂回路和大功率液压系统的需要。

c. 插装阀式连接

插装阀又称为二通插装阀，它在高压大流量的液压系统中应用广泛，对二通插装阀进行组合就可组成满足要求的复合阀。利用插装阀组成的液压系统结构紧凑、通流能力强、密封性能好、阀芯动作灵敏、对污染不敏感，但故障查找和系统改造比较困难。

(3)液压元件的安装要求

①安装液压元件时，必须注意各油口的位置不能接错，各接口要紧固且密封可靠，严防漏气或漏油。

②泵轴与电动机轴的同轴度偏差不应大于0.1 mm,两轴中心线的倾角不应大于1°。

③液压缸的安装应保证活塞(柱塞)的轴线与运动部件导轨面的平行度要求。

④方向控制阀一般应水平安装,蓄能器应保持轴线垂直安装。

⑤需要调整的阀类(如流量阀等)通常按顺时针方向旋转增加流量,反方向则减少。

(二)液压系统的调试

1. 调试前的准备

调试前应熟悉液压系统情况,确定调试项目以及机械、电气、气动等方面与液压系统的联系,认真研究液压系统各元件的作用,读懂液压原理图,搞清楚液压元件在设备上的实际安装位置及其结构、性能和调整部位。仔细分析液压系统各工作循环的压力变化、速度变化以及系统的功率利用情况,熟悉液压系统用油的牌号和要求。

在掌握上述情况的基础上,确定调试的内容、方法及步骤;准备好调试工具、测量仪表和补接测试管路;制定安全技术措施,以避免设备事故的发生、保障人身安全。

2. 外观检查

新设备和经过修理的设备均须进行外观检查,其目的是检查影响液压系统正常工作的相关因素。主要包括检查液压元件的安装及其管道连接是否正确可靠;各液压部件的防护装置是否完好可靠;油箱中的油液牌号和过滤精度是否符合要求,液面高度是否合适;各液压部件、管道和管接头位置是否便于安装、调节、检查和修理;压力表等仪表是否安装在便于观察的地方等。外观检查发现的问题,应立即进行调整。

3. 空载运行

(1)启动液压泵,先点动确定泵的旋向,然后检查泵在卸荷状态下的运转情况。

(2)将溢流阀的调压旋钮放松,使其控制压力能维持油液循环时的最低值;系统中如有节流阀、减压阀,则将其调到最大开度。

(3)在调整溢流阀时,压力从零开始逐步调高,直至达到规定值。

(4)先逐步调小流量阀,检查执行元件能否达到规定的最低速度及其平稳性,然后按其工作要求的速度调整。

(5)调整自动工作循环和顺序动作等,并检查各动作的协调性和正确性。

(6)在空载工况下,各工作部件按预定的工作循环连续运转2~4小时,检查油温是否在30~60 ℃之间,检查系统所要求的各项精度是否达到。确定一切正常后,方可进行负载调试。

4. 负载调试

一般应先在低于最大负载和速度工况下试车,如果轻载试车一切正常,再进行最大负载试车;若系统工作正常,则可投入使用。

【任务实施】

任务中组合机床动力滑台液压系统(图8-1)分析过程如下。

1. 基本回路组成

(1)采用限压式变量泵2和调速阀8,9组成的容积节流调速回路,调速阀放在进油路上,回油经过背压阀4。

(2)应用限压式变量泵,在低压时流量大,并且通过阀B和阀12实现差动联接回路控制。

(3)换向回路采用电液换向阀,换向信号由压力继电器 13 发出。

(4)快速运动和工作进给的换接回路,采用行程阀 11 实现速度的换接,换接后系统中压力的升高使液控顺序阀接通,系统由快速运动时的差动联接转换成回油路直接通油箱。

(5)两种工作进给的换接采用两个调速阀 8,9 串联实现。

2. 工作循环分析

(1)快进

按下起动按钮,电磁铁 1YA 通电,电磁换向阀 A 的左位工作,液动换向阀 B 在控制油液作用下左位接入系统,这时的主油路是:

进油路:过滤器 1→变量泵 2→单向阀 3→液动换向阀 B→行程阀 11→液压缸 14 左腔;

回油路:液压缸 14 右腔→换向阀 B→单向阀 6→行程阀 11→液压缸 14 左腔。

这时形成差动联接回路,因为快进时滑台的载荷较小,系统压力较低,所以变量泵 2 输出的流量大,动力滑台快速前进。

(2)工进

当滑台运动到预定位置 a 时,挡铁压下行程阀 11 切断快进油路,阀 A、阀 B 的状态不变,压力油必须经过调速阀 8 和换向阀 12 进入液压缸。油液经调速阀而使阀前系统压力升高,控制油路将液控顺序阀 5 打开,这时的主油路是:

进油路:过滤器 1→变量泵 2→单向阀 3→换向阀 B→调速阀 8→换向阀 12→液压缸 14 左腔;

回油路:液压缸 14 右腔→换向阀 B→顺序阀 5→背压阀 4→油箱。

因为工作进给时油压升高,所以变量泵 2 的流量自动减小,动力滑台向前做第一次工作进给,进给量的大小可用调速阀 8 来调节。

(3)二工进

在第一次工作进给终了时,挡铁压下 b 处行程开关使 3YA 通电,换向阀 12 断开,进油路需要经过调速阀 8 和调速阀 9 才能进入液压缸。调速阀 9 的开口量小于调速阀 8,使进给速度再次降低,动力滑台做第二次工作进给,进给量的大小可用调速阀 9 来调节。

(4)固定挡停

动力滑台以二工进速度前进至碰到 c 处死挡铁后停止,液压系统的压力进一步升高,达到压力继电器 13 的调定值时,压力继电器发出信号给时间继电器,在未到达预定时间前,动力滑台停留。

(5)快退

在到达预定时间后,时间继电器使电磁铁 1YA、3YA 断电,2YA 通电,换向阀 A 右位工作,控制油液使液动换向阀 B 右位接入系统,这时的主油路是:

进油路:过滤器 1→变量泵 2→单向阀 3→换向阀 B→液压缸 14 右腔;

回油路:液压缸 14 左腔→单向阀 10→换向阀 B→油箱。

因为这时系统压力较低,变量泵 2 输出流量大,所以动力滑台快速退回。由于活塞杆的面积大约为液压缸面积的一半,所以动力滑台快进与快退的速度大致相等。

(6)原位停止

当动力滑台退回到原始位置时,挡铁压下行程开关而发出电信号使电磁铁 1YA、2YA、3YA 都断电,换向阀 A、B 都处在中位,动力滑台停止运动。油液压力升高使泵的流量自动减至很小。

表 8－1 是这个液压系统的电磁铁和行程阀的动作顺骗子表，表中“＋”号表示电磁铁通电或行程。

表 8－1 电磁铁和行程阀动作顺序表

动作顺序	元件名称			
	电磁铁			行程阀 11
	1YA	2YA	3YA	
快进	＋			
工进	＋			＋
二工进	＋		＋	＋
固定挡停	＋		＋	＋
快退		＋		＋(－)
原位停止				

任务 2 注塑机液压系统的分析、保养与维护

【任务引入】

塑料注射成型机简称注塑机，其功能是将颗粒状的塑料加热熔化到流动状态，以快速、高压注入模腔并保压，经冷却后成型为塑料制品。如图 8－4 所示为某型号注塑机液压系统，其典型工作循环包括合模→注射座前移→注射→保压冷却→预塑→注射座后移→开模→顶出制品→顶出缸后退→合模。液压系统的正确保养与精心维护，可以防止元件遭受不应有的损坏从而延长使用寿命，使系统处于良好的工作状态，发挥应有的效能。请根据动作循环分析该系统的工作过程，并学习液压系统的日常保养方法及维护的注意事项。

【相关知识】

一、液压系统的保养

1. 使用保养要求

为了保证液压设备能达到预定的生产能力且具有稳定可靠的技术性能，对液压设备必须做到熟练操作、合理调整、精心保养和计划检修。对液压设备在使用时有下列要求。

（1）按设计规定和工作要求，合理调节液压系统的工作压力和工作速度。当压力阀和调速阀调节到所要求的数值后，应将调节螺钉紧固牢靠，以防松动。对设有锁紧件的元件，调节后应把调节手柄锁住。

（2）按说明书规定的品牌号选用液压油。在加油之前必须过滤油液，要定期对油质进行取样化验，若发现油质不符合使用要求时必须更换。

（3）油液的工作温度一般应控制在 35 ~ 70 ℃范围内，若超过规定范围，应检查原因并予以排除。

(4) 保证电压稳定以确保电磁阀正常工作,电压波动值不应超过额定电压的 +5% ~15%。

(5)不准使用有缺陷的压力表,严禁在无压力表的情况下工作或调压。

(6)电气柜、电气盒、操作台和指令控制箱等应有盖子或门,不得敞开使用,以免积污。

(7)当液压系统某部位产生故障时,要及时分析原因并处理,不要勉强运转。

(8)定期检查冷却器和加热器工作性能。

(9)经常观察蓄能器工作性能,若发现气压不足或油气混合,应及时充气和修理。

(10)经常检查和定期紧固管件接头、法兰等,严防松动;对高压软管要定期更换。

(11)定期更换密封件,密封件的使用寿命一般为一年半到二年。

(12)定期对主要元件进行性能测定或实行定期更换维修制度。

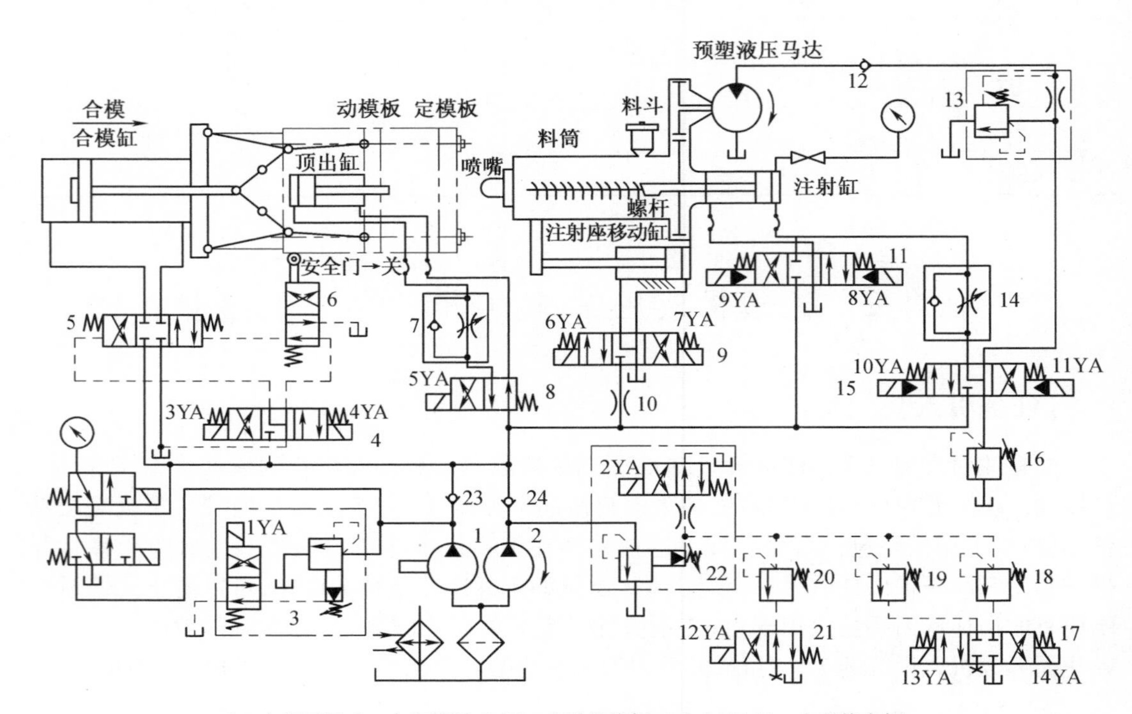

1—大流量泵;2—小流量泵;3,22—电磁溢流阀;4,8,9,17,21—电磁换向阀;
5—液控换向阀;6—行程阀;7,14—单向节流阀;10—节流阀;11,15—电–液换向阀;
12,23,24—单向阀;13—旁通型调速阀;16—背压阀;18,19,20—远程调压阀。

图 8–4 注塑机液压系统图

2. 操作保养规程

液压设备的操作保养,除满足对一般机械设备的保养要求外,还有它的特殊要求,其内容如下。

(1)操作者必须熟悉该设备所用的主要液压元件的作用,熟悉液压系统原理及动作顺序。

(2)操作者要经常监视液压系统工作状况,观察工作压力和速度,检查油缸或马达的工作情况,以保证液压系统工作稳定可靠。

(3)在开动设备前,应检查所有运动机构主电磁阀是否处于原始状态,检查油箱油位。若发现异常或油量不足,严禁启动设备。

(4)停机 4 小时以上的液压设备，在开始工作前，应先启动液压泵马达 5 ~ 10 min(泵进行空运转)后才能带压力工作。

(5)操作者不准损坏电气系统的互锁装置，不准用手推动电控阀，不准损坏或任意移动各限位开关的位置，不准对各液压元件私自调节或拆换。

(6)液压设备应经常保持清洁，防止灰尘、棉纱等杂物进入油箱。

3. 点检与定检

液压传动装置的点检，主要检查液压装置是否完好、工作是否正常，从外观上进行观察，听运转声音或用简单工具、仪器进行测试，以便及早发现问题，提前进行处理。通过点检可以把液压系统中存在的各种不良现象及时排除，还可以为设备维修提供第一手资料。从中可以确定修理项目，编制检修计划，并从中找出液压系统产生故障的规律，以及油液、密封件和液压元件的使用寿命和更换周期。

点检分为日常点检和定期检查(定检)两种，液压系统点检的内容主要如下。

(1)各液压阀、液压缸及管路接头处是否有外漏；

(2)液压泵或液压马达运转时是否有异常噪声等现象；

(3)液压缸移动时，工作是否正常平稳；

(4)液压系统的各侧压点是否定在规定范围内，压力是否稳定；

(5)油液的温度是否在允许范围内；

(6)液压系统改造时有无高频振动；

(7)电气控制或限位控制的换向阀改造是否灵敏可靠；

(8)油箱内油量是否在油标刻线范围内；

(9)行程开关或限位挡块的位置是否有变动，固定螺钉是否牢固可靠；

(10)液压系统手动或自动工作循环时是否有异常现象。

二、液压系统的维护

1. 定期紧固

在工作过程中，由于空气侵入系统、换向冲击、管道自振、系统共振等原因，会使液压设备的管接头和紧固螺钉松动。不定期检查和紧固极易引起漏油，导致设备故障并危及人身安全。因此，要定期对受冲击影响较大的螺钉、螺母和接头等进行紧固。

对中压以上液压设备的管接头、软管接头、法兰盘螺钉、液压缸固定螺钉和压盖螺钉、液压缸活塞杆(或工作台)止动调节螺钉、蓄能器和连接管路、行程开关和挡块固定螺钉等，应每月紧固一次。对中压以下的液压设备，可每隔三个月紧固一次。同时，对每个螺钉的拧紧都要均匀，并达到一定的拧紧矩。

2. 定期更换密封件

漏油和吸空是液压系统常见的故障。目前，弹性密封件的材料一般为耐油丁腈橡胶和聚氨酯橡胶。其经长期使用不仅会自然老化，且长期在受压状态下工作易永久变形，丧失密封性。因此，应根据液压装置的具体使用条件制订更换周期，并将周期表纳入设备技术档案，密封的使用寿命一般为一年半左右。

3. 定期清洗或更换液压元件

液压系统在工作过程中，零件间摩擦产生的金属磨耗物、密封件磨耗物和碎片，以及液压元件在装配时带入的型砂、切屑等杂物和油液中的污染物等，都随液流流动，积聚在液压元件流道腔内,因此需要定期清洗或更换。例如,液压阀应每年清洗一次,液压缸应每五年清洗一次。在清洗的同时应更换密封件,装配后应对主要技术参数进行测试,须达到使用要求。

4. 定期清洗或更换滤芯

滤油器经过一段时期的使用,固体杂质会严重地堵塞滤芯,影响过滤能力,使液压泵产生噪声、油温升高、容积效率下降等现象。因此要根据滤油器的具体使用条件,制订清洗或更换滤芯的周期,一般液压系统的滤网应一个月清洗一次。

5. 定期清洗油箱

液压系统工作时随流的部分污染物积聚在油箱底部,若不定期清除,有时又被液压泵吸入系统,使系统产生故障。因此,一般应每 12 至 18 个月清洗一次油箱。

6. 定期清洗管道

油液中的污染物会积聚在管路的弯曲部位和油路板的流通腔内,不仅增加了油液流动的阻力,而且由于油液的流动,积聚的脏物又被冲下来随油液流动,极易堵塞液压元件的阻尼孔,使液压元件产生故障。可将油路板、软管及一部分可拆的管道拆下来清洗,液压系统动力站要求每一年洗一次。

【任务实施】

任务中,注塑机液压系统(图 8 –4)分析过程如下。

1. 关闭安全门

为保证操作安全,注塑机都装有安全门,关闭安全门后行程阀 6 恢复常位,合模缸才能动作,开始整个工作循环。

2. 合模

(1)慢速合模

电磁铁 2YA、3YA 得电,大流量泵 1 通过电磁溢流阀 3 卸载,小流量泵 2 的压力由溢流阀 22 调定,控制油路经阀 4 和阀 6 控制换向阀 5 的工作位,油路流动情况为

控制油路:泵 2→阀 4(左)→阀 6(下)→阀 5 的液动主阀的右端;

回油路:阀 5(左)→阀 4(左)→油箱;

控制油路使阀 5 的液动主阀换为右位;

进油路:泵 2→阀 5(右)→合模缸左腔;

回油路:合模缸右腔→阀 5(右)→油箱。

(2)快速合模

当动模板触及行程开关时,电磁铁 1YA 得电,使大流量泵不再卸荷,其压力油经单向阀 23 与泵 2 的供油会合,同时向合模缸供油,实行快速合模,最高压力由阀 3 限定。

进油路变为:泵 1,2→阀 5(右)→合模缸左腔。

(3)低压合模

当动模板接近闭合,触及低压保护行程开关时,电磁铁 1YA 失电,2YA、3YA、13YA 得电。泵 1 卸载,泵 2 的压力由远程调压阀 18 控制,因阀 18 所调压力较低,合模缸推力较小,可避免两模板间的硬质异物损坏模具表面。

(4)高压合模

当动模板超过低压保护区段,触及高压锁模行程开关时,电磁铁 1YA、13YA 失电,2YA、

3YA 得电。大流量泵 1 卸荷,小流量泵 2 单独供油。系统压力由高压溢流阀 22 控制,高压合模并使连杆产生弹性变形牢固地锁紧模具。

3. 注射座前移

当动模板触及高压锁模结束行程开关时,电磁铁 1YA、3YA 失电,7YA、2YA 得电。大流量泵 1 卸荷,小流量泵 2 单独供油。

进油路:泵 2→节流阀 10→电磁换向阀 9(右)→注射座移动缸右腔;

回油路:注射座移动缸左腔→电磁换向阀 9(左)→油箱。

4. 注射

注射螺杆以一定的压力和速度将料筒前段的熔料经喷嘴注入模腔,分慢速注射和快速射两种。

(1)慢速注射

电磁铁 2YA、7YA、10YA、12YA 得电,小流量泵 2 单独为系统供油,注射缸活塞带动注射螺杆慢速注射,注射速度由单向节流阀 14 调节,远程调压阀 20 起定压作用。

进油路:泵 2→阀 15(左)→阀 14→注射缸右腔;

回油路:注射缸左腔→阀 11(中)→油箱。

(2)快速注射

电磁铁 1YA、2YA、7YA、8YA、10YA、12YA 得电,双泵同时向系统供油且不经过单向节流阀 14,注射速度加快。此时,远程调压阀 20 起安全保护作用。

进油路:泵 1,2→阀 15(左)→阙 14→注射缸右腔→阀 11(右)→注射缸右腔;

回油路:注射缸左腔→阀 11(右)→油箱。

5. 冷却保压

当注射缸触及注射结束行程开关时,电磁铁 2YA、7YA、10YA、14YA 得电,小流量泵 2 单独供油。注射缸对模腔内的熔料实行保压并补塑,多余的油液经溢流阀 22 溢回油箱,保压压力由远程调压阀 19 调节。其油路与慢速注射时相同。

6. 预塑

保压完毕,从料斗加入的物料随着螺杆的转动被带至料筒前端,进行加热塑化,并建立一定压力。当螺杆头部熔料压力达到能克服注射缸活塞退回的阻力时,螺杆开始后退。后退到预定位置,即螺杆头部熔料达到所需注射量时,螺杆停止转动和后退,准备下一次注射;与此同时,在模腔内的制品冷却成形。螺杆转动由预塑液压马达通过齿轮机构驱动。

保压结束后,时间继电器发出信号使电磁铁 1YA、2Y、7YA、11YA 得电,双泵同时向系统供油。马达的转速由旁通型调速阀 13 控制,溢流阀 22 为安全阀。

进油路:泵 1、2→阀 15(右)→阀 13→阀 12→液压马达进油口;

回油路:液压马达回油口→油箱;

上述油路使螺杆旋转送料进行预塑,其速度由旁通型调速阀 13 调节,而注射缸油路为

进油路:油箱→阀 11(中)→注射缸左腔;

回油路:注射缸右腔→阀 14→阀 15(右)→背压阀 16→油箱。

7. 防流涎

采用直通开敞式喷嘴时,预塑加料结束,要使螺杆后退一小段距离以减小料筒前端压力,防止喷嘴端部物料流出。当注射缸活塞退回触及预塑行程开关时,电磁铁 2YA、7YA、9YA 得电,泵 1 卸载,泵 2 供油。压力油一方面经阀 9 右位进入注射座移动缸右腔,使喷嘴

与模具保持接触,另一方面经阀1左位进入注射缸左腔,使螺杆强制后退。注射座移动缸左腔和注射缸右腔油液分别经阀9和阀11回油箱。

8. 注射座后退

当注射缸活塞后退至触及防流涎结束行程开关时,电磁铁2YA、6YA得电。

进油路:泵2→节流阀10→阀9(左)→注射座移动缸左腔;

回油路:注射座移动缸右腔→阀9(左)→油箱。

9. 开模

开模速度一般为慢→快→慢。

(1)慢速开模

注射座后退触及结束行程开关时,电磁铁2YA、4YA得电,小流量泵2单独供油,合模缸以慢速后退起模。

进油路:泵2→阀5(左)→合模缸右腔;

回油路:合模缸左腔→阀5(左)→油箱。

(2)快速开模

当动模板触及快速起模行程开关时,电磁铁1YA、2YA、4YA得电,双泵合流向合模缸右腔供油,开模速度加快。

(3)慢速开模

当动模板触及慢速起模行程开关时,电磁铁1YA、4YA得电,大流量泵1向系统供油。

10. 顶出

泵1卸载,泵2压力油经电磁换向阀8左位、单向节流阀7进入顶出缸左腔,推动顶出杆。

(1)顶出缸前进

当动模板触及起模结束行程开关时,电磁铁2YA、5YA得电。小流量泵2单独向系统供油顶出制品,其运动速度由单向节流阀7调节,溢流阀22为定压阀。

进油路:泵2→阀8(左)→单向节流阀7→顶出缸左腔;

回油路:顶出缸右腔→阀8(左)→油箱。

(2)顶出缸后退

当顶出缸前进触及结束行程开关时,电磁铁2YA得电,泵2的压力油经阀8使顶出缸后退。

进油路:泵2→阀8(右)→顶出缸右腔;

回油路:顶出缸左腔→单向节流阀7→阀8(右)→油箱。

任务3　数控车床液压系统的故障分析与排除

【任务引入】

如图8-5所示为MJ-50数控车床液压系统,可实现的动作主要包括卡盘的夹紧与松开、卡盘夹紧力的高低转换、回转刀架的松开与夹紧、刀架刀盘的正转与反转、尾座套筒的伸出与缩回等。该系统在工作一段时间后出现尾座套筒伸出动作不连续和卡盘夹紧无力的情况,导致加工时工件不能准确定位和装夹,造成加工误差。请根据系统图和故障现象,分析故障原因，提出维修方案并加以实施。

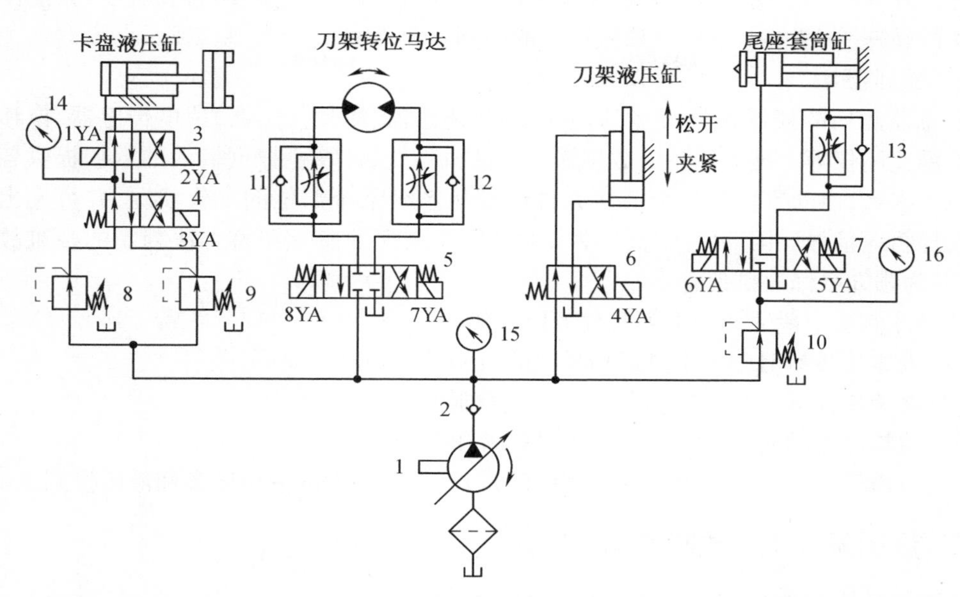

1—变量泵；2—单向阀；3，4，5，6，7—换向阀；8，9，10—减压阀；11，12，13—单向调速阀；14，15，16—压力表。

图 8-5 数控车床液压系统原理图

【相关知识】

一、常见故障诊断的方法

1. 简易故障诊断法

目前采用最普遍的方法，具体做法如下：

(1) 询问了解设备运行状况，主要包括液压系统工作是否正常；液压泵有无异常现象；液压油检测清洁度的时间及结果；滤芯清洗和更换情况；发生故障前是否对液压元件进行了调节；是否更换过密封元件；故障前后液压系统出现过哪些不正常现象；过去该系统出现过什么故障，是如何排除的等；

(2) 看液压系统压力、速度、油液、泄漏、振动等是否存在问题；

(3) 听液压系统声音，冲击声、泵的噪声及异常声，判断液压系统工作是否正常；

(4) 通过温升、振动、爬行及连接处的松紧程度判定运动部件工作状态是否正常。

2. 逻辑分析法

对于复杂的液压系统故障常采用逻辑分析法，即根据故障产生的现象，采取逻辑分析与推理的方法。

采用逻辑分析法诊断液压系统故障通常有两个出发点：一是从主机出发，主机故障也就是指液压系统执行机构工作不正常；二是从系统本身的故障出发，有时系统故障在短时间内并不影响主机，如油温变化、噪声增大等。

逻辑分析法只是定性分析，若将逻辑分析法与专用检测仪器的测试相结合，就可显著地提高故障诊断的效率及准确性。

3. 专用仪器检测法

国内外有许多专用的便携式液压系统故障检测仪,测量流量、压力和温度,并能测量泵和马达的转速等,能够对液压故障做定量的检测。

4. 状态监测法

状态监测用的仪器种类很多,通常有压力传感器、流量传感器、速度传感器、位移传感器和油温监测仪等。把测试到的数据输入计算机系统,计算机根据输入的数据提供各种信息及技术参数,由此判别出某个液压元件或液压系统某个部位的工作状况,并可发出报警或自动停机等信号。因此状态监测技术可进行仅靠人的感觉器官无法判断的疑难故障的诊断,并为预知维修提供信息。

状态监测法一般适用于下列几种液压设备:

(1)发生故障后对整个生产影响较大的液压设备和自动线;

(2)必须确保其安全性能的液压设备和控制系统;

(3)价格昂贵的精密、大型、稀有关键的液压系统;

(4)故障停机修理费用过高或修理时间过长、损失过大的液压设备和液压控制系统。

二、液压系统常见故障及排除方法

液压系统常见故障原因及排除方法见表 8-2 至 8-7。

表 8-2　系统压力不稳定的原因及排除方法

原因分析		排除方法
液压泵	1. 电动机转向错误	1. 改变转向
	2. 零件磨损,间隙过大,泄漏严重	2. 修复或更换零件
	3. 油箱液面太低,液压泵吸空	3. 补加油液
	4. 吸油管路密封不严,造成吸空	4. 检查管路,拧紧接头,加强密封
	5. 压油管路密封不严,造成泄漏	5. 检查管路,拧紧接头,加强密封
溢流阀	1. 弹簧变形或折断	1. 更换弹簧
	2. 滑阀在开口位置卡住	2. 修研滑阀使其移动灵活
	3. 锥阀或钢球与阀座密封不严	3. 更换锥阀或钢球,配研阀座
	4. 阻尼孔堵塞	4. 清洗阻尼孔
	5. 远程控制口接回油箱	5. 切断通油箱的油路
压力表损坏或失灵造成无压现象		更换压力表
液压阀卸荷		查明卸荷原因,采取相应措施
液压缸高低压腔相通		修配活塞,更换密封件
系统泄漏		加强密封,防止泄漏
油液黏度太低		提高油液黏度
温升过高,降低了液黏度		查明发热原因,采取相应措施

表 8－3 运动部件换向有冲击或冲击大的原因及排除方法

原因分析		排除方法
液压缸	1. 运动速度过快，未设置缓冲装置	1. 设置缓冲装置
	2. 缓冲装置中单向阀失灵	2. 修理缓冲装置中单向阀
	3. 缓冲柱塞的间隙太小或过大	3. 按要求修理配置缓冲柱塞
换向阀	1. 换向阀的换向动作过快	1. 控制换向速度
	2. 液动阀的阻尼器调整不当	2. 调整阻尼器的节流口
	3. 液动阀的控制流量过大	3. 减小控制油的流量
压力阀	1. 工作压力调整太高	1. 调整压力阀，适当降低工作压力
	2. 溢流阀发生故障，压力突然升高	2. 排除溢流阀故障
	3. 背压过低或没有设置背压阀	3. 设置背压阀，适当提高背压力
混入空气	1. 系统密封不严，吸入空气	1. 强吸油管路密封
	2. 停机时油液流空	2. 防止元件油液流空
	3. 液压泵吸空	3. 补足油液，减小吸油阻力
节流阀开口过大		调整节流阀开口
垂直运动的液压缸没采取平衡措施		设置平衡阀

表 8－4 运动部件爬行的原因及排除方法

原因分析		排除方法
液压缸产生爬行	1. 混入空气	1. 排除空气
	2. 运动密封件装配过紧	2. 调整密封圈，使之松紧适当
	3. 活塞杆与活塞不同轴	3. 校正、修整或更换
	4. 导向套与缸筒不同轴	4. 修正调整
	5. 活塞杆弯曲	5. 校直活塞杆
	6. 液压缸安装不良，中心线与导轨不平行	6. 重新安装
	7. 缸筒内径圆柱度差	7. 镗磨修复，重配活塞或增加密封件
	8. 缸筒内孔锈蚀、毛刺	8. 除去锈蚀、毛刺或重新镗磨
	9. 活塞杆两端螺母拧得过紧，使其同轴度降低	9. 略松螺母，使活塞杆处于自然状态
	10. 活塞杆刚性差	10. 加大活塞杆直径
	11. 液压缸运动件之间间隙过大	11. 减小配合间隙
	12. 导轨润滑不良	12. 保持良好润滑
混入空气	1. 油箱液面过低，吸油不畅	1. 补加液压油
	2. 过滤器堵塞	2. 清洗过滤器
	3. 吸、回油管相距太近	3. 将吸、回油管远离
	4. 回油管未插入油面以下	4. 将回油管插入油面之下
	5. 吸油管路密封不严，造成吸空	5. 加强密封
	6. 机械停止运动时，系统油液流空	6. 设背压阀或单向阀，防止油液流空

表 8-4(续)

原因分析		排除方法
油液污染	1. 油污卡住液动机,增加摩擦阻力	1. 清洗液动机,更换油液,加强过滤
	2. 油污堵塞节流孔,引起流量变化	2. 清洗液压阀,更换油液,加强过滤
导轨	1. 托板楔铁或压板调整过紧	1. 重新调整
	2. 导轨精度不高,接触不良	2. 按规定刮研导轨,保持良好接触
	3. 润滑油不足或选用不当	3. 改善润滑条件
系统负载刚度太低		改进回路设计
节流阀或调速阀流量不稳		选用流量稳定性好的流量阀
油液黏度不适当		用指定黏度的液压油

表 8-5　液压系统发热、油温升高的原因及排除方法

原因分析	排除方法
液压系统设计不合理,压力损失过大,效率低	改进回路设计,采用变量泵或卸荷措施
工作压力过大	降低工作压力
泄漏严重,容积效率低	加强密封
管路太细而且弯曲,压力损失大	加大管径、缩短管路,使油流通畅
相对运动零件间的摩擦力过大	提高零件加工装配精度,减小运动摩擦力
油液黏度过大	选用黏度适当的液压油
油箱容积小,散热条件差	增大油箱容积,改善散热条件,设置冷却器
由外界热源引起升温	隔绝热源

表 8-6　液压系统产生泄漏的原因及排除方法

原因分析	排除方法
密封件损坏或装反	更换密封件,改正安装方向
管接头松动	拧紧管接头
单向阀阀芯磨损,阀座损坏	更换阀芯,配研阀座
相对运动零件磨损间隙过大	更换磨损的零件,减小配合间隙
某些铸件有气孔、砂眼等缺陷	更换铸件或维修缺陷
压力调整过高	降低工作压力
油液黏度太低	选用适当黏度的液压油
工作温度太高	降低工作温度或采取冷却措施

表 8－7 液压系统产生振动和噪声的原因及排除方法

原因分析	排除方法
液压泵本身或其进油管路密封不良或密封圈损坏漏气	拧紧泵的连接螺栓及管路各管螺母或更换密封元件
泵内零件卡死或损坏	修复或更换
泵与电动机联轴器不同心或松动	重新安装紧固
电动机振动，轴承磨损严重	更换轴承
油箱油量不足或泵吸油管过滤器堵塞，使泵吸空引起噪声	将油量加至油标处，或清洗过滤器
溢流阀阻尼孔被堵塞，阀座损坏或调压弹簧永久变形、损坏	可清洗、疏通阻尼孔，修复阀座或更换弹簧
电液换向阀动作失灵	修复该阀
液压缸缓冲装置失灵造成液压冲击	进行检修和调整

【任务实施】

一、液压系统分析

分析图 8－5 数控车床液压系统图可知，在工作循环中系统的工作原理如下。

1. 卡盘的夹紧与松开

当卡盘处于正卡（或称外卡）且在高压夹紧状态下，夹紧力的大小由减压阀 8 来调整，夹紧压力由压力计 14 显示。当 1YA 通电时，换向阀 3 左位工作，系统压力油经阀 8、阀 4、阀 3 到卡盘液压缸右腔，液压缸左腔的油液经阀 3 直接回油箱。这时，活塞杆左移，卡盘夹紧。当 2YA 通电时，阀 3 右位工作，系统压力油经阀 8、阀 4、阀 3 到液压缸左腔，液压缸右腔的油液经阀 3 直接回油箱，活塞杆右移，卡盘松开。

当卡盘处于正卡且在低压夹紧状态下，夹紧力的大小由减压阀 9 来调整。这时，3YA 通电，阀 4 右位工作。阀 3 的工作情况与高压夹紧时相同。卡盘反卡（或称内卡）时的工作情况与正卡相似，不再赘述。

2. 回转刀架的回转

回转刀架换刀时，首先是刀架松开，然后刀架转位到指定的位置，最后刀架复位夹紧。当 4YA 通电时，阀 6 右位工作控制刀架松开。当 8YA 通电时，液压马达带动刀架正转，转速由单向调速阀 11 控制。若 7YA 通电，则液压马达带动刀架反转，转速由单向调速阀 12 控制。当 4YA 断电时，阀 6 左位工作，液压缸使刀架夹紧。

3. 尾座套筒的伸缩运动

当 6YA 通电时，阀 7 左位工作，系统压力油经减压阀 10、换向阀 7 到尾座套筒液压缸的左腔，液压缸右腔油液经单向调速阀 13、阀 7 回油箱，缸筒带动尾座套筒伸出，伸出时的预紧力大小通过压力计 16 显示。反之，当 5YA 通电时，阀 7 右位工作，系统压力油经减压阀 10、换向阀 7、单向调速阀 13 到液压缸右腔，液压缸左腔的油液经阀 7 流回油箱，套筒缩回。

二、故障排除

1. 尾座套筒伸出动作不连续

针对尾座套筒伸出动作不连续情况，首先考虑尾座套筒液压缸是否出现了爬行现象，发生爬行现象的原因主要有：润滑条件不良；液压油中混有空气；零件磨损变形，引起摩擦力变化而产生爬行；密封不良导致泄漏等。

对液压缸进行拆卸后，发现液压缸的密封没有出现问题，缸内也未见污物，对液压缸活塞杆进行检查，发现活塞杆发生了弯曲变形。考虑到机床加工的精密性，采用更换活塞杆的方式解决该问题。经过处理后，尾座套筒伸出工作正常，未再出现动作不连续的情况。

2. 卡盘夹紧无力

卡盘夹紧无力可考虑由密封件损坏、元件损坏、油液混入空气等问题引起。观测发现该支路压力值偏低，结合液压原理，分析其主要原因可能是元件或密封件损坏导致泄漏，应对该支路的元件和管路进行检查。

运行液压系统发现管路并无漏油情况，在活塞杆伸出到最大行程时，卸下油管，发现有杆腔出油口并无渗漏。检查换向阀 3 和 4，发现换向阀 4 油口处有泄漏情况，拆卸换向阀 4 发现其密封圈失效导致油液泄漏，致使卡盘夹紧无力。为换向阀 4 更换密封圈并调试运行后，即可解决卡盘夹紧无力的问题。

思考与习题

1. 简述液压系统的分析步骤。

2. 用所学过的液压元件组成一个能完成“快进→工进→二工进→快退”动作循环的液压系统，并画出电磁铁动作表，指出该系统的特点。

3. 如图 8－6 所示液压系统，在液压缸返回行程时无最大速度且系统压力过高，其检查结果是单向阀动作正常，换向阀弹簧有些歪斜且阀芯动作不灵活，试分析故障原因和排除方法。

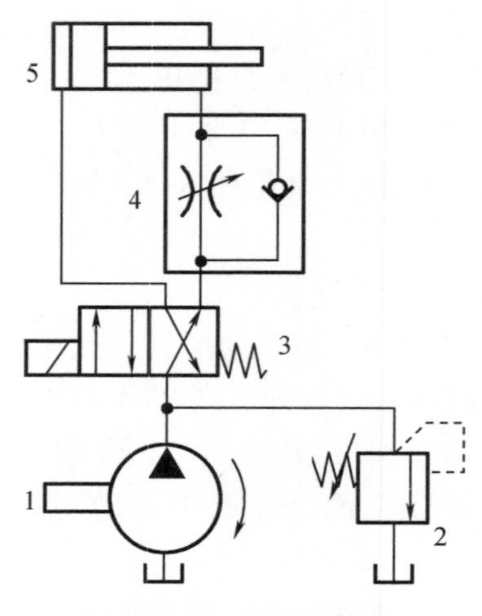

图 8－6　习题 3 图

4. 如图 8－7 所示的液压系统，能实现“快进→慢进＋保压→快退→停止”的动作循环，试分析此系统工作过程及各元件的功用。

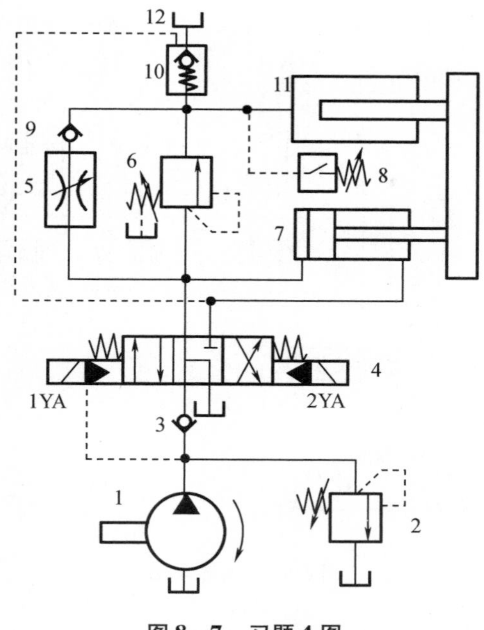

图 8－7　习题 4 图

5. 分析 8－8 图所示的液压系统，并说明快进时油液的流动路线和各元件的功用。

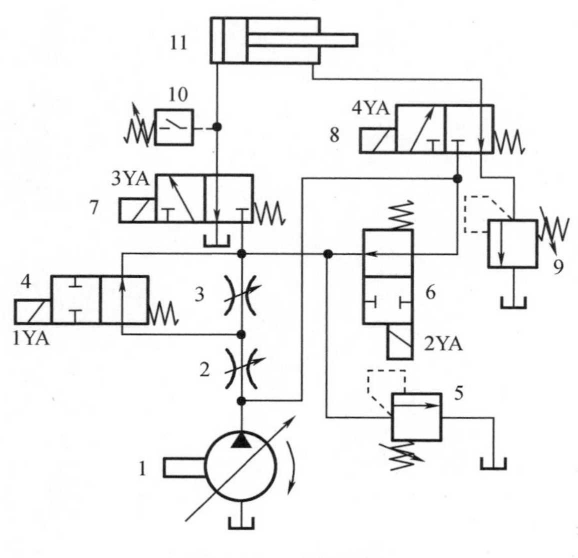

图 8－8　习题 5 图

6. 如图 8－9 所示为 Q2－8 型汽车起重机液压系统，该系统主要由支腿回路、起升回路、大臂伸缩回路、变幅回路、回转回路组成，试分析其液压系统工作过程和各元件功用。

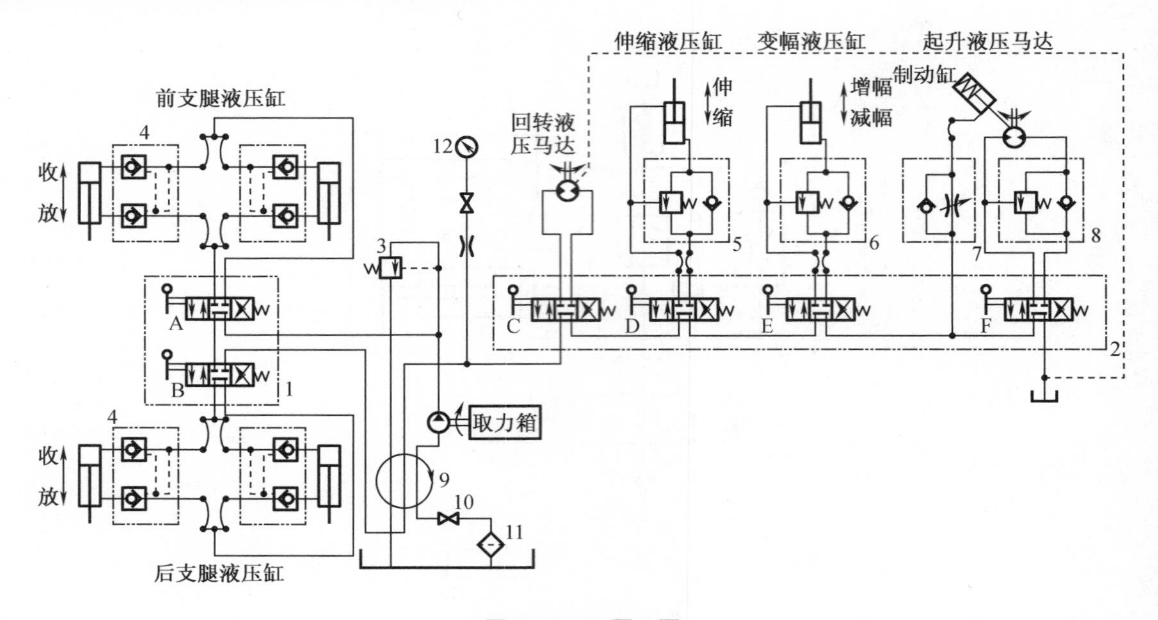
伸缩液压缸
变幅液压缸
起升液压马达
前支腿液压缸
伸
缩
增幅
减幅
制动缸
回转液
压马达
12
4
收
放
3
5
6
7
8
A
B
1
C
D
E
F
2
取力箱
9
10
11
后支腿液压缸

图 8－9　习题 6 图

项目九　气压传动系统的认知

任务 1　认识气压传动系统

【任务引入】

剪切机是用于切断金属材料的一种机械设备。在轧制生产过程中，大断面的钢锭和钢坯经过轧制后，其断面变小、长度增加，为满足后继工序和产品尺寸规格的要求，各种钢材生产工艺过程都必须有剪切工序。如图 9-1 所示为某剪切机气压传动系统，处于剪切前的预备工作状态，通过气动系统控制气缸对工料实施剪切。根据剪切机的工作过程分析气动系统的结构组成，并对比其与液压传动系统的区别。

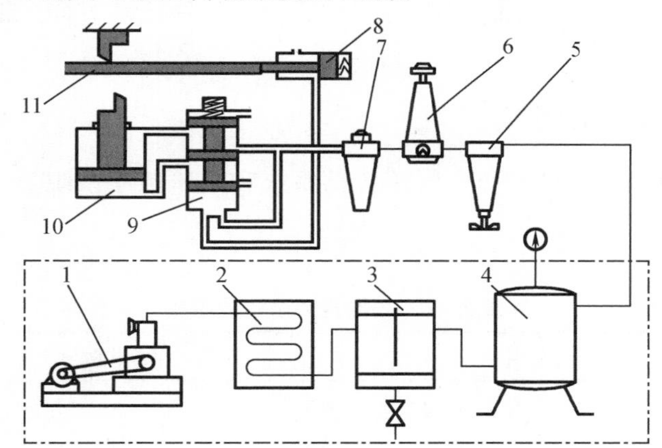

1—空气压缩机；2—冷却器；3—油水分离器；4—储气罐；5—分水滤气器；6—减压阀；7—油雾器；8—行程阀；9—气动换向阀；10—气缸；11—工料。

图 9-1　气动剪切机的气压传动系统

【任务分析】

气压传动像液压传动一样，都是利用流体作为工作介质来实现传动的，气压传动与液压传动在基本原理、元件结构、图形符号、系统组成等方面有很多相似之处，可借鉴前述液压传动的知识进行分析。

【相关知识】

气压传动是利用空气压缩机将原动机输出的机械能转变为空气的压力能，然后在控制元件的控制和辅助元件的配合下，通过执行元件把空气的压力能转变为机械能，从而完成直线或回转运动并对外做功。

一、气压传动系统的工作原理

如图 9 - 1 所示为气动剪切机的气压传动系统，空气压缩机 1 产生的压缩空气经冷却器 2、油水分离器 3 进行降温及初步净化后，输入储气罐 4 备用，经分水滤气器 5、减压阀 6、油雾器 7 到达换向阀 9。部分气体进入换向阀 9 的下腔使上腔弹簧压缩，换向阀阀芯位于上端；其余气体经换向阀 9 后由进入气缸 10 的上腔，气缸活塞缩回，剪切机的剪口张开。气缸 10 下腔的气体经换向阀 9 与大气相通，故气缸活塞处于最下端位置。

当上料装置把工料 11 送入剪切机并到达规定位置时，工料推动行程阀 8，此时换向阀 9 阀芯下腔的压缩空气经行程阀排入大气。换向阀 9 的阀芯在弹簧的推动下，向下运动；压缩空气经换向阀后进入气缸的下腔，气缸活塞快速上移，剪刃将工料切下，气缸上腔经换向阀 9 与大气相通。

工料剪下后，即与行程阀 8 脱开，其阀芯在弹簧作用下复位，换向阀 9 下腔气压上升，阀芯上移使气路换向，气缸活塞带动剪刃向下运动，剪切机恢复到剪断前的状态，等待下一次进料剪切。

由上述分析可知，剪刃克服阻力剪断工料的机械能来自压缩空气的压力能，提供压缩空气的是空气压缩机；气路中的换向阀、行程阀起改变气体流动方向，控制气缸活塞运动方向的作用。

二、气压传动系统的组成

由气动剪切机的工作原理可知，气压传动系统和液压传动系统类似，一个完整气压传动系统的组成见表 9 - 1。

表 9 - 1　气压传动系统的组成

类型	作用	举例	比喻
气源装置	获得压缩空气的装置，其主体部分是空气压缩机，将原动机输出的机械能转变为气体的压力能	空气压缩机	心脏
执行元件	将气体的压力能转换成机械能的一种能量转换装置	气缸、气马达	四肢
控制元件	用来控制压缩空气的压力、流量和流动方向，以便使执行机构完成预定的工作循环	方向控制阀、压力控制阀、流量控制器	神经
辅助元件	保证压缩空气的净化、元件的润滑、元件间的连接及消声等所必须的装置和元件	管件、油雾器、消声器	骨骼、皮肤、关节
工作介质	传递能量的媒介物质	压缩空气	血液

三、气压传动系统的图形符号

如图 9 - 2 所示为用图形符号表示的气动剪切机的气压传动系统，气压传动系统要按照《GB/T 786.1—2009》的规定绘制图形符号，本书全部图形符号另见附录部分。

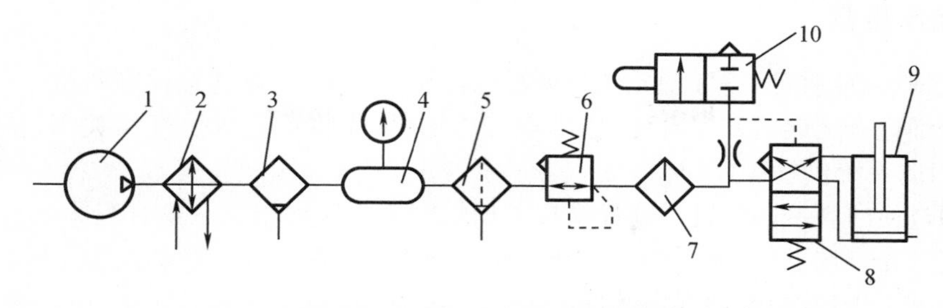

图 9－2 图形符号表示的气动剪切机的气压传动系统

四、气压传动系统的特点

1. 气压传动的优点

(1)空气随处可取,用后可直接排入大气中,不污染环境。

(2)在高温下能可靠地工作,且温度变化对空气黏度的影响极小,不会影响传动性能。

(3)空气的黏度很小(约为液压油的万分之一),流动阻力小,在管道中流动的压力损失较小,所以便于集中供应和远距离输送。

(4)气动系统动作迅速、反应快,一般只需 0.02 ~ 0.3 s 就可达到工作压力和速度。液压油在管路中流动速度一般为 1 ~5 m/s,而气体的最低流速也大于 10 m/s,有时甚至达到音速,排气时还达到超音速。

(5)气体压力具有较强的自保持能力,即使压缩机停机、关闭气阀,装置中仍然可以维持一个稳定的压力。液压系统要保持压力,一般需要泵持续工作或另加蓄能器,而气体通过自身的膨胀性来维持承载缸的压力不变。

(6)气动元件可靠性高、寿命长。电气元件可运行百万次,而气动元件可运行 2 000 ~ 4 000万次。

(7)工作环境适应性好,特别在易燃、易爆、多尘埃、强磁、辐射、振动等恶劣环境中,比液压、电子、电气传动和控制优越。

2. 气压传动的缺点

(1)因空气的可压缩性较大,气动装置的动作稳定性较差。

(2)气动装置工作压力低,输出力或力矩受到限制。在结构尺寸相同的情况下,气压传动装置比液压传动装置输出的力要小得多。

(3)气动装置中的信号传动速度比光、电的速度慢,所以不宜用于信号传递速度要求高的复杂线路中。对一般的机械设备,气动信号的传递速度是能满足工作要求的。

(4)噪声较大,尤其是在超音速排气时要加消声器。

【任务实施】

一、任务说明

在实训教师的指导下,学习气动实训台的结构、功能及用法,根据剪切机气动系统图选取气动元件并连接回路,观察回路效果。

二、操作步骤

(1)根据系统图把所需气动元件合理布局在实训台上,正确连接控制回路;

(2)仔细检查无误后开启电源,启动空气压缩机,先将空压机出气口关闭,待气源充足后打开阀门向系统供气;

(3)通过换向阀控制气缸活塞杆模拟剪切机完成相应动作;

(4)实训完毕按下“电源”按钮,将电源线和气泵电源线拔下,切除电源;

(5)擦拭工作台面,整理气动元件。

三、注意事项

(1)所有的布管工作要关闭压缩机再操作,不可以带气完成;

(2)注意是否存在未插管的分气接口,以免开机后气流乱喷;

(3)接通压缩空气时,气缸有可能出现不自主运动,要小心夹伤。

【知识拓展】

气压传动技术的发展与应用

以空气为工作介质传递动力应用得很早,如自然风力推动风车、带动水车灌田,以风箱产生的压缩空气吹火炼铁,近代汽车的自动开关门,火车的自动抱闸,采矿用的风钻等。随着工业自动化的发展,到20世纪50年代气压传动技术已发展成为一门新兴技术,气动技术的应用领域已从汽车、采矿、钢铁、机械工业等行业迅速扩展到化工、轻工、食品、军事等各行各业。以空气为工作介质的自动化设施具有防火、防爆、防电磁干扰,抗振动、冲击、辐射,结构简单等优点,所以近几年来气压传动技术的发展已和电子、液压技术一样,成为实现生产过程自动化不可缺少的重要手段。

气动技术广泛应用于机械、电子、轻工、纺织、食品、医药、包装、冶金、石化、航空、交通运输等各个工业部门。在提高生产效率、自动化程度、产品质量、工作可靠性和实现特殊工艺等方面显示出极大的优越性。

(1)在机械制造工业中,在轴承的加工,组合机床的程序控制,零件的检测,汽车、农机等生产线上已得到广泛应用。

(2)冶金工业中,在金属的冶炼、冷轧、热轧、打捆、包装等方面已有大量应用。一个现代化钢铁厂生产中仅汽缸就需3 000个左右。

(3)在轻工、纺织、食品工业中,在缝纫机、自行车、手表、电视机、纺织机械、洗衣机、食品加工等生产线上应用广泛,上海缝纫机一厂的一条缝纫机底板加工线上就使用了1 200多个气动元、辅件。

(4)在化工、军工工业中,在化工原料的输送、有害液体的灌装、炸药的包装、石油钻采等设备上已有大量应用。

(5)交通运输中,广泛应用于列车的制动闸,车辆门窗的开闭,气垫船、鱼雷的自动控制装置等。

(6)在航空工业中,气动除能承受辐射、高温外,还能承受大的加速度,所以在近代的导弹、航天飞机、运载火箭的控制装置中被广泛地应用。

气动技术已发展成包含传动、控制与检测在内的自动化技术。由于工业自动化技术的发展，气动控制技术以提高系统可靠性、降低总成本为目标，研究和开发系统控制技术和机、电、液、气综合技术。

任务 2　气源装置及其附件的选用

【任务引入】

气源装置又称压缩空气站，其对空气进行压缩、净化，为气动系统提供满足质量要求的压缩空气，是气压传动系统的重要组成部分。如图 9－3 所示，空气压缩机是气源装置的核心，是产生和输送压缩空气的装置。请思考空气压缩机是如何产生压缩空气的，所产生的压缩空气要经过怎样的处理才能供给气动系统。

图 9－3　空气压缩机

【相关知识】

一、气源装置的工作过程

气源装置净化流程如图 9－4 所示。空气首先经过吸气口的过滤器除去部分灰尘、杂质，然后进入空气压缩机 1 产生压缩空气；后冷却器 2 将压缩空气中的油气和水汽凝结出来；油水分离器 3 分离大部分水滴、油滴和杂质，得到初步净化的压缩空气；储气罐 4 用以储存压缩空气、稳定压缩空气的压力（一次净化系统），对于要求不高的气压传动系统可从储气罐 4 直接供气。

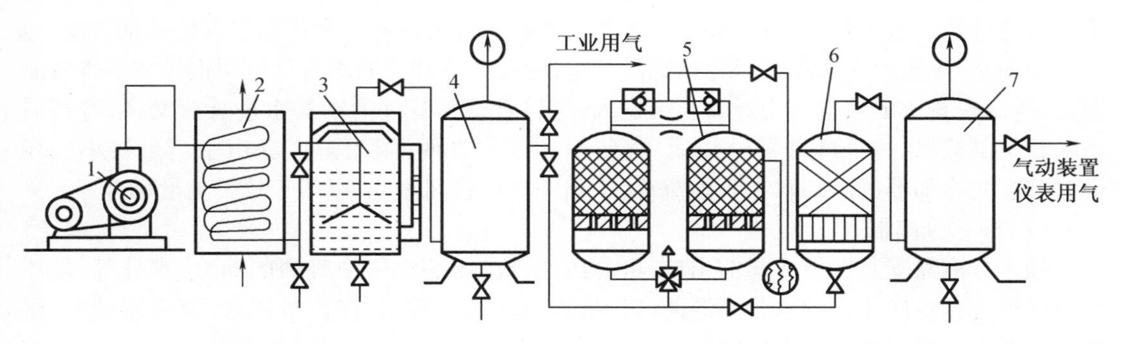

1—空气压缩机；2—后冷却器；3—油水分离器；4，7—储气罐；5—干燥器；6—过滤器。

图 9－4　气源装置净化流程图

对于仪表用气和质量要求高的工业用气,必须进行二次或多次净化处理。干燥器 5 用于进一步排除压缩空气中的水分和油分,使压缩空气成为干燥空气;过滤器6 进一步过滤压缩空气,经储气罐 7 稳压后输出的压缩空气可用于要求较高的气动系统。

二、气源装置的组成

1. 空气压缩机

空气压缩机是气动系统的动力源,将机械能转化为气体压力能。气压传动系统中最常用的空气压缩机是往复活塞式,其工作原理如图 9 - 5 所示。

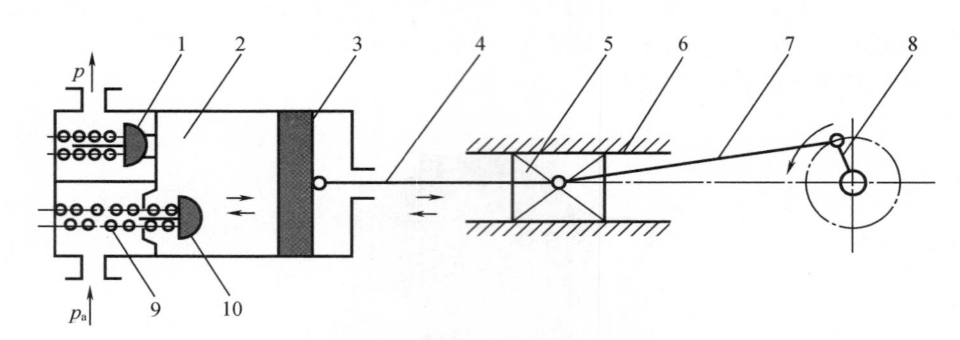

1—排气阀;2—汽缸;3—活塞;4—活塞杆;5—滑块;6—滑道;7—连杆;8—曲柄;9—弹簧;10—吸气阀。

图 9 - 5　往复活塞式空气压缩机工作原理图

电动机带动曲柄 8 做旋转运动,通过滑块 5 和活塞杆 4 驱动活塞 3 做往复运动。

当活塞 3 向右运动时,左腔压力低于大气压力,吸气阀 9 被打开,空气在大气压力作用下进入气缸 2 内,这个过程称为吸气过程。当活塞 3 向左移动时,吸气阀 9 在缸内压缩气体的作用下关闭,缸内气体被压缩,这个过程称为压缩过程。气缸内空气压力增高到略高于输气管内压力后,排气阀 1 被打开,压缩空气进入输气管道,这个过程称为排气过程。活塞式空气压缩机循环往复运动,即可不断产生压缩空气。

2. 气源净化装置

包括后冷却器、油水分离器、储气罐、干燥器、过滤器等。

(1)后冷却器

后冷却器安装在空压机出口,将其排出的压缩空气由 140 ~ 170 ℃降至 40 ~ 50 ℃,使压缩空气中的油雾和水汽迅速饱和而大量析出,并凝结成油滴和水滴,以便经油水分离器排出。后冷却器一般采用水冷换热装置,安装时要特别注意冷却水和压缩空气的流动方向。

如图 9 - 6 所示为水冷式后冷却器的结构,蛇管式冷却器的冷却管可用铜管或钢管弯制而成,空压机排出的热空气由蛇管上部进入,通过管壁与管外的冷却水进行热交换,冷却后由蛇管下部输出,这种冷却器结构简单,使用和维修方便,因而被广泛用于流量较小的场合。列管式冷却器的冷却水在管内流动,压缩空气在管间流动,可用于较大流量场合。

(2)油水分离器

油水分离器安装在后冷却器出口,可分离并排出压缩空气中凝聚的油分、水分等,使压缩空气得到初步净化。油水分离器的结构形式有环形回转式、撞击折回式、离心旋转式、水浴式以及以上形式的不同组合等。

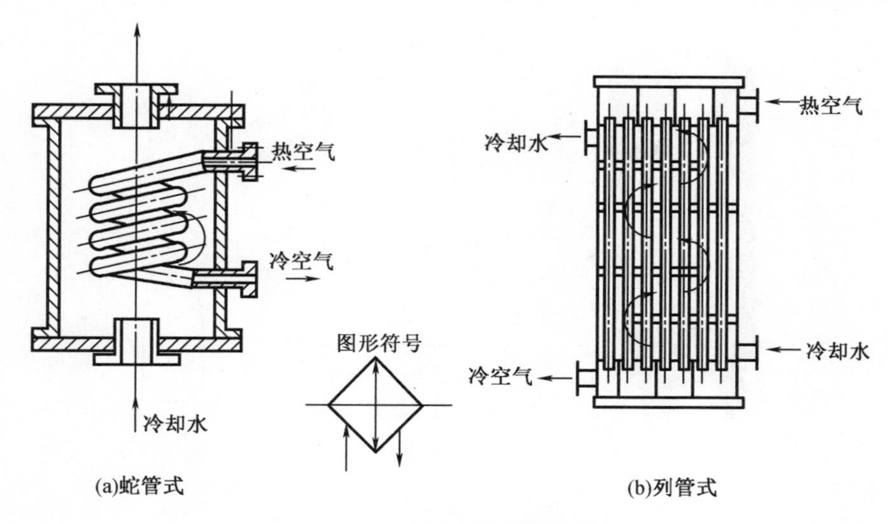

(a)蛇管式　　(b)列管式

图 9－6　水冷式后冷却器的结构

如图 9－7 所示为撞击折回式油水分离器，压缩空气由入口进入分离器壳体后，气流先受到隔板阻挡而被撞击折回向下（见图中箭头所示流向），之后又上升产生环形回转，这样凝聚在压缩空气中的油滴、水滴等杂质受惯性力作用而分离析出，沉降于壳体底部，由排水阀定期排出。

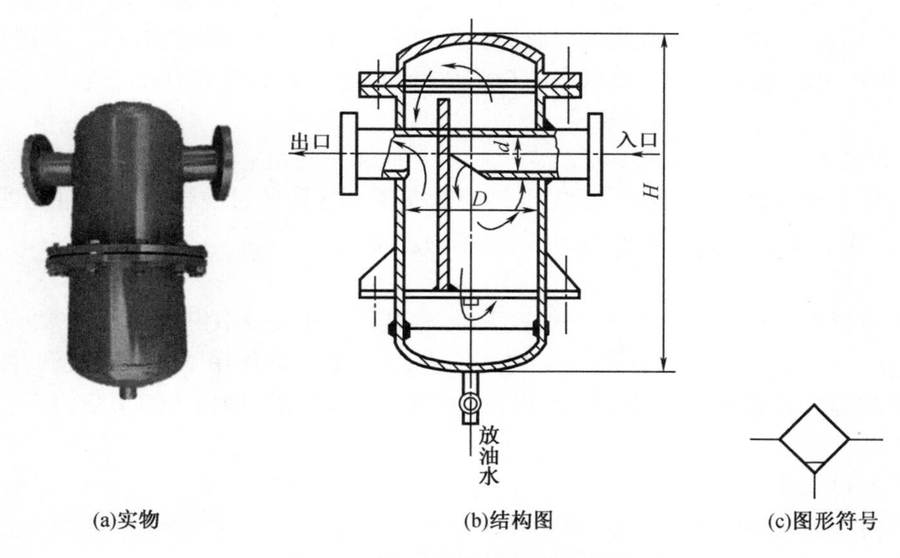

(a)实物　　(b)结构图　　(c)图形符号

图 9－7　撞击折回式油水分离器

（3）储气罐

储气罐的作用是储存一定数量的压缩空气，消除由于空气压缩机断续排气而对系统引起的压力脉动，保证输出气流的连续性和平稳性，进一步分离压缩空气中的油、水等杂质。

储气罐一般采用焊接结构，有立式和卧式两种，以立式居多，如图 9－8 所示。

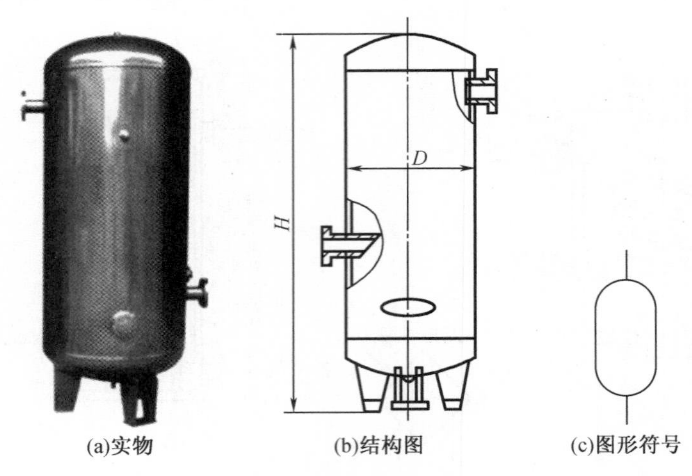

图 9－8　立式储气罐

(4)干燥器

经过后冷却器、油水分离器和储气罐后得到初步净化的压缩空气,已满足一般气压传动的需要,但仍含一定量的油、水以及少量的粉尘。如果用于精密的气动装置、气动仪表等,还须进行进一步干燥处理。

吸附法是干燥处理中应用最普遍的一种方法,吸附式干燥器的结构原理如图 9－9 所示。压缩空气从进气管 1 进入干燥器,经过上吸附剂层 21、铜丝过滤网 20、上栅板 19 和下吸附剂层 16 后,所含水分被吸附剂吸收而变得很干燥;再经过铜丝过滤网 15、下栅板 14、毛毡层 13 和铜丝过滤网 12 滤去空气中的粉尘杂质,最后干燥、洁净的压缩空气便从输出管 8 排出。

(5)过滤器

过滤器的作用是进一步滤除压缩空气中的杂质。常用的过滤器有一次过滤器和二次过滤器,在要求高的特殊场合还可使用高效率的过滤器。

①一次过滤器

一次过滤器又称简易过滤器,一般置于干燥器后,其滤灰效率为 50% ~70% 。如图 9－10 所示为一次过滤器,气流由切线方向进入筒内,在离心力的作用下分离出液滴,然后气体由下而上通过多片钢板、毛、毡、硅胶、焦炭、滤网等过滤吸附材料,干燥清洁的空气从筒顶输出。

②二次过滤器

二次过滤器又称分水滤气器,滤灰效率为 70% ~99% ,它和减压阀、油雾器一起并称为气动三联件,是气动系统不可缺少的辅助元件。

如图 9－11 所示,压缩空气进入后,被引入旋风叶子 1,旋风叶子上的小缺口使空气沿切线方向产生强烈旋转。夹杂在气体中较大的水滴、油滴、灰尘等杂质在惯性作用下高速与存水杯 3 的内壁碰撞而从气体中分离出来,沉淀于存水杯 3 中。压缩空气通过中间的滤芯 2 滤去部分灰尘、雾状水,洁净的空气便从出口输出。

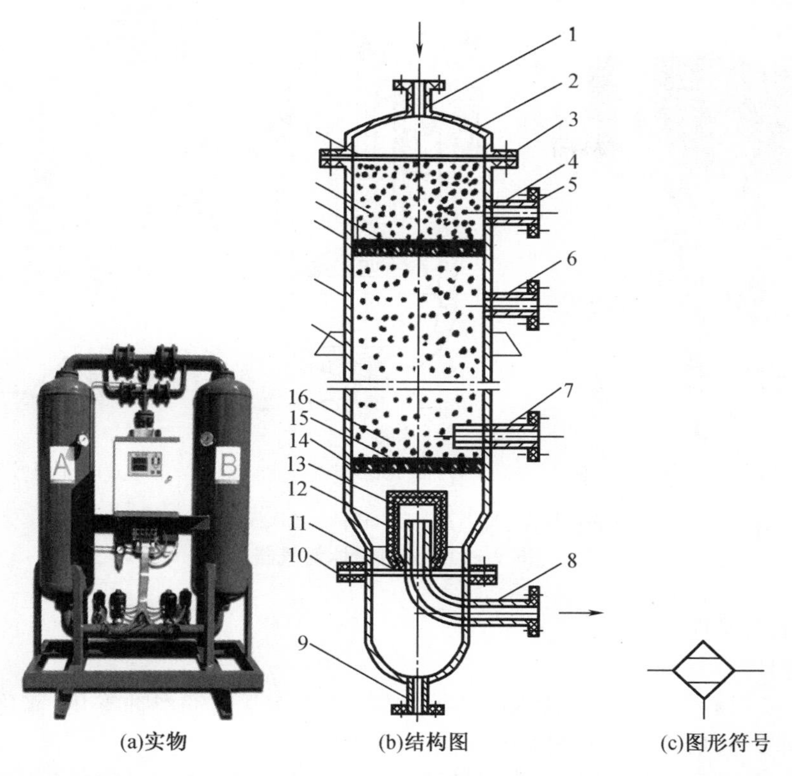

1—湿空气进气管;2—顶盖;3,5,10—法兰;4,6—再生空气排气管;7—再生空气进气管;8—干燥空气输出管;
9—排水管;11,22—密封垫;12,15,20—铜丝过滤网;13—毛毡;14—下栅板;
16,21—吸附剂层;17—支撑板;18—筒体;19—上栅板。

图9-9 吸附式干燥器

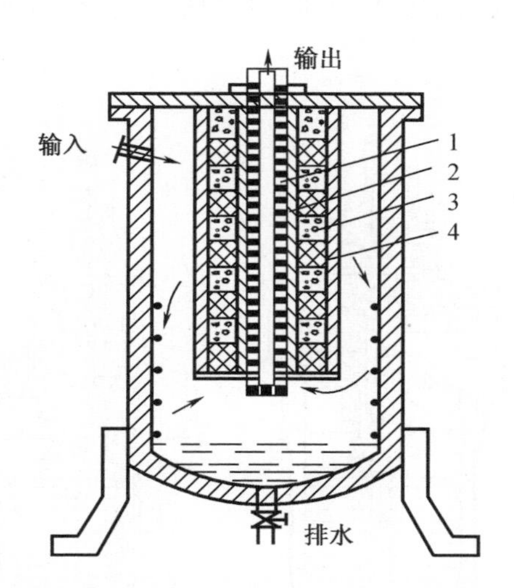

1—ϕ10 mm密孔管;2—280目细铜丝网;3—焦炭;4—硅胶。

图9-10 一次过滤器

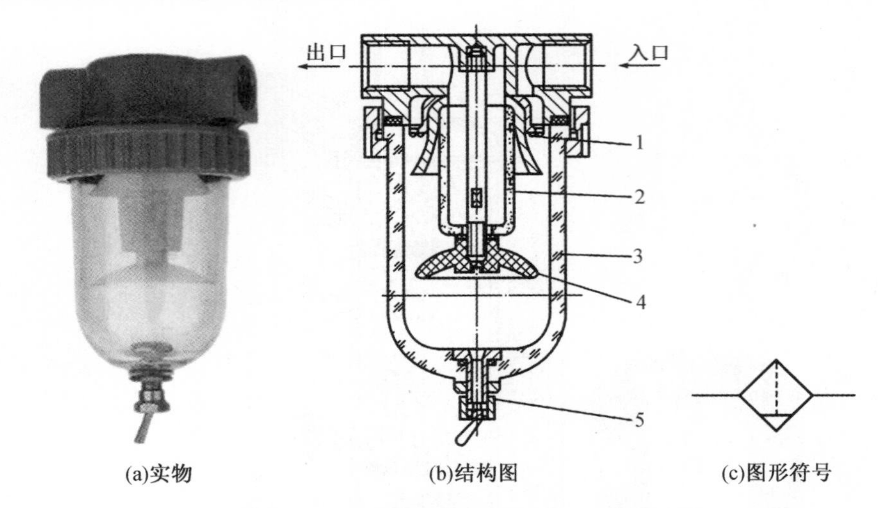

(a)实物　　(b)结构图　　(c)图形符号

1—旋风叶片;2—滤芯;3—存水杯;4—挡水板;5—排水阀。

图 9-11　普通分水滤气器

3. 其他辅助元件

(1)油雾器

油雾器是气压系统中一种特殊的注油装置,其作用是使润滑油雾化,雾化的润滑油经压缩空气携带进入系统中需要润滑的部位,以满足润滑需要。

如图 9-12 所示为油雾器,压缩空气从气流入口 1 进入,大部分气体从主气道流出,小部分气体由小孔 2 通过截止阀 10 进入储油杯的上腔,使杯中油面受压,迫使储油杯中的油液经吸油管 11、单向阀 6 和可调节流阀 7 滴入透明的视油器 8 内,再滴入喷嘴小孔 3 被主管道通过的气流引射出来,进入气流中的油滴被高速气流雾化后随气流由出口 4 输出。透明的视油器 8 可供观察滴油情况,节流阀 7 可调节滴油量,使滴油量在每分钟 0～120 滴内变化。

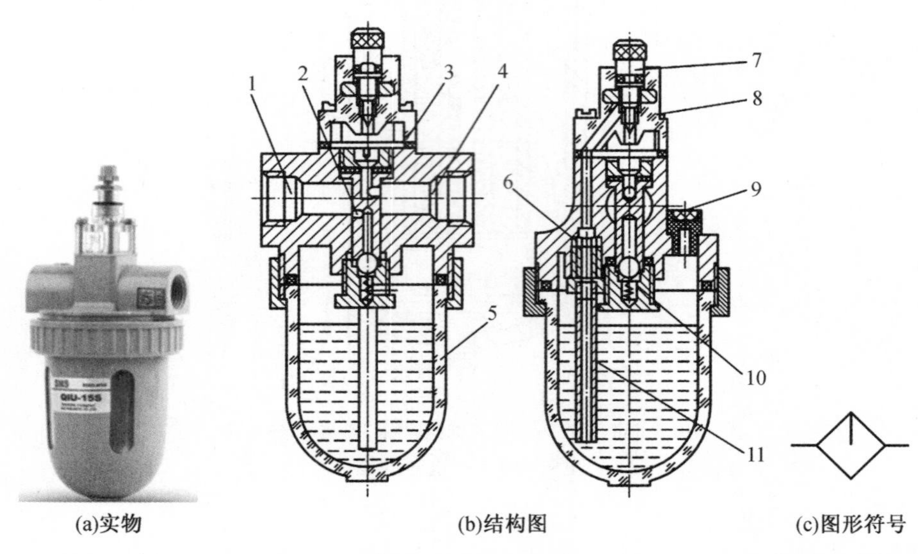

(a)实物　　(b)结构图　　(c)图形符号

1—入口;2,3—小孔;4—出口;5—储油杯;6—单向阀;7—节流阀;8—视油器;9—旋塞;10—截止阀;11—吸油管。

图 9-12　油雾器

这种油雾器可以在不停气的情况下加油，实现不停气加油的关键零件是截止阀10。当没有气流输入时，阀中的弹簧把钢球顶起，封住加压通道，截止阀处于截止状态。正常工作时，压力气体推开钢球进入储油杯，储油杯内气体的压力加上弹簧的弹力使钢球悬浮于中间位置，截止阀10处于打开状态。当进行不停气加油时，拧松加油孔的油塞，储油杯中的气压立刻降至大气压；输入的气体压力把钢球压至下端位置，截止阀10处于反向关闭状态，封住储油杯的进气道不致使储油杯中的油液因高压气体流入而从加油孔喷出。由于单向阀6的作用，压缩空气不能从吸油管倒流入储油杯，因此可在不停气的情况下从油塞口往储油杯内加油。加油完毕拧紧油塞后，由于截止阀有少许漏气，储油杯上腔内压力逐渐上升，直至把钢球推至中间位置，油雾器重新正常工作。

(2)消声器

气压传动系统使用后的压缩空气直接排入大气，气体急速膨胀而形成涡流等现象，将产生很大的噪声。为此，在气动系统的排气口，尤其是在换向阀的排气口，必须装设消声器来降低排气噪声。消声器通过对气流的阻尼或增加排气面积等方法，降低排气速度和排气功率，从而达到降低噪声的目的。

如图9－13所示，吸收型消声器主要依靠吸音材料消声，消声罩2为多孔的吸音材料，一般用聚苯乙烯或铜珠烧结而成。当有压气体通过消声罩时，气流受到阻力、声能量被部分吸收而转化成热能，从而降低噪声强度。

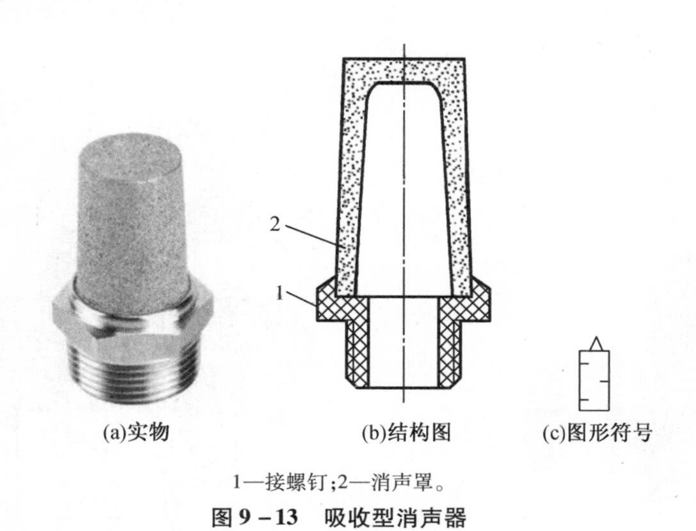

1—接螺钉；2—消声罩。

图9－13 吸收型消声器

【任务实施】

一、任务说明

观察空气压缩机的结构，在实训教师的指导下学习空气压缩机的使用方法和操作注意事项。

二、操作步骤

(1)打开供气阀门,确保冷却水供水正常,检查油位指示器液面是否合乎标准,检查联轴器螺栓有无松动;

(2)按下“启动”按钮,机组启动过程完成后,压缩机进入自动加载状态;

(3)缓慢打开排气阀门至完全开启;

(4)空压机运转中若无障碍,则逐渐升压到机组的额定范围内,检查有无漏气、漏油、螺栓松动等现象,如有则立即停机检查,排除故障后方可再次开机;

(5)按下“停止”按钮,压缩机自动卸载约 15s 后停机;

(6)关闭供气阀门,切断电源。

三、注意事项

(1)油位指示器液面若不在规定液位的上下刻度之间应加油;

(2)切忌频繁启动机组,易导致电机烧毁;

(3)只有出现紧急情况才允许按紧急停机按钮,否则严禁使用该按钮停机。

【知识拓展】

气动三联件

将空气过滤器、减压阀、油雾器组合在一起组成气源调节装置,三大元件依次无管化连接而成的组件通常称为气动三联件,如图 9－14 所示。

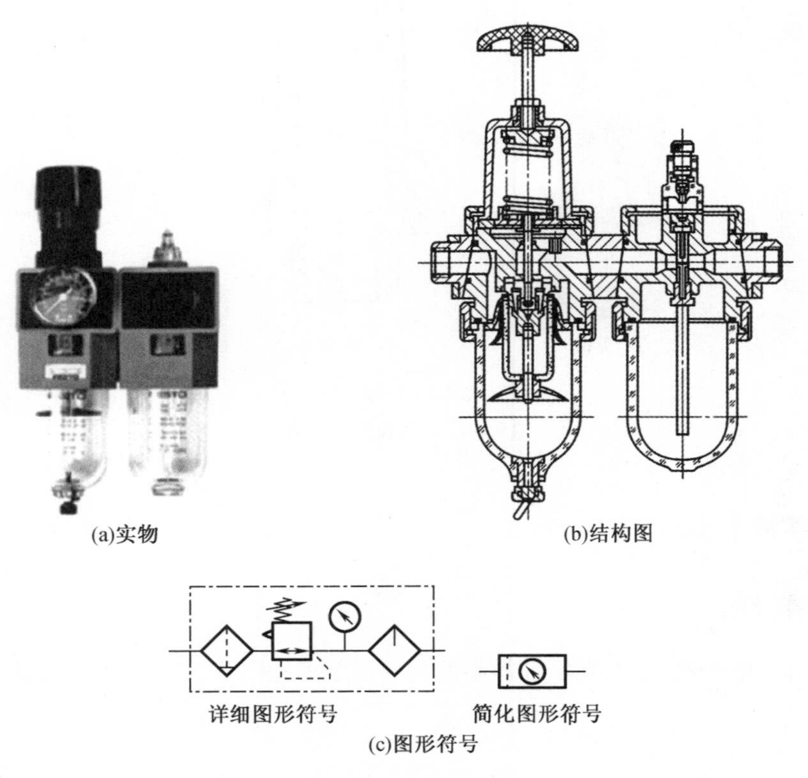

(a)实物

(b)结构图

详细图形符号

简化图形符号

(c)图形符号

图 9－14　气动三联件

气动三联件将压缩空气中的水和固体颗粒分离出去，达到净化的作用；再将空压机或气站送过来的压缩空气调整到设备需要的压力；利用流动的压缩空气将油雾杯中的润滑油喷射成雾状气体一起送入气动管路系统中给气动元件进行润滑作用，使气动元件滑动部件圆滑、耐久使用，延长设备的使用寿命。

任务3　气动执行元件

【任务引入】

气动执行元件是将空气压缩机输出的压力能转换为机械能的能量转换装置，常用气动执行元件为气缸和气马达。气缸用于实现往复直线运动或摆动，气马达用于实现连续回转运动。合理地选择气动执行元件对于满足气动系统的工作要求、降低能耗、提高效率、改善工作性能和保障工作可靠性十分重要。请学习常用气动执行元件的结构和工作原理，掌握气动执行元件的选用原则。

【相关知识】

一、气缸

与液压缸相比，气缸具有结构简单、制造成本低、污染少、便于维修、动作迅速等优点，但由于推力小，常用于轻载系统。

1. 气缸的分类

气缸常用的分类方法主要有以下几种。

(1)按压缩空气对活塞端面作用力的方向可分为单作用气缸和双作用气缸。

(2)按气缸的结构特征可分为活塞式、柱塞式、膜片式、叶片摆动式及气－液阻尼缸等。

(3)按气缸的功能可分为普通气缸和特殊气缸。普通气缸用于一般无特殊要求的场合，特殊气缸常用于有某种特殊要求的场合，如缓冲气缸、步进气缸、增压气缸等。

(4)按气缸的安装方式可分为固定式气缸、轴销式气缸、回转式气缸、嵌入式气缸等。固定式气缸的缸体安装在机架上不动，其连接方式又有耳座式、凸缘式和法兰式；轴销式气缸的缸体可绕固定轴作一定角度的摆动；回转式气缸的缸体可随机床主轴作高速旋转运动，常用在机床的气动夹具上。

2. 普通气缸

(1)单活塞杆单作用气缸

压缩空气仅在单作用气缸的一端进入并推动活塞运动，而活塞的返回复位则借助于弹簧力、重力等其他外力。如图9－15所示为单活塞杆单作用气缸，多用于短行程及对活塞杆推力、运动速度要求不高的场合，如定位和夹紧装置等。

(2)单活塞杆双作用气缸

单活塞杆双作用气缸的活塞在压缩空气的作用下实现双向运动，其结构简单、维护方便，是使用最为广泛的一种普通气缸，如图9－16所示。

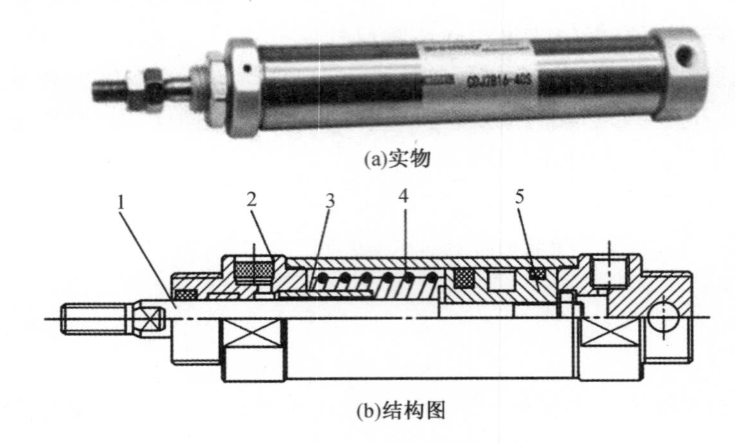

(a)实物

(b)结构图

1—活塞杆;2—过滤片;3—止动套;4—弹簧;5—活塞。

图 9-15 单活塞杆单作用气缸

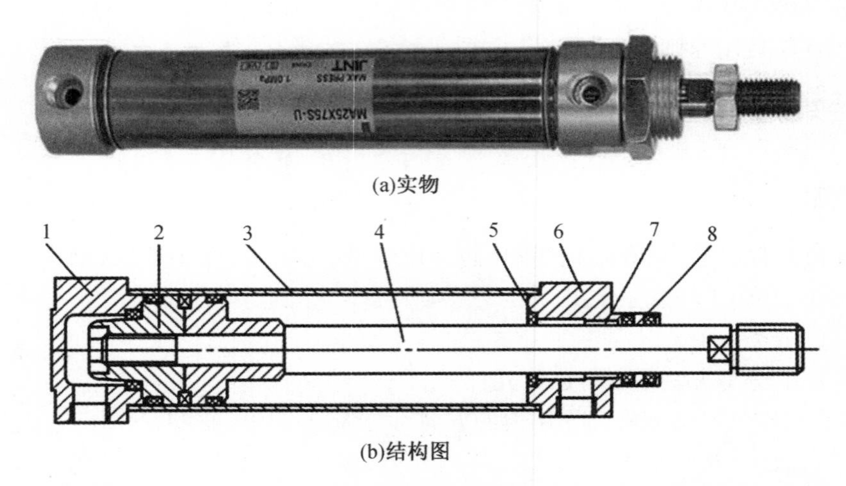

(a)实物

(b)结构图

1—后缸盖;2—活塞;3—缸筒;4—活塞杆;5—缓冲密封圈;6—前缸盖;7—导向套;8—防尘圈。

图 9-16 单活塞杆双作用气缸

3. 特殊气缸

(1)气-液阻尼缸

普通气缸工作时,由于气体的压缩性,当外部载荷变化较大时,会产生“爬行”或“自走”现象,使气缸的工作不稳定。气-液阻尼缸是由气缸和油缸组合而成,利用油液的不可压缩性和控制油液排量来获得活塞的平稳运动,并调节活塞的运动速度,以达到活塞的平稳运动。

图 9-17(a)所示为串联型气-液阻尼缸,它将油缸和气缸串联成一个整体,两个活塞固定在一根活塞杆上。当气缸右腔供气时,活塞克服外负载并带动液压缸活塞向左运动。此时液压缸左腔排出的油液只能经节流阀缓慢流回右腔,对整个活塞的运动起到阻尼作用,调节节流阀就能达到调节活塞运动速度的目的。当压缩空气进入气缸左腔时,液压缸右腔排油,此时单向阀开启,活塞能快速返回。串联型缸体长,加工与装配的工艺要求高,且两缸间可能产生窜油窜气现象。

并联型气－液阻尼缸的结构原理如图 9－17(b)所示,其缸体短,加工与装配工艺性好,但安装要求较高,这种缸体两缸直径可以不同且两缸不会有窜油窜气的现象。

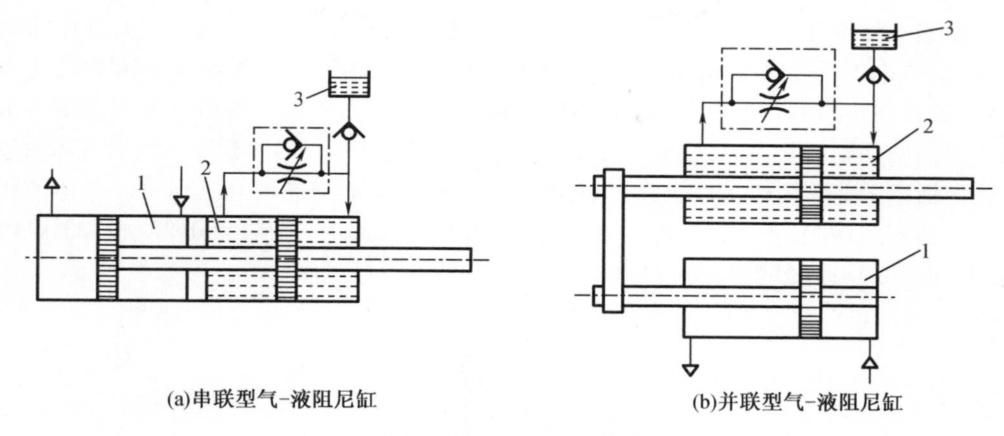

1—气缸;2—液压缸;3—高位油箱。

图 9－17 气－液阻尼缸

(2)薄膜式气缸

薄膜式气缸是一种利用压缩空气通过膜片推动活塞杆做往复直线运动的气缸,其功能类似于活塞式气缸。薄膜式气缸分为单作用式和双作用式两种,其结构如图 9－18 所示。薄膜式气缸的膜片可以做成盘形膜片和平膜片两种形式,膜片材料为夹织物橡胶、钢片或磷青铜片,金属膜片只用于行程小的气缸中。

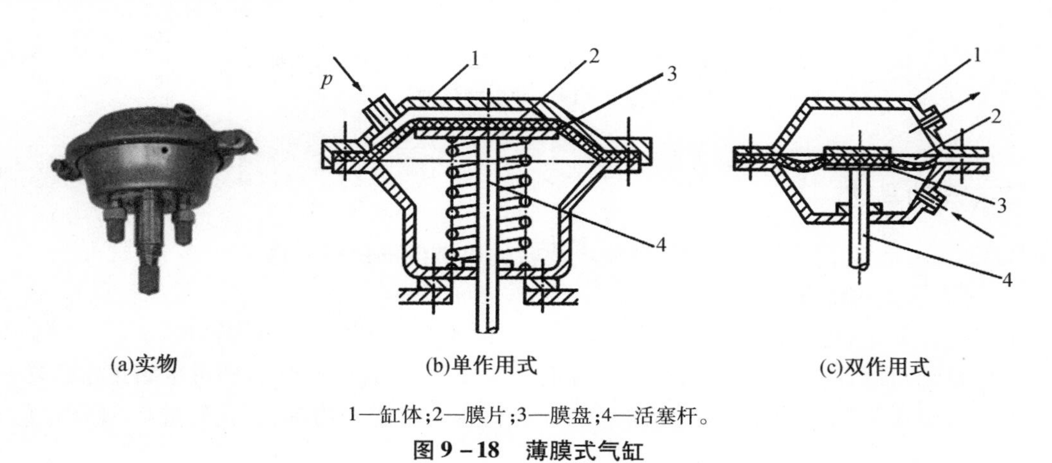

1—缸体;2—膜片;3—膜盘;4—活塞杆。

图 9－18 薄膜式气缸

薄膜式气缸和活塞式气缸相比较,具有结构简单紧凑、制造容易、成本低、维修方便、寿命长、泄漏量小、效率高的优点。但是膜片的变形量有限,故其行程短(一般不超过 40 ~ 50 mm)且气缸活塞杆上的输出力随着行程的加大而减小。

(3)冲击式气缸

冲击式气缸是一种体积小、结构简单、易于制造、耗气功率小但能产生相当大的冲击力的一种特殊气缸,其活塞的最大速度可达每秒十几米,能完成下料、冲孔、镦粗、打印、弯曲成形、铆接、破碎、模锻等多种作业。

普通型冲击缸结构如图 9-19 所示,中盖 2 与缸体 1 固连在一起,其上开有喷嘴口 7 和排气口 6,中盖 2 和活塞 5 把缸体 1 分为蓄能腔、活塞腔和活塞杆腔等三个腔室。

当压缩空气由孔 B 输入冲击缸的下腔时,蓄能腔经孔 A 排气,活塞 5 上升并用密封垫封住喷嘴,中盖 2 和活塞 5 间的环形空间经排气孔与大气相通。当气源改为从 A 孔进入蓄能腔时,随着空气的不断进入,蓄能腔的压力逐渐升高,当作用在喷嘴口 7 面积上的总推力足以克服活塞受到的阻力时,活塞 5 开始向下运动。喷嘴口 7 打开,蓄能腔内的气体通过喷嘴口冲向活塞腔并作用于活塞全面积上,活塞 5 将以极大的加速度向下运动。气体的压力能转换成活塞的动能,产生很大的冲击力,活塞可在很短的时间(约为 0.25 ~1.25 s)内以极高的速度(平均速度可达 8 m/s)冲下。

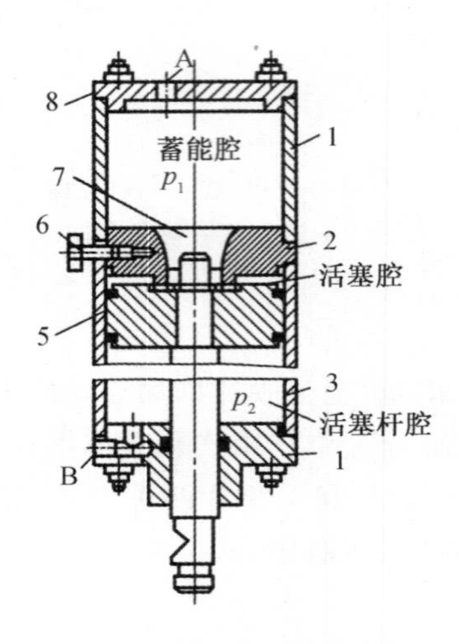

1,3—缸体;2—中盖;4,8—端盖;5—活塞;6—排气口;7—喷嘴口。

图 9-19 冲击式气缸

二、气动马达

气动马达是将压缩机的压力能转换成旋转的机械能的执行元件。

1. 气动马达的特点

(1)工作安全,可以在易燃易爆场所工作,同时不受高温和振动的影响;

(2)自动过载保护,过载时马达只是降低转速或停车,过载解除后即可重新正常运转;

(3)可以无级调速,控制进气流量就能调节马达的转速和功率,额定转速以每分钟几十转到几十万转;

(4)具有较高的启动力矩,可以直接带负载运动;

(5)结构简单、操纵方便、维护容易、成本低;

(6)输出功率相对较小,最大只有 20 kW 左右;

(7)在小功率情况下效率低、逆转复杂,在工况紧急变化时会降低效率,低速时工作不稳定。

2. 气动马达的分类及工作原理

气动马达按工作原理可分为容积式和涡轮式两种,其中容积式较常用;按结构不同可分为齿轮式、叶片式、活塞式等多种类型,应用最广的是叶片式和活塞式气动马达。

(1)叶片式气动马达

如图9-20所示为叶片式气动马达,压缩空气由A孔输入,部分压缩空气经定子两端密封盖的槽进入叶片1底部,将叶片推出贴紧在定子内壁上,相邻叶片间形成密封空间;大部分压缩空气进入相应的密封空间而作用在两个叶片上,叶片伸出量不同导致压缩空气的作用面积不等。转矩差使叶片和转子按逆时针方向旋转,做功后的气体由定子上C孔和B孔排出。若改变压缩空气的输入方向(即压缩空气由B孔进入,A孔和C孔排出),则可改变转子的转向。

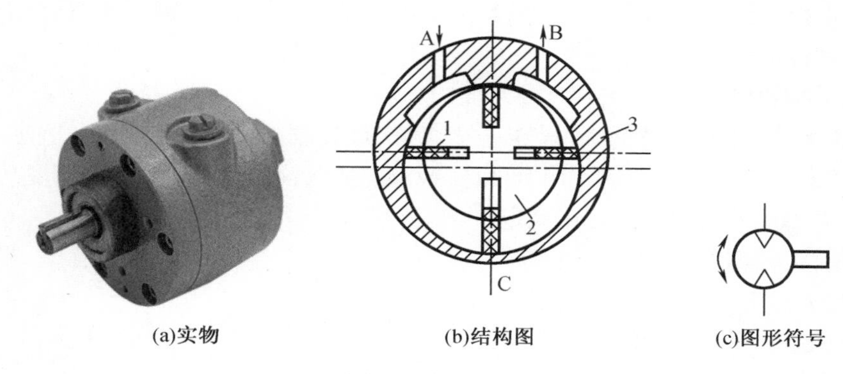

(a)实物 (b)结构图 (c)图形符号

1—叶片;2—转子;3—定子。

图9-20 叶片式气动马达

叶片式气马达适用于低转矩、高转速场合,如某些手提工具、复合工具、传送带、升降机等起动转矩小的中、小功率的机械。

(2)径向活塞式气动马达

径向活塞式气动马达如图9-21所示。压缩空气经进气口进入分配阀后再进入气缸,推动活塞及连杆组件运动,从而迫使曲轴转动。同时,带动固定在轴上的分配阀同步转动,使压缩空气随着配气阀角度位置的改变而进入不同的缸内,依次推动各个活塞运动。由各活塞及连杆组件依次带动曲轴使之连续旋转,与此同时与进汽缸处于相对应位置的汽缸则处于排气状态。

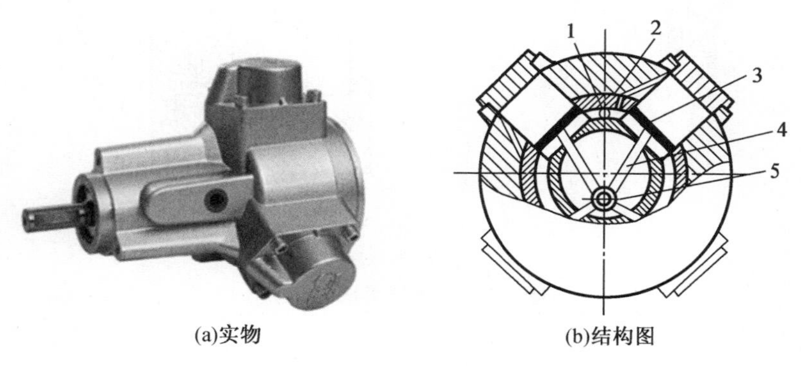

(a)实物 (b)结构图

1—进气口;2—分配阀;3—活塞;4—连杆;5—曲轴。

图9-21 径向活塞式气动马达

活塞式气动马达适用于低速大转矩的场合，如起重机绞车、绞盘、拉管机等载荷较大且启动、停止特性要求高的机械。

【知识拓展】

气 动 手 指

气动手指又名气动夹爪或气动夹指，是利用压缩空气作为动力来夹取或抓取工件的气动执行装置。气动手指主要应用于机械手、成型机、机床、输送设备、包装机械、办公自动化设备、食品、医疗、化工、汽车等行业。随着自动化程度越来越高，气动手指气缸已是现代化机械设备的关键部位。

1. 气动手指的特点

(1)外形紧凑、体积小、质量轻、安装方式多样，可装载在其他装夹或气缸上使用；

(2)动作方式有双作用与单作用，可以实现双向抓取，可自动对中，重复精度高；

(3)抓取力矩恒定，以保证使用稳定；

(4)具有多种样式和抓取方式；

(5)装载磁性开关可实现自动化的控制；

(6)可在特殊环境下使用。

2. 气动手指的主要类型

(1)平行手指

如图 9－22 所示为平行手指气缸，平行手指是通过两个活塞动作的，每个活塞由一个滚轮 2 和一个双曲柄 1 与气动手指相连形成一个特殊的驱动单元。气动手指总是轴向对心移动，每个手指是不能单独移动的。若手指反向移动，则先前受压的活塞处于排气状态，而另一个活塞处于受压状态。

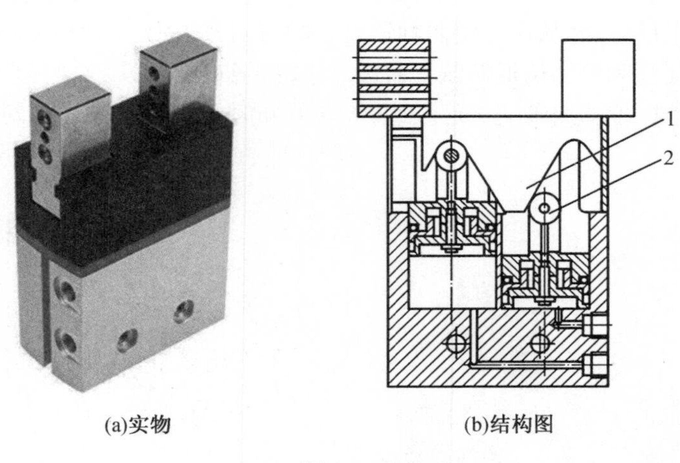

(a)实物　　(b)结构图

1—双曲柄;2—滚轮。

图 9－22　平行手指气缸

(2)摆动手指

如图 9－23 所示为摆动手指气缸，摆动手指的活塞杆上有一个环形槽 1，由于手指耳轴

2 与环形槽相连，因而手指可同时移动且自动对中，并确保抓取力矩始终恒定。

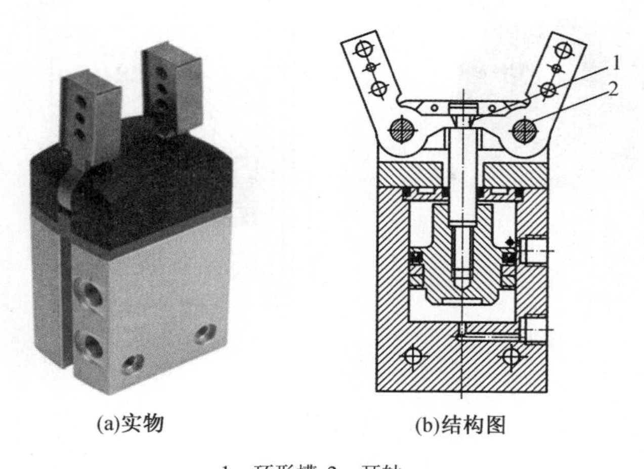

(a)实物　　(b)结构图

1—环形槽；2—耳轴。

图 9－23　摆动手指气缸

(3)旋转手指

如图 9－24 所示为旋转手指气缸，旋转手指的动作是按照齿条的啮合原理工作的，活塞与一根可上下移动的轴固定在一起，轴的末端有三个环形槽 1，这些槽与两个驱动轮 2 啮合。气动手指可同时移动并自动对中，齿轮齿条原理确保了抓取力度始终恒定。

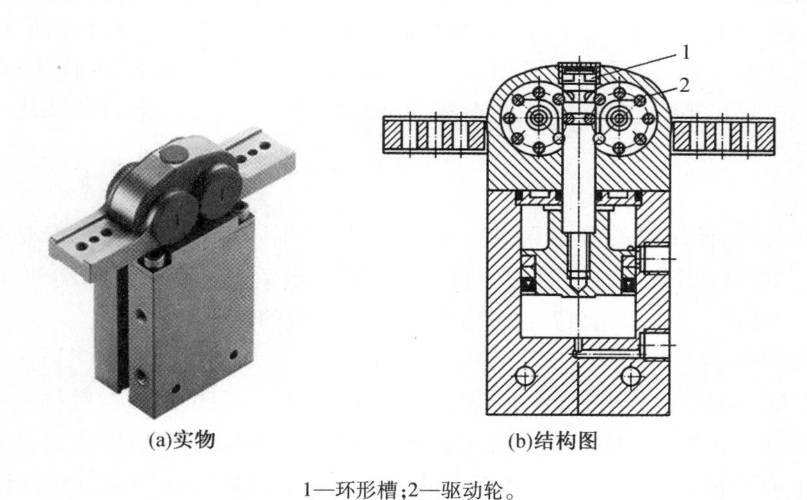

(a)实物　　(b)结构图

1—环形槽；2—驱动轮。

图 9－24　旋转手指气缸

(4)三点手指

如图 9－25 所示为三点手指气缸，三点手指的活塞上有一个环形槽 1，每一个曲柄 2 与一个气动手指相连，活塞运动能驱动三个曲柄的动作，因面可控制三个手指同时打开或收拢。

(a)实物

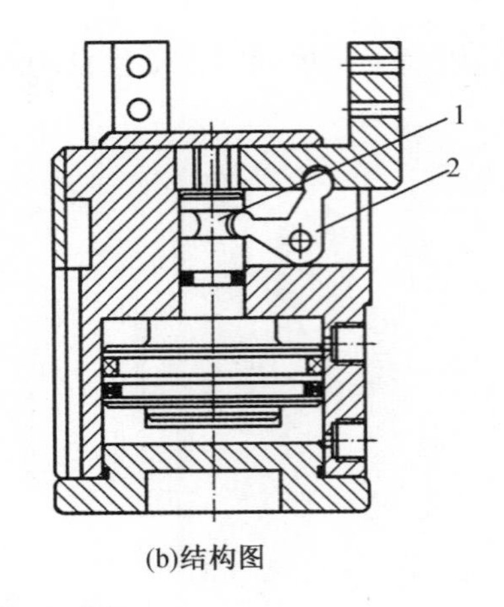

(b)结构图

1—环形槽;2—曲柄。

图9-25　三点手指气缸

【选用原则】

气缸的选用原则

1. 类型的选择

根据工作要求和条件,正确选择气缸的类型。要求气缸到达行程终端无冲击现象和撞击噪声,应选择缓冲气缸;要求质量轻,应选轻型缸;要求安装空间窄且行程短,可选薄型缸;有横向负载,可选带导杆气缸;要求制动精度高,应选锁紧气缸;不允许活塞杆旋转,可选具有不回转功能气缸;高温环境下须选用耐热缸;在有腐蚀环境下,须选用耐腐蚀气缸;在有灰尘等恶劣环境下,须在活塞杆伸出端安装防尘罩;要求无污染时须选用无给油或无油润滑气缸等。

2. 安装形式

根据安装位置、使用目的等因素,在一般情况下采用固定式气缸。在需要随工作机构连续回转时(如车床、磨床等),应选用回转气缸。在要求活塞杆除直线运动外,还须作圆弧摆动时,则选用轴销式气缸。有特殊要求时,应选择相应的特殊气缸。

3. 作用力的大小

选择缸径时,根据负载力的大小来确定气缸输出的推力和拉力。一般均按外载荷理论平衡条件所需气缸作用力,根据不同速度选择不同的负载率,使气缸输出力稍有余量。缸径过小则输出力不够,缸径过大则使设备笨重、成本提高,又增加耗气量,浪费能源。

4. 活塞行程

活塞行程与使用的场合和机构的行程有关,但一般不选满行程,以防止活塞和缸盖相碰。如用于夹紧机构,应按计算所需的行程增加余量。

5. 活塞的运动速度

主要取决于气缸输入压缩空气流量、气缸进排气口大小及导管内径的大小,要求高速运动应取大值,气缸运动速度一般为50~800 m/s。应根据需要在系统中设置调速元件,如节流阀等,且多采用节流调速,防止爬行。

6. 排气口、管路内径及相关形式

对高速运动气缸,应选择大内径的进气管道;对于负载有变化的情况,为了得到缓慢而平稳的运动速度,可选用带节流装置或气 - 液阻尼缸,较易实现速度控制。选用节流阀控制气缸须注意,水平安装的气缸推动负载时,推荐用排气节流调速;垂直安装的气缸举升负载时,推荐用进气节流调速;要求行程末端运动平稳避免冲击时,应选用带缓冲装置的气缸。

气动马达的选用原则

1. 气动马达的选择

不同类型的气动马达具有不同的特点和适用范围,故主要根据负载的状态要求来选择适当的马达。须注意的是产品样本中给出的额定转速,一般是最大转速的一半,而额定功率则是在额定转速时的功率(一般为该种马达的最大功率)。

2. 气动马达的使用要求

气动马达工作的适应性很强,应用广泛。在使用中应特别注意气动马达的润滑状况,润滑是气动马达正常工作不可缺少的一个环节。气动马达在得到正确、良好润滑的情况下,可在两次检修之间至少运转 2 500 ~ 3 000 小时。一般应在气动马达的换向阀前装油雾器,以进行不间断的润滑。

表 9 - 2 列出了各种气马达的特点及应用范围,可供选择和作用时参考。

表 9 - 2 各种气马达的特点及应用范围

形式	转矩	速度	功率(kW)	每千瓦耗气量 $Q(m^3/kW)$	特点及应用范围
叶片式	低转矩	高速度	0.1 ~ 13.24	小型:1.3 ~ 1.7 大型:0.7 ~ 1.0	制造简单,结构紧凑,但低速启动转矩小,低速性能不好。适用于要求低或中功率的机械,如手提工具、复合工具传送带、升降机、泵、拖拉机等
活塞式	中高转矩	低速和中速	0.1 ~ 18.39	小型:1.4 ~ 1.7 大型:0.7 ~ 1.0	在低速时有较大的功率输出和较好的转矩特性。启动准确,且启动和停止特性均较叶片式好,适用于载荷较大和要求低速转矩较高的机械,如手提工具、起重机、绞车、绞盘、拉管机等
薄膜式	高转矩	低速度	<0.74	0.85 ~ 1.0	适用于控制要求很精确、启动转矩极高和速度低的机械

思考与习题

1. 压缩空气的主要污染来源有哪些？怎样净化压缩空气？

2. 什么是气动三联件，每个元件各起什么作用？

3. 简述气压传动系统的组成及特点。

4. 简述气源装置的组成及各元件的主要作用。

5. 气缸有哪些类型？与液压缸相比较，气缸有哪些特点？

6. 简述几种特殊气缸的工作原理。

7. 已知单杆双作用气缸的内径 $D=100$ mm，活塞杆直径 $d=300$ mm，工作压力 $p=0.5$ MPa。求气缸往复运动时的输出力。

项目十　气动控制阀及其回路的构建

任务1　剪切装置气动控制回路的构建

【任务引入】

如图10－1所示，木材剪切装置利用一个双作用气缸带动剪切刀，对不同长度的木材进行剪切加工，剪切长度可通过工作台上的标尺进行调整。为保证安全，要求切断过程必须双手按下两个按钮，剪切刀头相连的气缸活塞杆才会伸出；松开任意按钮，气缸活塞杆就自动缩回。学习气动控制阀及回路的相关知识，根据工作要求构建该回路。

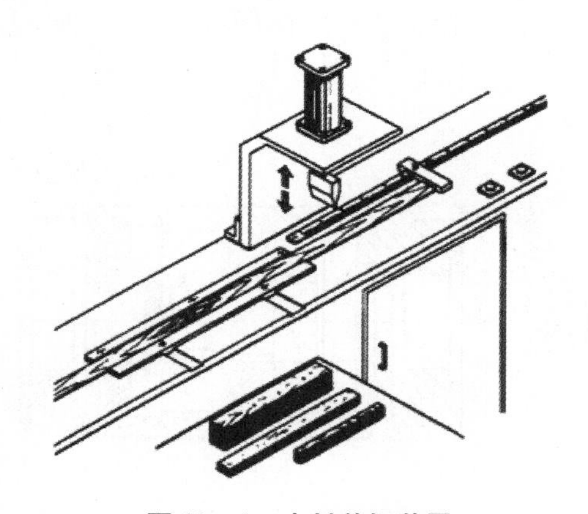

图10－1　木材剪切装置

【任务分析】

在气压传动系统中，气动控制阀是控制和调节压缩空气的压力、流量和方向的各类控制阀，作用是保证气动执行元件（如气缸、气马达等）按设计的程序正常地进行工作。气动控制阀可分为方向控制阀、压力控制阀和流量控制阀，本任务要求实现方向变换的工作要求，故主要分析方向控制阀及其回路。

【相关知识】

一、方向控制阀

方向控制阀是通过改变压缩空气的流动方向和气流的通断来控制执行元件启动、停止及运动方向的气动元件，其分类见表10－1。

表 10－1 气动方向控制阀的分类

分类方式	类型
按阀内的气体流动方向	单向型方向控制阀、换向型方向控制阀
按操纵方式	手动式、机动式、电磁式、气动式
按工作位置数和通路数	二位三通、二位四通、三位四通、三位五通等
按阀芯的结构形式	截止阀、滑阀
按阀的密封形式	硬质密封、软质密封

(一)单向阀型方向控制阀

单向阀型方向控制阀只允许气流向一个方向流动,包括单向阀、梭阀、双压阀和快速排气阀。

1. 单向阀

气动单向阀的工作原理和图形符号与液压单向阀基本相同,如图 10－2 所示。当气流由 P 口进入时,气压力克服弹簧力和阀芯与阀体间的摩擦力,使阀芯左移,气流通过。当气流从 A 口进入时,阀口关闭,气流不通。

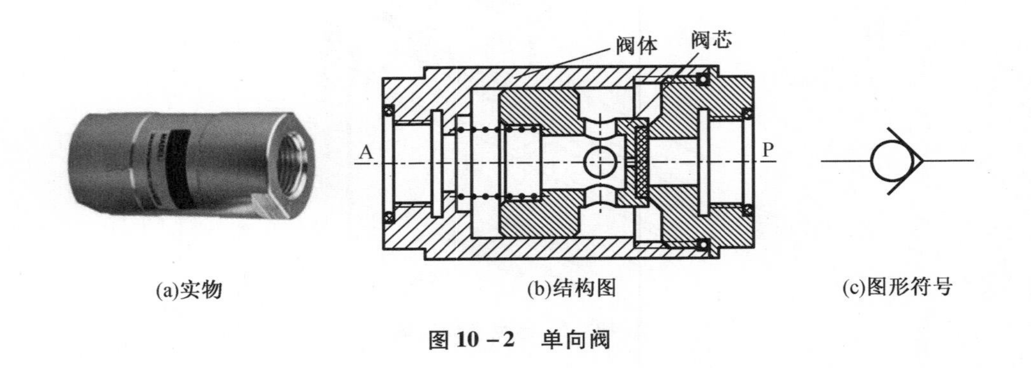

(a)实物　(b)结构图　(c)图形符号

图 10－2　单向阀

2. 梭阀

梭阀又称或门型梭阀,如图 10－3 所示。该阀的两个输入口 P_1 和 P_2 均能与输出口 A 相通,当两个输入口中任何一个有气流输入时,输出口 A 就有气流输出,从而实现了逻辑“或”的功能。若两个输入口 P_1 和 P_2 同时进气,则高压口的通路开放,低压口的通路关闭。

如图 10－4 所示为梭阀在手动与自动控制的并联回路中的应用,该回路中电磁阀和手动阀都能使气缸活塞杆伸出。

3. 双压阀

双压阀又称与门型梭阀,如图 10－5 所示。该阀和梭阀一样有两个输入口 P_1 和 P_2 与一个输出口 A 相通。只有当两个输入口 P_1 和 P_2 都有气流输入时,输出口 A 才有气流输出,从而实现了逻辑“与”的功能。当两个输入口压力不等时,输出压力相对低的一侧气流。

如图 10－6 所示为双压阀在安全保护回路中的应用,该回路中只有两个电磁换向阀同时接入,气缸的活塞杆才会伸出。在实际生产中,对操作人员起到安全保护作用。

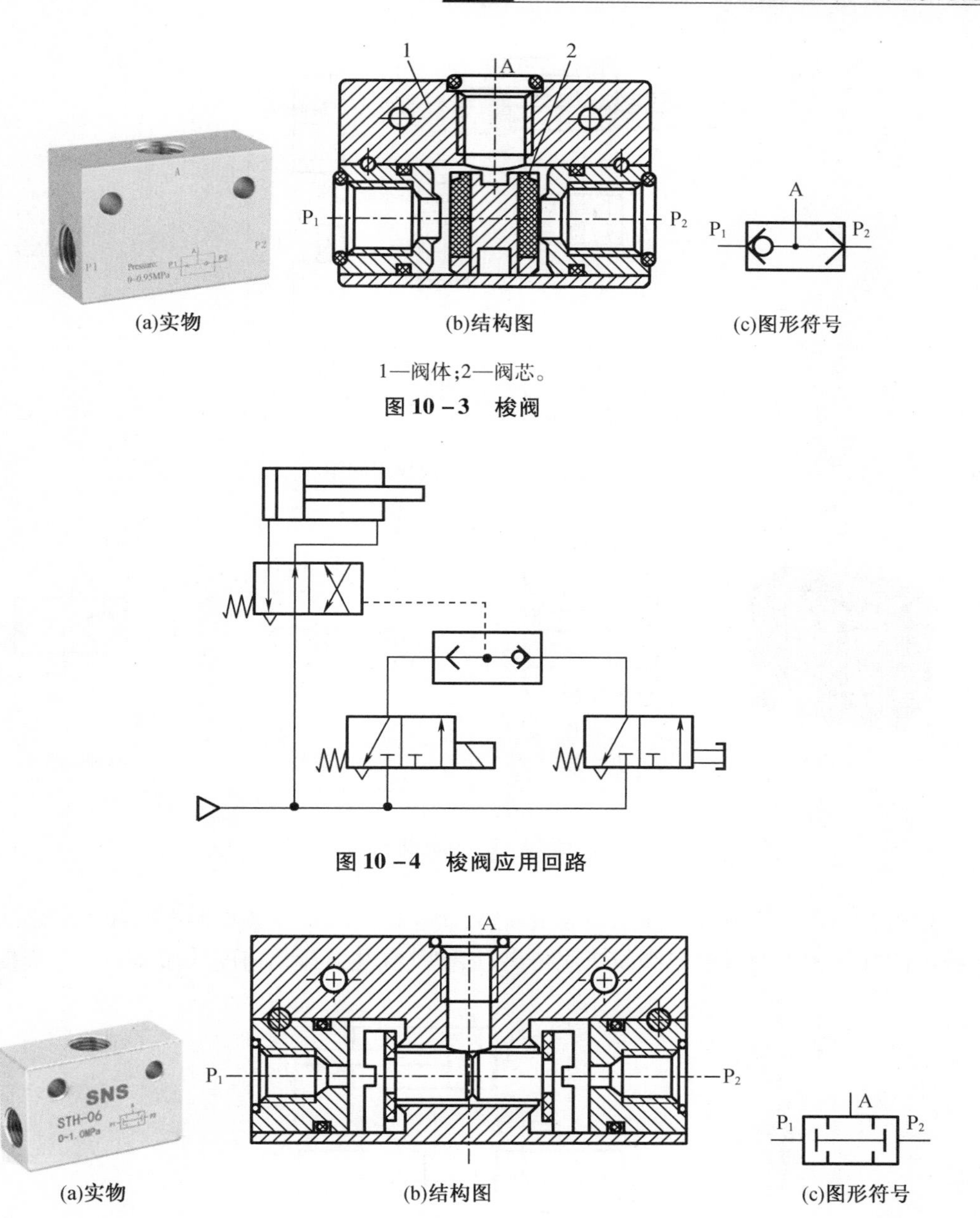

(a)实物 (b)结构图 (c)图形符号

1—阀体;2—阀芯。

图 10－3 梭阀

图 10－4 梭阀应用回路

(a)实物 (b)结构图 (c)图形符号

图 10－5 双压阀

4. 快速排气阀

如图 10－7 所示为快速排气阀,当压缩空气进入 P 口时,密封活塞向上移动关闭 O 口,气流经膜片四周小孔由 A 口排出。当气流进入 A 口时,密封活塞在压差作用下迅速下移关闭 P 口,气体经排气口 O 迅速排出。

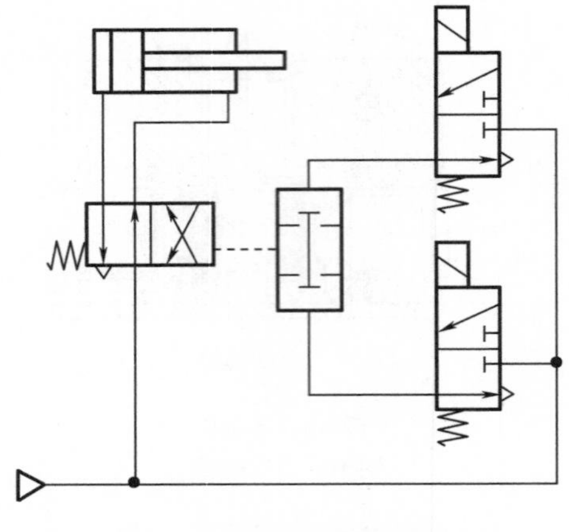

图 10－6　双压阀应用回路

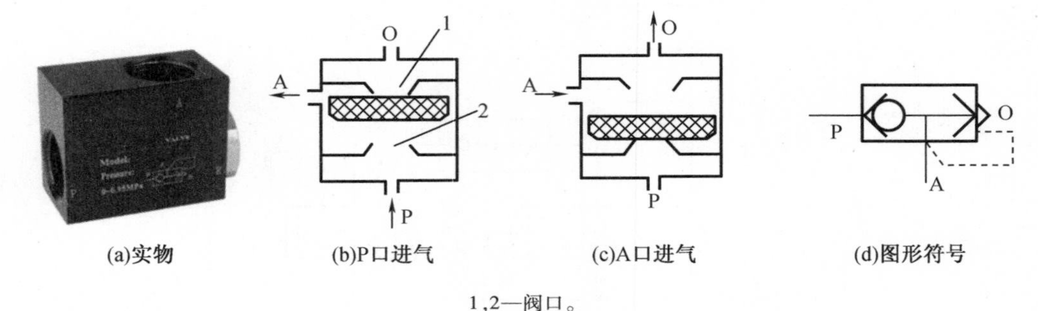

(a)实物　(b)P口进气　(c)A口进气　(d)图形符号

1,2—阀口。

图 10－7　快速排气阀

如图 10－8 所示为快速排气阀应用回路,快速排气阀常安装在换向阀和气缸之间,使气缸排出的气体无须经过换向阀而快速排出,加快气缸往复运动速度从而缩短工作周期。

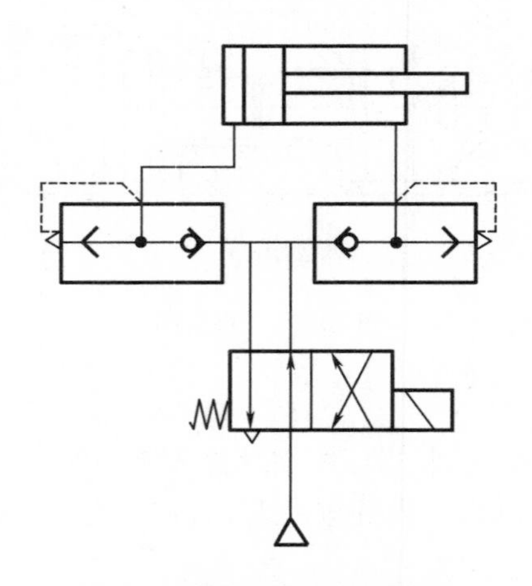

图 10－8　快速排气阀应用回路

(二)换向阀型方向控制阀

换向型方向控制阀是改变气体通道,使气体流动方向发生变化,从而改变气动执行元件的运动方向。

1. 气控换向阀

气控换向阀是利用空气压力推动阀芯运动,使换向阀换向,从而改变气体流动方向的换向阀。在易燃、易爆、潮湿、粉尘等工作条件下,使气压控制安全可靠。

(1)单气控换向阀

如图 10－9 所示为单气控二位三通换向阀,无气控信号 K 时,阀芯在弹簧力和气体压力的作用下处于上端,进气口 P 关闭,A 口与 O 口连通;有气控信号 K 时,气体压力使阀芯下移,气孔 P 口与 A 口连通,O 关闭。

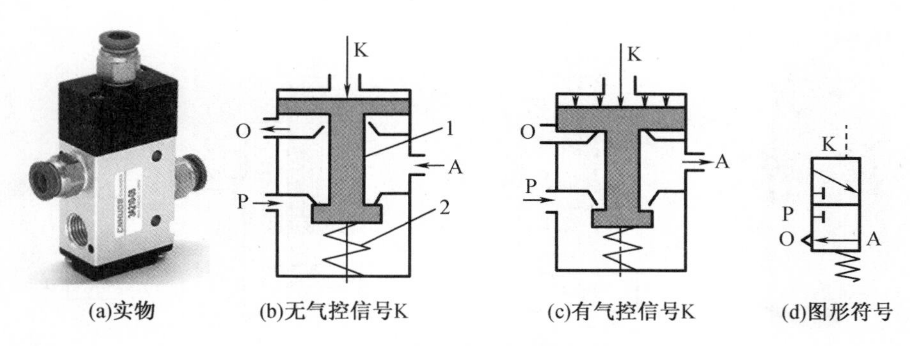

(a)实物 (b)无气控信号K (c)有气控信号K (d)图形符号

图 10－9 单气控换向阀

(2)双气控换向阀

双气控滑换向阀的两侧都可作用压缩空气,但一次只作用于一侧。由于换向阀内没有弹簧,在两端控制口均无外加控制信号时,换向阀会保持上一个阀位的工作状态,所以双气控换向阀具有"记忆功能"。

如图 10－10 所示为双气控换向阀,阀芯右端有气控信号 K_2时,阀芯停在左侧,其通路状态是 P 与 A、B 与 O_2相通;阀芯左端有气控信号 K_1时,阀芯换位,其通路状态变为 P 与 B、A 与 O_1相通。

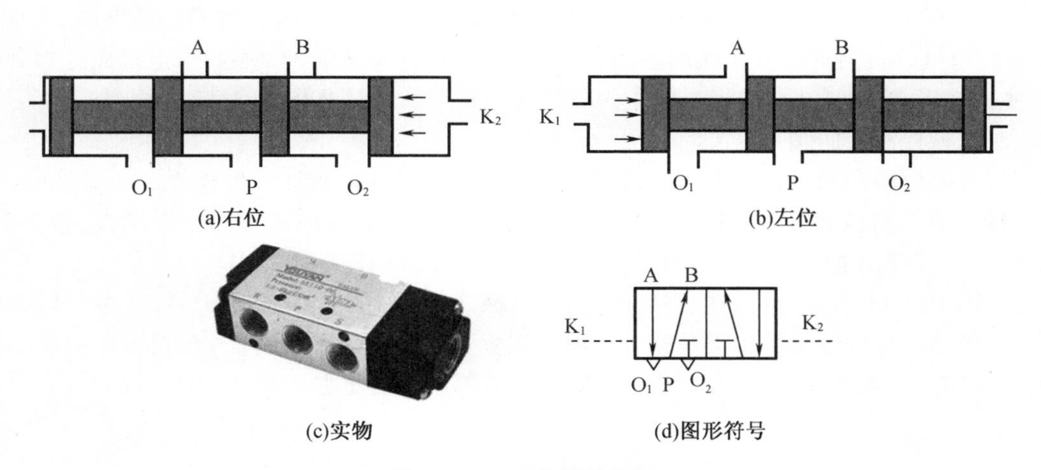

(a)右位 (b)左位

(c)实物 (d)图形符号

图 10－10 双气控换向阀

2. 电磁控制换向阀

电磁控制换向阀是利用电磁力推动阀芯换向，从而改变气流方向的气动换向阀，常用的电磁换向阀有直动式和先导式两种。

(1) 直动式单电控电磁换向阀

如图 10－11 所示为直动式单电控电磁换向阀，电磁线圈处于断电状态时，阀芯在复位弹簧的作用下处于上端位置，A 口与 O 口相通，P 口关闭，阀处于排气状态；电磁线圈处于通电状态时，电磁铁 1 推动阀芯 2 向下移，气路换向，P 口与 A 口相通，O 口关闭，阀处于进气状态。

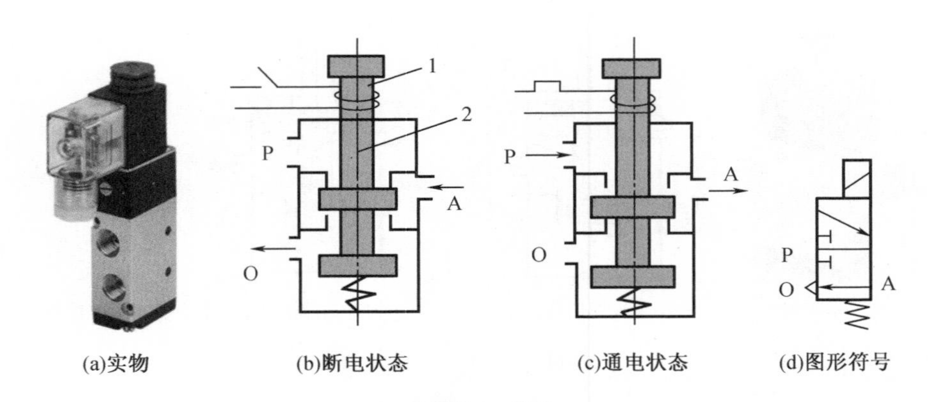

1—电磁铁；2—阀芯。

图 10－11　直动式单电控电磁换向阀

直动式电磁阀由电磁铁直接推动阀芯移动，当阀通径较大时，用直动式结构所需的电磁铁体积和电力消耗都加大，为克服此弱点，可采用先导式结构。

(2) 先导式双电控电磁换向阀

先导式双电控电磁阀是由电磁铁首先控制气路，产生先导压力，再由先导压力推动主阀阀芯使其换向。先导式双电控电磁阀具有记忆功能，即通电换向，断电保持原状态。

如图 10－12 所示为先导式双电控电磁换向阀，当电磁先导阀 1 的线圈通电时，主阀 3 的 K_1 腔进气，K_2 腔排气，使主阀阀芯向右移动，此时 P 与 A、B 与 O_2 相通；当电磁先导阀 2 通电，主阀的 K_2 腔进气，K_1 腔排气，使主阀阀芯向左移动。此时 P 与 B、A 与 O_1 相通。

3. 机械控制换向阀

机械控制换向阀又称行程阀，常依靠凸轮、挡块或其他机械外力推动阀芯实现换向，常见的操控方式有顶杆式、滚轮式、单向滚轮式等。机械控制换向阀可用于湿度大、粉尘多、油分多、不宜使用电气行程开关的场合，但不宜用于复杂的控制装置中。

如图 10－13 所示为机械控制换向阀，当机械凸轮或挡块压下滚轮 1 后，通过杠杆 2 使阀芯 5 换向。这种装置的优点是减少了顶杆 3 所受的侧向力，使顶杆 3 在阀体 7 中运动自如，不易出现卡死现象，通过杠杆传力也减少了外部的机械压力。

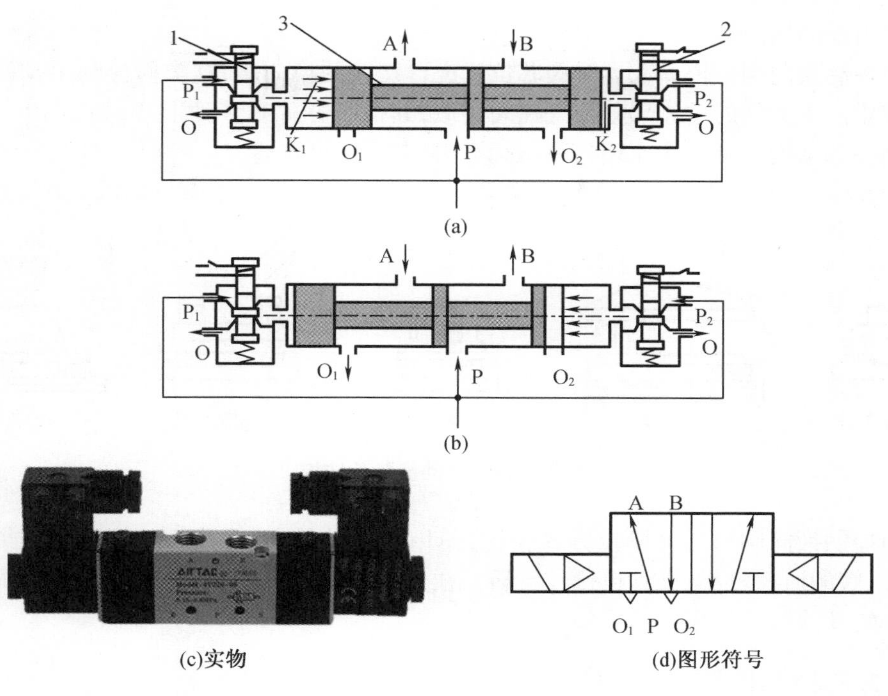

(c)实物　　(d)图形符号

1,2—电磁先导阀;3—主阀。

图 10－12　先导式双电控电磁换向阀

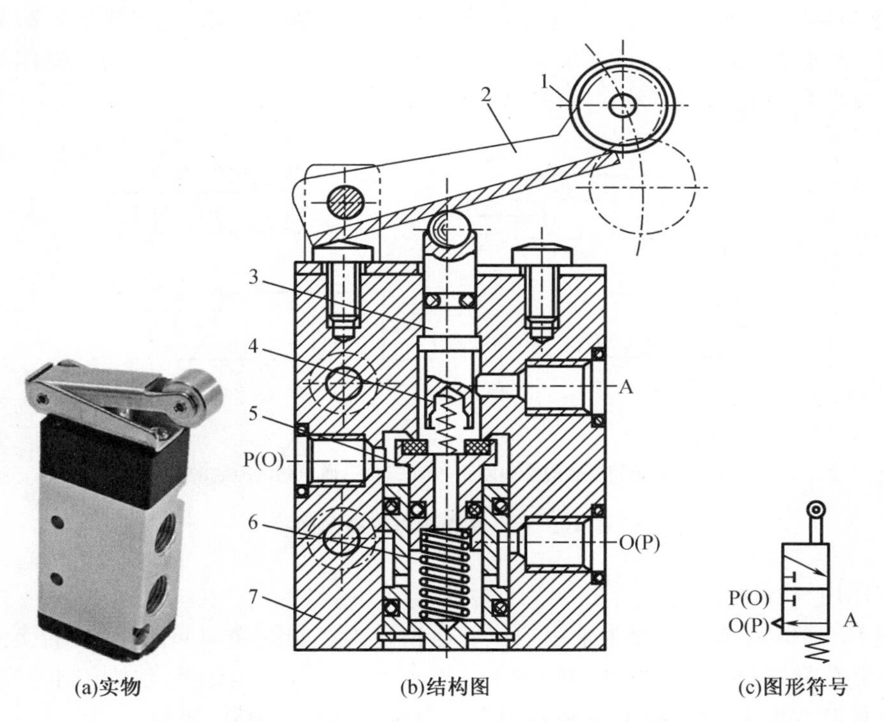

(a)实物　　(b)结构图　　(c)图形符号

1—滚轮;2—杠杆;3—顶杆;4—缓冲弹簧;5—阀芯;6—密封弹簧;7—阀体。

图 10－13　机械控制换向阀

4. 人力控制换向阀

人力控制换向阀是依靠人力对阀芯位置进行切换的换向阀,这类阀分为手动及脚踏两种操纵方式。手动阀的主体部分与气控阀类似,其操纵方式有多种形式,如图 10－14 所示为手动阀头部结构。其工作原理与液压阀类似,在此不再赘述。

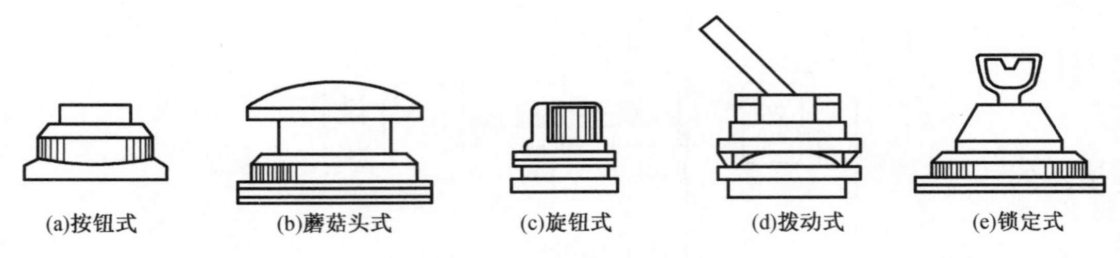

图 10－14　手动阀头部结构

人力控制换向阀与其他操控方式相比,使用频率较低,动作速度较慢。因操纵力不宜过大,所以阀的通径较小,操纵也比较灵活。在直接控制回路中,人力操作控制换向阀用来直接操作气动执行元件用作信号阀。

二、方向控制回路

1. 单作用气缸换向回路

如图 10－15(a)所示为二位三通电磁换向阀控制的换向回路,电磁铁通电时靠气压使活塞伸出,断电时弹簧作用使活塞缩回。如图 10－15(b)所示为三位三通电磁阀控制的换向回路,气缸可在任意位置停留,但由于泄漏,其定位精度不高。

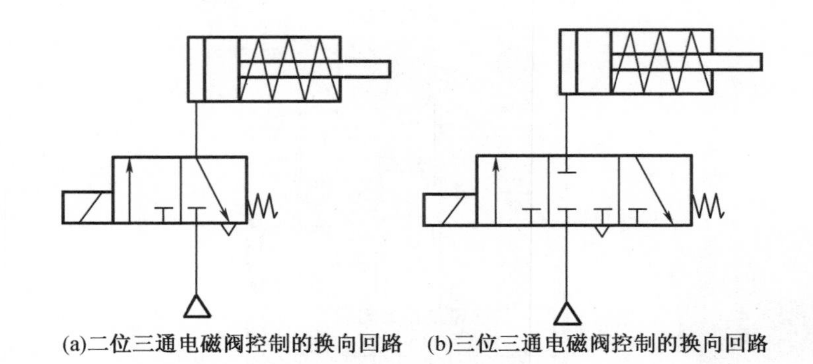

图 10－15　单作用气缸换向回路

2. 双作用气缸换向回路

如图 10－16(a)所示回路为采用二位五通换向阀控制的换向回路,气缸的换向完全由施加的控制信号进行控制。如图 10－16(b)所示为三位五通电磁换向阀控制的换向回路,该回路可控制双作用气缸换向,并可停留在任意位置,但定位精度不高。

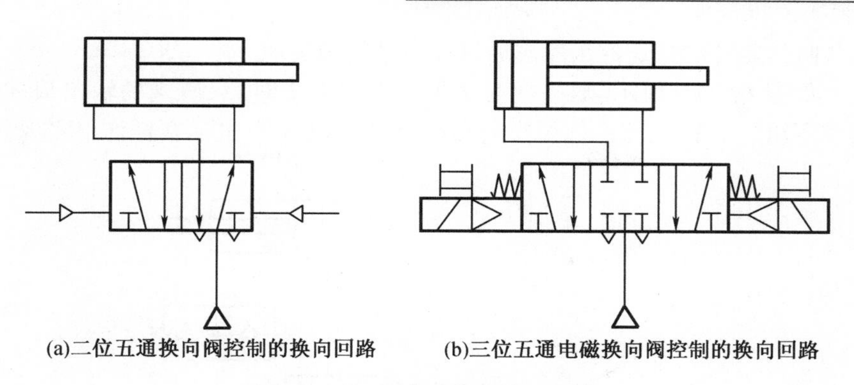

(a)二位五通换向阀控制的换向回路 (b)三位五通电磁换向阀控制的换向回路

图 10－16 双作用气缸换向回路

三、安全保护回路

1. 互锁回路

如图 10－17 所示为互锁回路,二位四通换向阀受三个串联的电磁换向阀控制,只有三个电磁换向阀都接通,主控阀才接通。

2. 双手同时操作回路

如图 10－18 所示回路要使二位四通气动换向阀换向,必须同时按下两个二位三通阀。另外,这个两阀必须安装在单手不能同时操作的距离上。在操作时,任何一只手离开则控制信号消失,主控阀复位使活塞杆缩回。

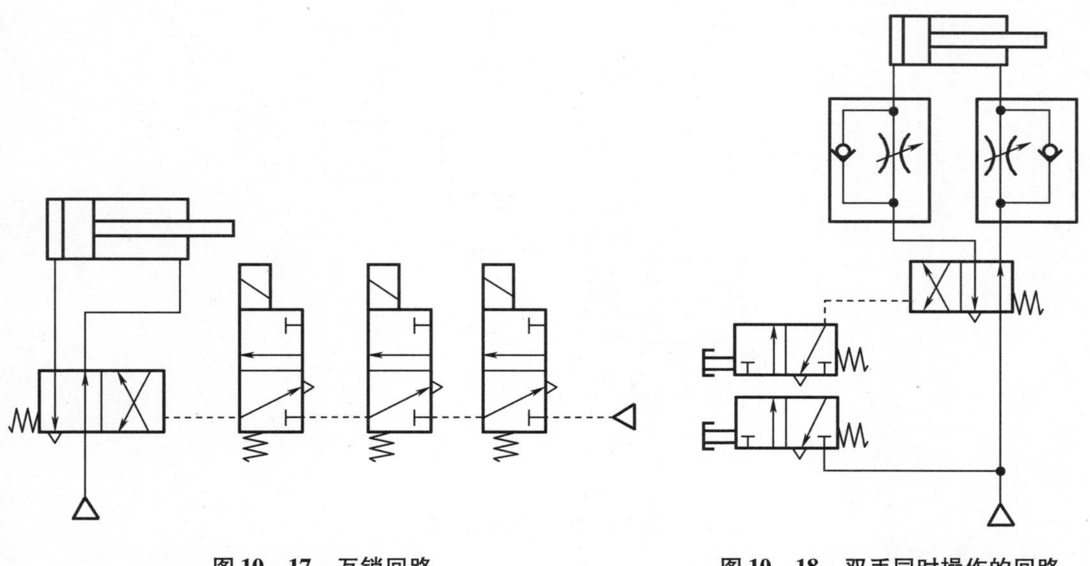

图 10－17 互锁回路　　图 10－18 双手同时操作的回路

【任务实施】

任务中的剪切装置的气缸活塞杆必须同时按下两个按钮才会伸出,带动剪切头完成动作,说明在回路动作要求上要实现逻辑“与”的功能,此处考虑使用双压阀或通过输入信号串联实现，气缸活塞杆的快速伸出考虑通过快速排气阀实现。

方案一：如图 10－19 所示，双手同时按下 1S1 和 1S2 时，双压阀的输出口才有气体输出，从而实现逻辑“与”的功能。气控换向阀换向，气体推动气缸活塞杆伸出实现剪切动作。

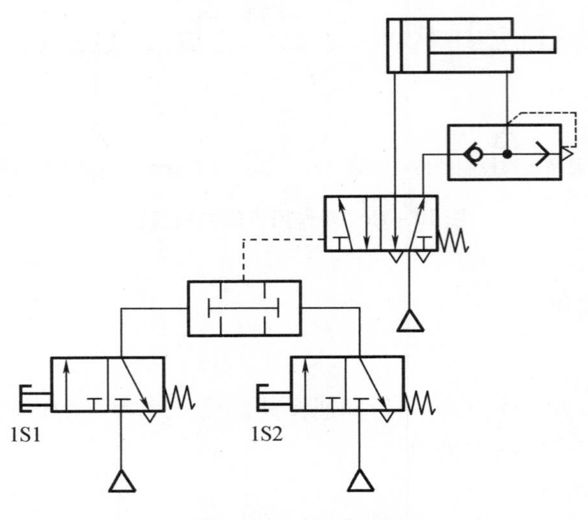

图 10－19　采用双压阀

方案二：如图 10－20 所示，双手同时按下 1S1 和 1S2 时，换向阀的输出口才有气体排出实现逻辑“与”的功能。气控换向阀换向，气体推动气缸活塞杆伸出实现剪切动作。

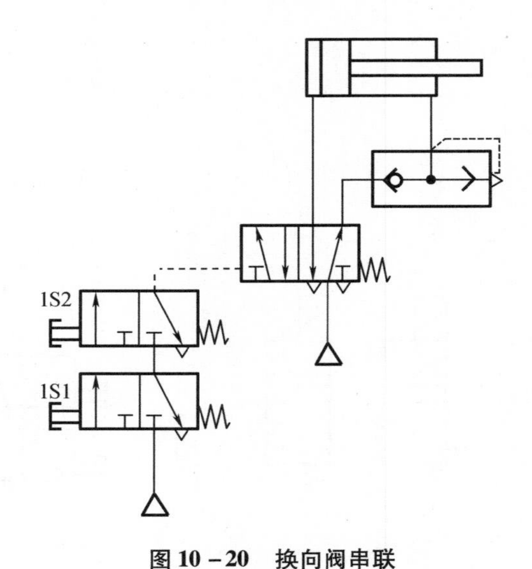

图 10－20　换向阀串联

任务2 气动压床压力控制回路的构建

【任务引入】

如图10－21所示，某型号气动压床利用双作用气缸对工件进行压力加工，要求当按下按钮时，气缸活塞杆伸出，逐步接触到工件并施加压力。当压力上升至0.5 MPa时加工完成，气缸活塞杆自动缩回，且该压床的压力大小可根据工件材料进行调整。学习气动控制阀及回路的相关知识，根据工作要求构建该回路。

图10－21 某型号气动压床

【任务分析】

该任务中的气缸活塞杆的下压与缩回通过换向阀控制；施加压力的大小通过压力控制阀控制，此处考虑设计成气动压力控制回路。

【相关知识】

一、压力控制阀

在气压传动系统中，控制压缩空气的压力以控制执行元件的输出推力或转矩，以及依靠空气压力来控制执行元件动作顺序的阀统称为压力控制阀。

1.减压阀

减压阀的作用是将出口压力调节在比进口压力低的调定值上，并使输出压力保持稳定。

如图10－22所示为QTY型直动式减压阀。调节手柄1，使调压弹簧2,3及膜片5通过阀杆6使阀芯9下移，进气阀口被打开，气流从左端输入，经阀口节流减压后从右端输出。部分输出气流由阻尼孔7进入膜片气室，在膜片5的下方产生向上的推力，试图把阀口开度关小，使输出压力下降。当作用在膜片上的反馈力与弹簧力相平衡时，减压阀便有稳定的压力输出。

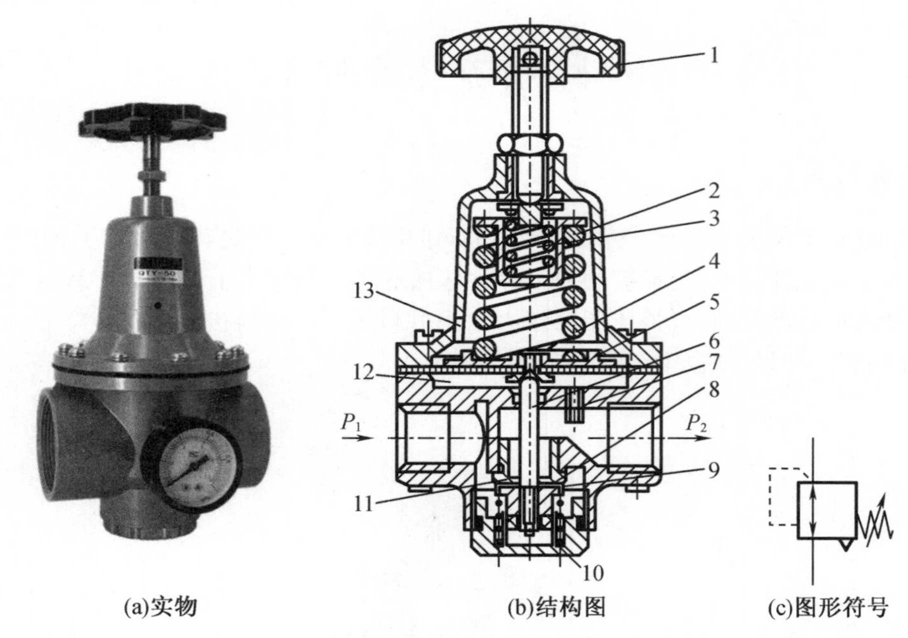

(a)实物　　(b)结构图　　(c)图形符号

1—手柄;2,3—调压弹簧;4—溢流口;5—膜片;6—阀杆;7—阻尼孔;8—阀座;
9—阀芯;10—复位弹簧;11—阀口;12—膜片室;13—排气口。

图 10－22　QTY 型直动式减压阀

当输入压力发生波动时,如输入压力瞬时升高,输出压力也随之升高,使膜片 5 向上移动,阀芯 9 在复位弹簧 10 的作用下向上移动以减小阀的开口度,使输出压力下降直到调定值。反之,当输出压力降低时,阀的开口度增大,使输出压力上升直到调定值,从而保持输出压力稳定。

调节手柄 1 使弹簧 2,3 恢复自由状态,输出压力降至零,阀芯 9 在复位弹簧 10 的作用下关闭进气阀口,减压阀便处于截止状态,无气流输出。

2. 顺序阀

顺序阀是依靠气路中压力的作用,控制执行元件按顺序动作的压力控制阀。顺序阀根据弹簧的预压缩量来控制其开启压力,如图 10－23 所示,当输入口 P 的气体压力达到或超过开启压力时,顶开弹簧,P 口到 A 口才有气体输出,反之 A 口无输出。

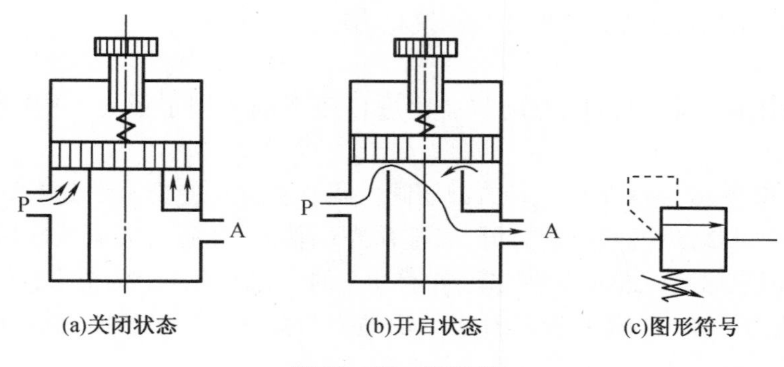

(a)关闭状态　　(b)开启状态　　(c)图形符号

图 10－23　顺序阀

顺序阀和单向阀配合在一起,构成单向顺序阀,如图 10－24 所示。当压缩空气由 P 口进入阀体,作用于活塞上的气压力超过调压弹簧上的力时,可将活塞顶起,压缩空气从 A 口输出,此时单向阀关闭。反之,当压缩空气由 A 口进入阀体,气体压力将顶开单向阀由 P 口排气。

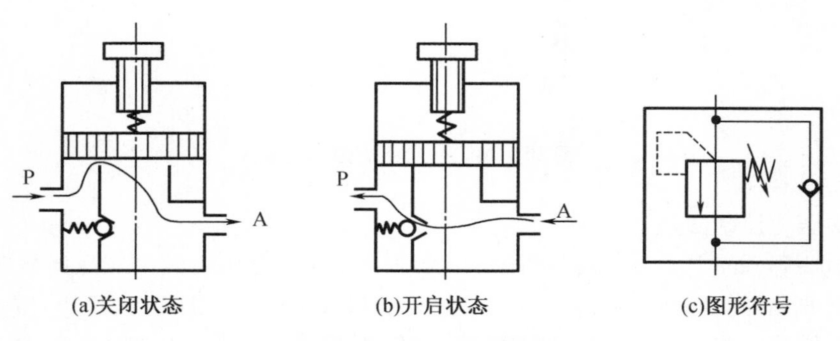

(a)关闭状态　(b)开启状态　(c)图形符号

图 10－24　单向顺序阀

3. 溢流阀

溢流阀又称安全阀,作用是当系统中的压力超过调定值时,使部分压缩空气从排气口溢出,并在溢流过程中保持系统压力稳定,从而起到安全保护的作用。

如图 10－25 所示为溢流阀,当系统中气体压力在调定范围内时,作用在活塞 3 上的压力小于弹簧 2 的力,活塞处于关闭状态;当系统压力升高,作用在活塞 3 上的压力大于弹簧 2 的预定压力时,活塞 3 向上移动,阀门开启排气;直到系统压力降到调定范围以下,活塞又重新关闭。

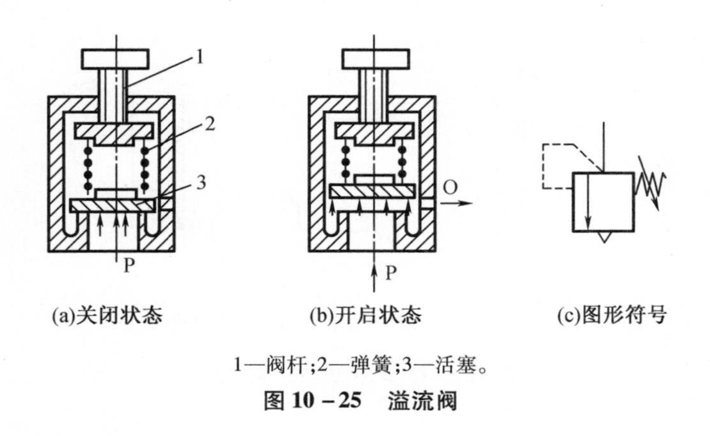

(a)关闭状态　(b)开启状态　(c)图形符号

1—阀杆;2—弹簧;3—活塞。

图 10－25　溢流阀

二、压力控制回路

1. 一次压力控制回路

如图 10－26 所示为一次压力控制回路,这种回路主要使储气罐输出的压力稳定在一定的范围内,常采用外控溢流阀配合电接点压力计来控制空气压缩机的运转和停止。使气罐内压力保持在规定范围内,再连接上溢流减压阀来实现气动系统气源压力的控制和调节。

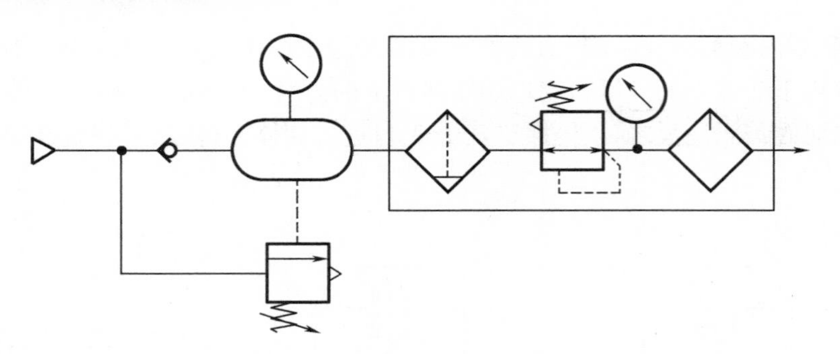

图 10－26　一次压力控制回路

2. 二次压力控制回路

如图 10－27(a)所示为由减压阀输出的高低压回路，分别由两个减压阀同时输出两种不同的压力 P_1 和 P_2，回路就能得到所需要的高压和低压输出。图 10－27(b)所示为由换向阀选择的高低压回路，可在两种压力间进行切换，常适用于负载差别较大的场合。

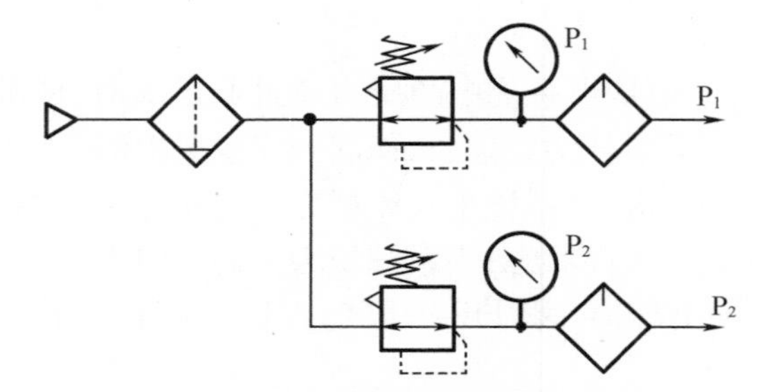

(a)由减压阀输出的高低压回路

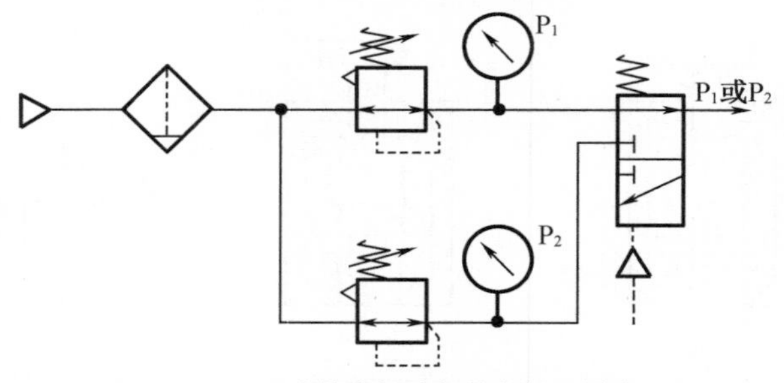

(b)由换向阀选择的高低压回路

图 10－27　二次压力控制回路

3. 过载保护回路

如图 10－28 所示为过载保护回路，气缸活塞在右行程中，在遇阻而过载时，其左腔压力会因外力作用而升高，超过预定值后，顺序阀开启使气缸左腔排气，活塞杆就立即缩回，实现过载保护。若无障碍，活塞向右运动，压下行程阀，活塞即刻返回。

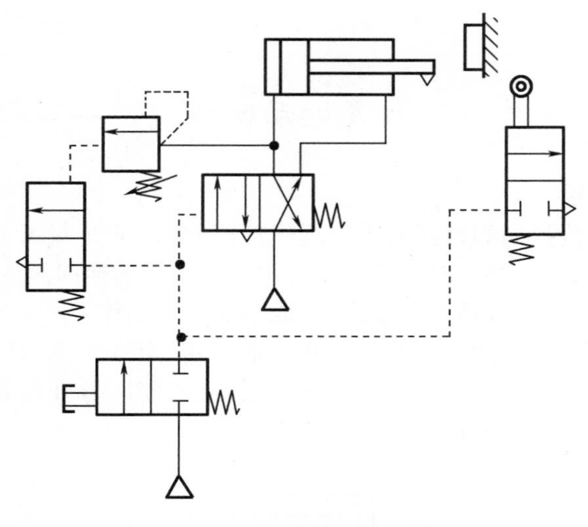

图 10-28 过载保护回路

【任务实施】

根据任务要求设计气动压床的控制回路如图 10-29 所示，按下 1S1 控制气缸活塞杆伸出，任务中要求达到的返回压力采用气动顺序阀实现，其检测压力为气缸无杆腔压力；气缸活塞杆的伸缩动作用气控二位五通换向阀实现；为方便压力检测和调整，在回路中设置压力表。为避免活塞伸出速度过快而损伤工件，可设置单向节流阀控制活塞的运动速度。

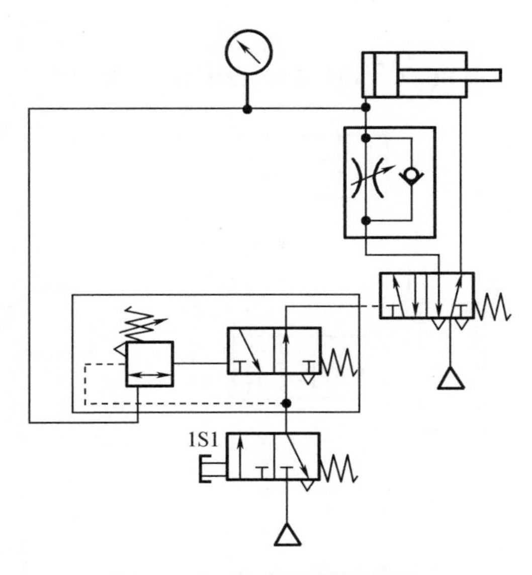

图 10-29 气动压床控制回路

【知识拓展】

往复运动回路

1. 单往复动作回路

如图 10－30 所示为换向阀控制的单往复运动回路,按下换向阀 1 操作按钮,二位四通气动换向阀 3 换向,气缸活塞杆伸出;当活塞杆挡块压下机动换向阀 2 后,换向阀 2 换向,控制换向阀 3 右位接入实现气缸活塞杆缩回,完成一次往复动作。

如图 10－31 所示为顺序阀控制的单往复运动回路,当按下手动阀的按钮后,二位五通换向阀换向,气缸活塞杆伸出。当活塞到达终点后,无杆腔压力升高并打开顺序阀,使二位五通换向阀右位接入,活塞杆缩回。

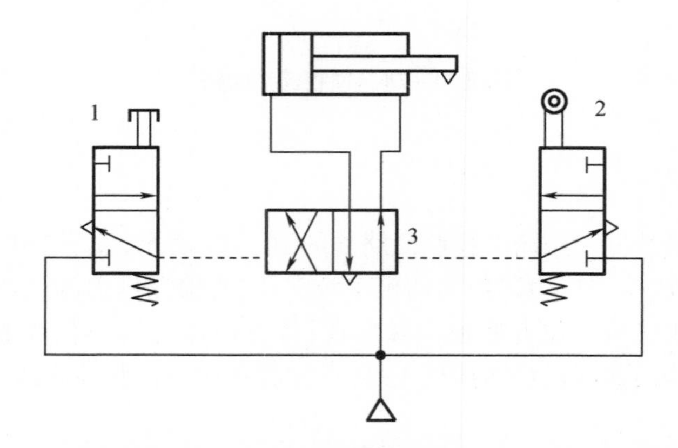

1—二位三通手动换向阀;2—二位三通机动换向阀;3—二位四通气动换向阀。

图 10－30　换向阀控制的单往复运动回路

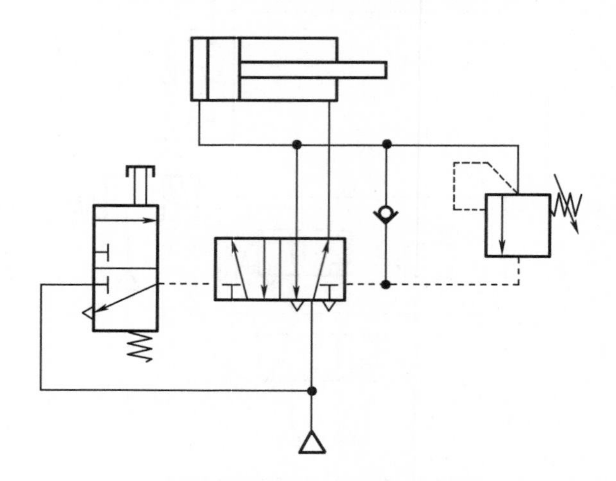

图 10－31　顺序阀控制的单往复运动回路

2. 连续往复动作回路

如图 10－32 所示为连续往复动作回路,能实现连续的动作循环。当按下阀 1 的按钮后,其输出气体经机动换向阀 3 给换向阀 4 来控制信号,使换向阀 4 处于左位控制气缸活塞杆伸出;机动阀 3 复位将气路封闭,换向阀 4 不能复位,活塞将继续前进。当活塞前进到终点压下机动换向阀2时,换向阀4的控制气路排气,换向阀4在弹簧力的作用下复位,气缸返回。当气缸活塞杆重新压下换向阀3时,换向阀4又换向,活塞再次向前运动,重复以上动作。只要手动阀1不关闭,回路就会实现连续的往复运动;松开手动阀,气缸在循环结束后停止运动。

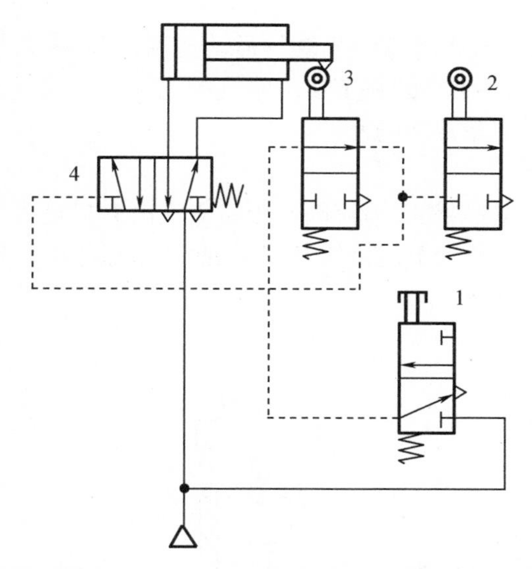

1—二位三通手动换向阀;2,3—二位二通机动换向阀;4—二位五通气动换向阀。

图10-32 连续往复动作回路

任务3 剪板机气动控制回路的构建

【任务引入】

剪板机是借助于刀具的往复直线运动来剪切板材的机器,如图10-33所示为某型号气动剪板机,其裁切及返回动作是通过双作用气缸实现的,其工作要求为:按下按钮控制气缸活塞杆带动刀具伸出,活塞杆完全伸出即裁剪结束,活塞自动缩回。为保证裁切质量,要求刀具伸出速度较高;为减少冲击,要求缩回时速度较低。学习气动流量控制阀及回路的相关知识,根据工作要求构建该回路。

图10-33 某型号气动剪板机

【相关知识】

一、流量控制阀

在气压传动系统中,有时需要控制气缸的运动速度,有时需要控制换向阀的切换时间和气动信号的传递速度,这些都需要调节压缩空气的流量来实现。流量控制阀就是通过改变阀的通流截面积来实现流量控制的元件。

1. 圆柱斜切型节流阀

如图 10－34 所示为圆柱斜切型节流阀。压缩空气由 P 口进入,经过节流口节流后,由 A 口流出。旋转阀芯螺杆可改变节流口的开度,从而调节压缩空气的流量。这种节流阀的结构简单、体积小,应用范围较广。

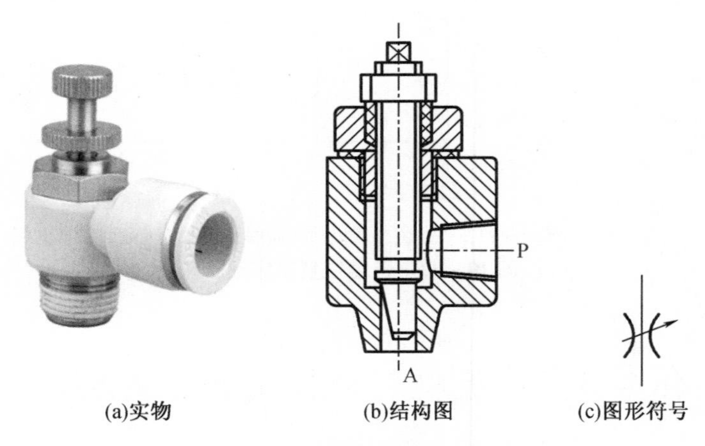

(a)实物　　(b)结构图　　(c)图形符号

图 10－34　圆柱斜切型节流阀

2. 单向节流阀

单向节流阀是由单向阀和节流阀并联而成的组合式流量控制阀。如图 10－35 所示,当压缩空气由 P 口进入单向节流阀,压缩空气经节流后由 A 口排出。反之,当压缩空气由 A 口进入单向节流阀,经单向阀从 P 口排出,流量不受节流阀限制。

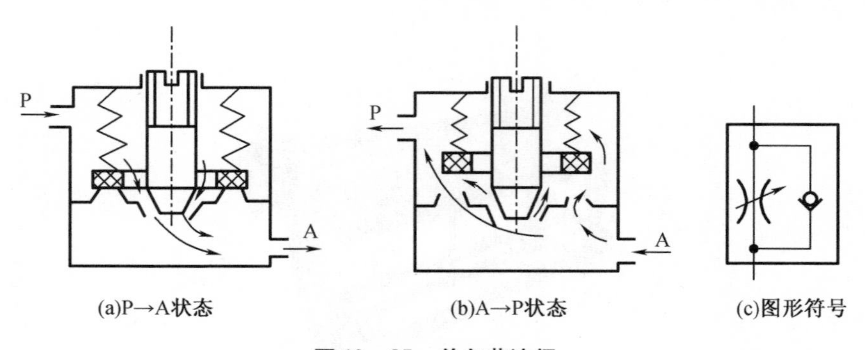

(a)P→A状态　　(b)A→P状态　　(c)图形符号

图 10－35　单向节流阀

3. 排气节流阀

排气节流阀是装在执行元件的排气口处，调节进入大气中气体流量的一种控制阀。它不仅能调节执行元件的运动速度，还常带有消声器件，也能起降低排气噪声的作用。由于其结构简单、安装方便，能简化回路，所以其应用日益广泛。

如图 10－36 所示为排气节流阀结构，调节旋钮 8 可改变阀芯 3 左端节流口的开度，从而改变排气量；消声套 4 用来降低排气噪声。

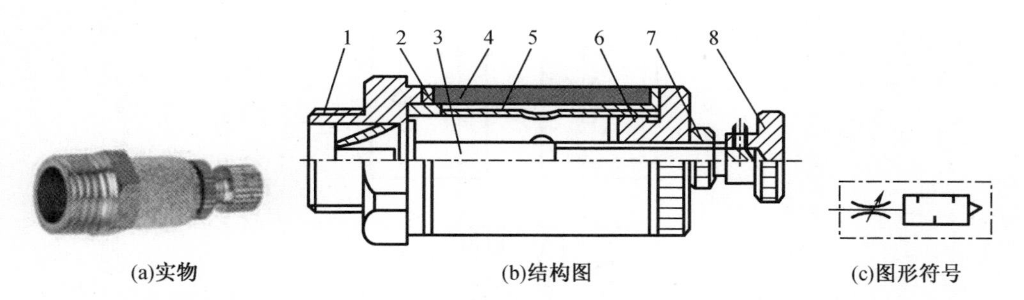

(a)实物　(b)结构图　(c)图形符号

1—阀座；2—垫圈；3—阀芯；4—消声套；5—阀套；6—锁紧法兰；7—锁紧螺母；8—旋钮。

图 10－36　排气节流阀

二、速度控制回路

1. 单作用气缸的速度控制回路

如图 10－37(a)所示为采用两个单向节流阀的速度控制回路，活塞两个方向的运动速度分别由两个单向节流阀来调节。图 10－37(b)所示回路中气缸活塞杆伸出时的速度可调，缩回时通过快速排气阀排气，气缸可快速返回。

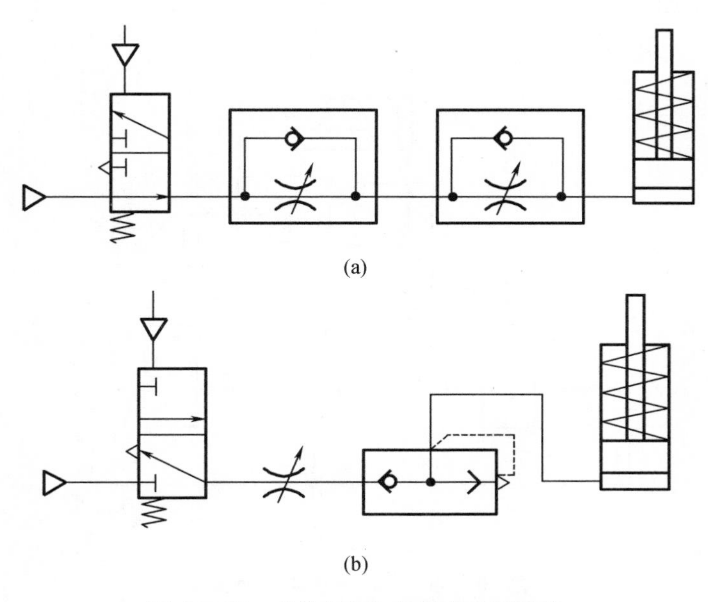

(a)

(b)

图 10－37　单作用气缸的速度控制回路

2. 双作用气缸的速度控制回路

如图 10－38 所示为双作用气缸的速度控制回路，回路采用单向节流阀进行速度控制，气缸经单向阀进气，经节流阀排气。在排气节流时，排气腔内建立与负载相适应的背压，使运动比较平稳，调节节流阀开口即可控制气缸活塞往复运动速度。

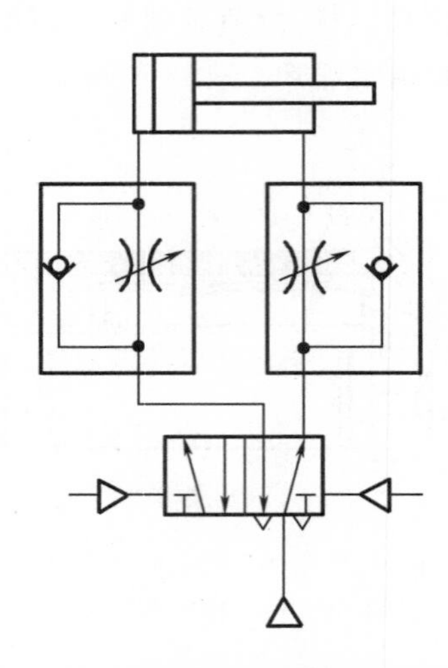

图 10－38　双作用气缸的速度控制回路

【任务实施】

任务中的剪板机的刀具在气缸活塞杆的带动下实现伸缩动作并且速度可控，考虑通过速度控制回路实现。如图 10－39 所示为气动剪板机控制回路，按下 SB1 控制气缸活塞杆带动刀具快速伸出，活塞完全伸出到位后压下行程阀 S1，二位五通换向阀换向控制气缸活塞杆返回，其返回速度可通过单向节流阀调节。

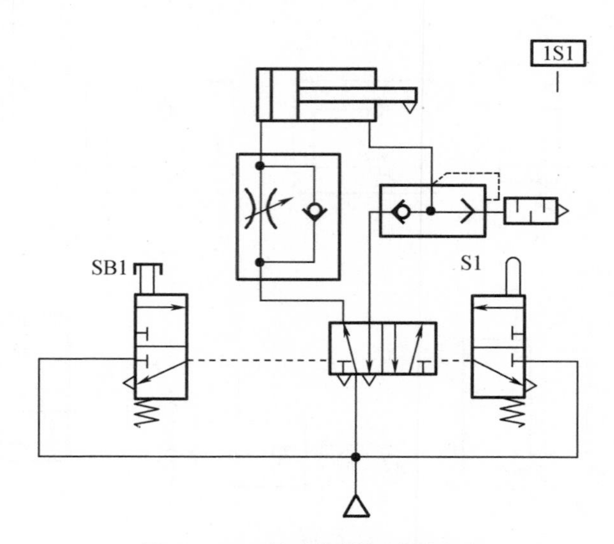

图 10－39　气动剪板机控制回路

【知识拓展】

气动辅助元件

气动辅助元件的功用是转换信号、传递信号、保护元件、连接元件以及改善系统工况等。其种类主要有转换器、传感器放大器、缓冲器、消声器、真空发生器、吸盘以及气路管件等。常用气动辅助元件的功用见表 10－2。

表 10－2 常用气动辅件的功用

类型		功用
转换器	气－液转换器	将压缩空气的压力能转换为油液的压力能，但压力值不变
	气－液增压器	将压缩空气的能量转换为油液的能量，但压力值增大，是将低压气体转换成高压油输出至负载液压缸或其他装置，获得更大驱动力的装置
	压力继电器	在气动系统中气压超过或低于给定压力（或压差）时发出电信号
传感器		将位置信号转换成气压信号（气测式）或电信号（电测式）进行检测
放大器		气测式传感器输出的信号一般较小，在实际使用时，一般与放大器配合，以放大信号（压力或流量）
缓冲器		当物体运动时，由于惯性作用往往在行程末端产生冲击，缓冲器可减小冲击保证系统平稳安全地工作
真空发生器和吸盘		真空发生器是利用压缩空气的高速运动，形成负压而产生真空；真空吸盘是利用其内部的负压将工件吸住，它普遍用于薄板、易碎物体的搬运

思考与习题

1. 气压传动与液压传动的减压阀、节流阀在原理、结构和使用上有何异同？
2. 简述梭阀的工作原理并举例说明其应用。
3. 双压阀与梭阀分别有什么功能，分别画出其图形符号。
4. 为什么气动回路中逻辑“与”的功能可以直接串联实现，而逻辑“或”不能直接串联实现？
5. 试用三个气动阀：一个单电控二位五通阀、两个单电控二位三通阀，设计可使双作用气缸活塞在运动中任意位置停止的回路。
6. 单向节流阀可以安装在进气回路中，也可安装在排气回路中，它们各有什么特点？
7. 常用气动回路有哪些，分析其原理和特点。
8. 分析图 10－40 中所示回路的工作原理。

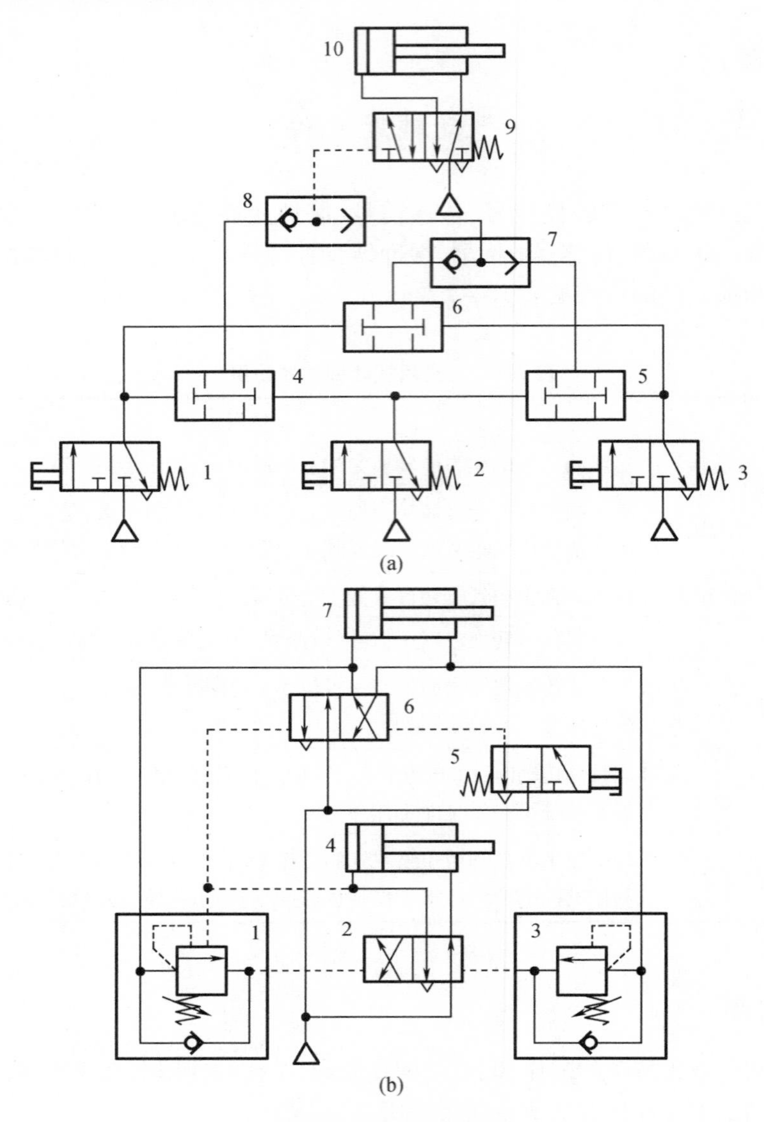

图 10－40　习题 7 图

项目十一　典型气动系统举例

气动系统在实际生产中的应用非常广泛,要提高设备的使用寿命,达到设备正常工作时的使用性能要求,其关键问题就是正确分析气动系统的组成及工作原理,并能对系统进行正确的安装、维护、保养及检修。

任务1　气动夹紧控制系统的分析、装调与维护

【任务引入】

如图11-1所示为工件夹紧气压传动系统,其动作循环是:气缸A的活塞杆伸出将工件压紧,两侧气缸B、C的活塞杆同时伸出对工件进行两侧夹紧,然后进行加工。工件加工完毕后各夹紧缸退回,将工件松开。请根据动作循环分析该系统的工作原理,并学习系统安装及日常维护的注意事项。

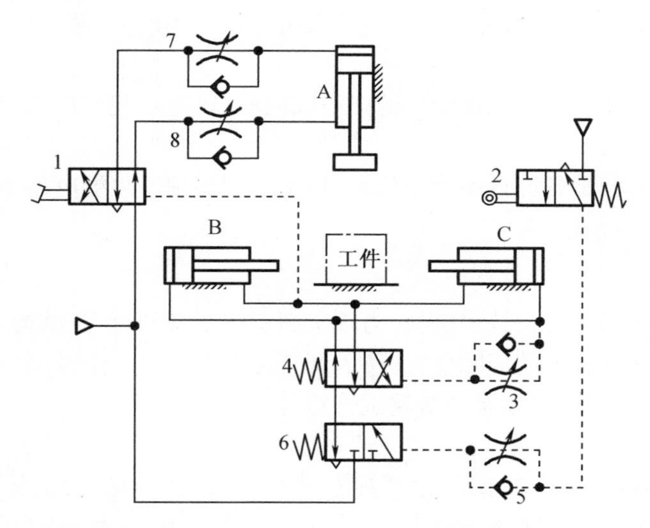

1—脚踏换向阀;2—机动行程阀;3,5,7,8—单向节流阀;4,6—气动换向阀。

图11-1　工件夹紧气压传动系统图

【相关知识】

一、气动系统图的分析步骤

(1)一般介绍的回路原理图仅是整个气动控制系统中的核心部分,一个完整的气动系统还应有气源装置、气源调节装置及其他辅助元件等。

(2)看懂图中各气动元件的图形符号,掌握其名称及一般用途。

(3)分析图中的基本回路及功用。

(4)了解系统的工作程序及程序转换的发信元件。

(5)按照工作程序逐个分析其程序动作。

(6)一般规定,工作循环中的最后程序终了时的状态作为气动回路的初始位置。回路原理图中控制阀和行程阀的供气及进出口的连接位置,应按回路初始位置状态连接。

二、气动系统的安装与调试

(一)气动系统的安装

1. 管道的安装

(1)安装前要彻底清理管道内的粉尘及杂物。

(2)管子支架要牢固,工作时不得产生振动。

(3)接管时要充分注意密封,防止漏气,尤其注意接头处及焊接处。

(4)管路尽量平行布置,减少交叉,力求最短,转弯最少并能自由拆装。

(5)安装软管要有一定的弯曲半径,避免拧扭现象,且应远离热源或安装隔热板。

2. 元件的安装

(1)安装前应对元件进行清洗,必要时要进行密封试验。

(2)应注意阀的推荐安装位置和标明的安装方向,要符合气动流动方向。

(3)逻辑元件应按控制回路的需要,将其成组地装在底板上,并在底板上的引出气路用软管接出。

(4)气缸的中心线要与负载作用力的中心线同心,以免引起侧向力,加速密封件磨损和活塞杆弯曲。

(5)在安装前应校验各种自动控制仪表、自动控制器和压力继电器等。

(二)气动系统的调试

1. 调试前的准备

(1)要熟悉说明书等有关技术资料,力求全面了解系统的原理、结构、性能和操作方法。

(2)了解元件在设备上的实际位置,所需调整元件的操作方法及调节旋钮的旋向。

(3)准备好调试工具、仪表及补接测试管路等。

2. 空载运行

空载时运行一般不少于2 小时,注意观察压力、流量、温度的变化,如发现异常应立即停车检查,待排除故障后才能继续运转。

3. 负载试运转

负载试运转应分段加载,运转一般不少于4 小时,分别测出有关数据,记入试运转记录。

三、气动系统的使用与维护

1. 气动系统使用的注意事项

(1)应严格管理压缩空气的质量,开车前后要放掉系统中的冷凝水。

(2)定期给油雾器注油。

(3)开车前检查各调节手柄是否在正确位置,机控阀、行程开关、挡块的位置是否正确、牢固,对导轨等外露部分的配合表面进行擦拭。

(4)随时注意压缩空气的清洁度,对空气过滤器的滤芯要定期清洗。

(5)设备长期不用时,应将各手柄放松,防止弹簧永久变形而影响元件的调节性能。

2. 气动系统的日常维护

气动系统日常维护工作的主要任务是冷凝水排放、系统润滑和空压机系统的管理。

(1)冷凝水排放的管理

压缩空气中的冷凝水会使管道和元件锈蚀,防止冷凝水侵入压缩空气的方法是及时排除系统各处积存的冷凝水。冷凝水排放涉及从空压机、后冷却器、气罐、管道系统到各处空气过滤器、干燥器和自动排水器等整个气动系统。在工作结束时,应当将各处冷凝水排放掉以防夜间温度低于0 ℃导致冷凝水结冰。由于夜间管道内温度下降会进一步析出冷凝水,故在每天设备运转前,也应将冷凝水排出。经常检查自动排水器、干燥器是否正常工作,定期清洗分水滤气器和自动排水器。

(2)系统润滑的管理

气动系统中,从控制元件到执行元件,凡有相对运动的表面都需要润滑。如果润滑不足,会使摩擦阻力增大,导致元件动作不良,因密封面磨损而引起泄漏。在气动装置运转时,应检查油雾器的滴油量是否符合要求,油色是否正常。如发现油杯中油量没有减少,应及时调整滴油量;若调节无效,则须检修或更换油雾器。

(3)空压机系统的日常管理

定期检查空压机是否有异常声音和异常发热、润滑油位是否正常、空压机系统中的水冷式后冷却器供给的冷却水是否足够。

3. 气动系统的定期检修

气动系统定期检修的时间间隔通常为三个月。其主要内容如下。

(1)查明系统各泄漏处,并设法予以解决。

(2)通过对方向控制阀排气口的检查,判断润滑油是否适度,空气中是否有冷凝水。如果润滑不良,考虑油雾器规格是否合适、安装位置是否恰当、滴油量是否正常等。如果有大量冷凝水排出,考虑过滤器的安装位置是否恰当、排除冷凝水的装置是否合适、冷凝水的排除是否彻底。如果方向控制阀排气口关闭后,仍有少量泄漏,往往是元件损伤的初期阶段,检查后,可更换受磨损元件以防止发生动作不良。

(3)检查安全阀紧急安全开关动作是否可靠。定期检修时,必须确认它们动作的可靠性,以确保人身和设备安全。

(4)观察换向阀的动作是否可靠。根据换向时声音是否异常,判定铁芯和衔铁配合处是否有杂质;检查铁芯是否有磨损,密封件是否老化。

(5)反复开关换向阀观察气缸动作,判断活塞上的密封是否良好;检查活塞杆外露部分,判定前盖的配合处是否有泄漏。

上述各项检查和修复的结果应做好记录,以作为设备出现故障查找原因和设备大修时的参考。气动系统的大修间隔期为一年或几年,其主要内容是检查系统各元件和部件,判定其性能和寿命,并对平时产生故障的部位进行检修或更换元件,排除修理间隔期间内一切可能产生故障的因素。

【任务实施】

一、气动系统分析

分析图 11－1 工件夹紧气压传动系统图可知，在工作循环中，系统的工作原理如下。

1. 缸 A 压紧工件

踏下脚踏换向阀 1，压缩空气经脚踏阀 1 左位、阀 7 中的单向阀进入到气缸 A 的上腔，推动气缸 A 的活塞杆下行实现对工件的压紧缸；气缸 A 下腔气体经阀 8 中的节流阀，再经阀 1 左位进行排气。

2. 两侧夹紧工件

当气缸 A 下移到预定位置时，压下行程阀 2 使其左位工作，控制气体经行程阀 2 和单向节流阀 5 中的节流阀，控制气动换向阀 6 换向。此时系统中的气路走向是：压缩空气经阀 6 和阀 4 进入到气缸 B 的左腔和气缸 C 的右腔，从而使两气缸的活塞杆伸出，从两侧夹紧工件，两缸有杆腔的气体经阀 4 排出。

3. 松开工件，退回原位

在两气缸从两侧夹紧工件时，一部分压缩空气作为控制气体通过单向节流阀 3 到达阀 4 的右端，经一段时间后控制阀 4 右位接入，从而使气缸 B 和 C 退回，松开工件。同时，一部分压缩空气作为信号进入脚踏阀 1 的右端，控制阀 1 右位接入，压缩空气进入气缸 A 下腔使活塞杆缩回，使夹紧头退回原位。

在系统中，当调节阀 5 中的节流阀时，可以控制阀 6 的换向时间，确保缸 A 先压紧；调节阀 3 中的节流阀时，可以控制阀 4 的换向时间，确保有足够的切削加工时间；调节阀 7，8 中的节流阀时，可以调节缸 A 上、下运动速度。

二、该气动系统的装调、维护及检修等注意事项参照【相关知识】。

任务 2　数控加工中心气动换刀系统的故障分析与排除

【任务引入】

如图 11－2 所示为某数控加工中心的气动换刀系统原理图，该系统在换刀过程中实现主轴定位、主轴松刀、拔刀、向主轴吹起和插刀动作。系统在工作一段时间后出现如下故障：换刀时向主轴锥孔吹起，把含有铁锈的水分子吹出，并附着在主轴锥孔和刀柄上；主轴松刀动作缓慢，且插刀、拔刀动作缓慢或不动作。请根据系统图和故障现象，分析故障原因，提出维修方案并加以实施。

【任务分析】

要想排除气动系统在使用过程中出现的故障，达到设备正常工作时的使用性能要求，须全面分析该气动系统的工作原理，并熟知气动系统常见故障类型及排除方法。

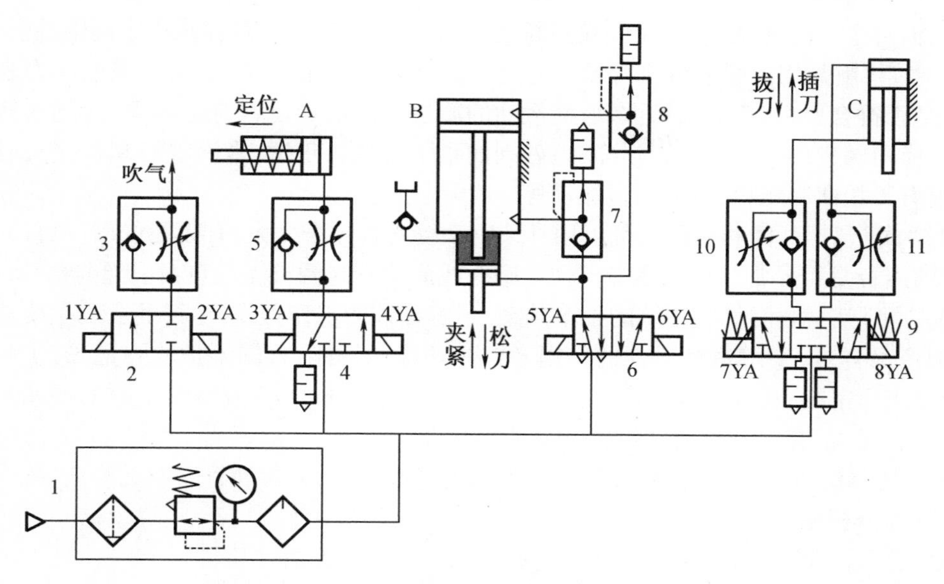

1—气动三联件;2,4,6,9—换向阀;3,5,10,11—单向节流阀;7,8—快速排气阀。

图 11－2　某数控加工中心的气动换刀系统原理图

【相关知识】

一、气动系统故障种类

由于故障发生的时期不同,故障的内容和原因也不同。因此,可将故障分为初期故障、突发故障和老化故障。

1. 初期故障

在调试阶段和开始运转的两三个月内发生的故障称为初期故障。其产生原因主要有:零件毛刺没有清除干净,装配不合理或误差较大,零件存在制造误差,设计不当及维护管理不当。

2. 突发故障

系统在稳定运行时期内突然发生的故障称为突发故障。如油杯和水杯突然破裂、元件内部相对运动件卡死、弹簧折断、软管爆裂、电磁线圈烧毁等。有些突发故障是无法预测的,只能采取安全防护措施加以防范,或准备易损备件以便及时更换。

3. 老化故障

个别或少数元件达到使用寿命后发生的故障称为老化故障。通常参照系统中各元件的生产日期、使用日期、使用频率以及已经出现的某些征兆大致预测老化故障的发生期限。

二、气动系统故障诊断方法

气压系统故障诊断必须经过熟悉性能和资料、现场调查、了解情况、归纳分析、排除故障、总结经验等几个步骤,比较常用的故障诊断的方法有经验法和推理分析法。

1. 经验法

经验法是一种依靠实际经验并利用简单仪器对气动系统故障进行判断,找出故障发生部位及产生原因的方法,该法可按中医诊断病人的 4 个字“望、闻、问、切”进行。经验法简单易行，但每个人的感觉、实际经验和判断能力有所差别，诊断故障存在一定局限性。

(1)“望”就是用肉眼观察执行元件的运动速度有无异常变化；各测压点的压力表显示的压力是否符合要求，有无大的波动；润滑油的质量和滴油量是否符合要求；冷凝水能否正常排出；换向阀排出的空气是否洁净；电磁阀的指示灯是否正常；紧固螺钉和管接头有无松动；管道有无扭曲和压扁；有无明显振动等。

(2)“闻”包括耳闻和鼻闻。可以用耳朵听系统是否噪声太大，有无漏气声；执行元件及控制阀的声音是否异常。可以用鼻子闻电磁阀线圈及密封圈有无发热而引起的特殊气味。

(3)“问”就是查阅气动系统的技术档案，了解系统的工作程序、运行要求及主要技术参数；查阅产品样本，了解每个元件的作用、结构、功能和性能；查阅维护检查记录，了解日常维护保养工作情况；访问现场操作人员，了解设备运行情况，了解故障发生前的征兆及故障发生时的状况，了解曾经出现过的故障及排除方法。

(4)“切”就是用手摸以便感知运动件的温度是否太高，元件和管路有无振动等。

2. 推理分析法

推理分析法是利用逻辑推理，逐步逼近，寻找出故障的真实原因。

(1)推理步骤

从故障的症状，推理出故障的本质原因；从故障的本质原因，推理出故障可能存在的原因；从各种可能的常见原因中，找出故障的真实原因。

(2)推理原则

由简到繁、由易到难、由表及里地逐一进行分析，排除掉不可能的和非主要的故障原因：先查故障发生前曾调整或更换过的元件；优先查找故障概率高的常见原因。

(3)推理方法

①仪表分析法：利用检测仪器仪表，检查系统或元件的技术参数是否合乎要求。

②部分停止法：暂时停止气动系统某部分的工作，观察对故障征兆的影响。

③试探反证法：试探性地改变气动系统中的部分工作条件，观察对故障征兆的影响。

④比较法：用标准的或合格的元件代替系统中相同的元件，通过工作状况对比来判断被更换的元件是否失效。

可根据上述推理原则和推理方法，画出故障诊断逻辑推理框图，以便于快速准确地找到故障的真实原因。

三、气动系统常见故障及排除方法

气动系统常见故障及排除方法见表 11－1 至表 11－6。

表 11－1　换向阀的常见故障及排除方法

故障现象	原因分析	排除方法
不能换向	1. 阀芯的滑动阻力大，润滑不良	1. 进行润滑
	2. O 形密封圈变形	2. 更换密封圈
	3. 粉尘卡住滑动部分	3. 清除粉尘
	4. 弹簧损坏	4. 更换弹簧
	5. 阀操纵力小	5. 检查阀操纵部分
	6. 膜片破裂	6. 更换膜片

表 11－1(续)

故障现象	原因分析	排除方法
阀产生振动	1. 空气压力低(先导型)	1. 提高操纵压力,采用直动型
	2. 电源电压低(电磁阀)	2. 提高电源电压,使用低电压线圈
交流电磁铁有蜂鸣声	1. 活动铁芯密封不良	1. 检查铁芯接触和密封性,必要时更换铁芯组件
	2. 粉尘进入铁芯的滑动部分,使活动铁芯不能密切接触	2 清除粉尘
	3. 活动铁芯的铆钉脱落,铁芯叠层分开不能吸合	3. 更换活动铁芯
	4. 短路环损坏	4. 更换固定铁芯
	5. 电源电压低	5. 提高电源电压
	6. 外部导线拉得太紧	6. 引线应宽裕
电磁铁动作时间偏差大,或有时不能动作	1. 活动铁芯锈蚀,不能移动;在湿度高的环境中使用气动元件时,由于密封不完善而向磁铁部分泄漏空气	1. 铁芯除锈,修理好对外部的密封,更换坏的密封件
	2. 电源电压低	2. 提高电源电压或使用符合电压的线圈
	3. 粉尘等进入活动铁芯的滑动部分,使运动恶化	3. 清除粉尘
线圈烧毁	1. 环境温度高	1. 在产品规定温度范围使用
	2. 快速循环使用	2. 使用高级电磁阀
	3. 因为吸引时电流大,单位时间耗电多,温度升高使绝缘损坏而短路	3. 使用气动逻辑回路
	4. 粉尘进入阀和铁芯之间,不能吸引活动铁芯	4. 清除粉尘
	5. 线圈上有残余电压	5. 使用正常电源电压,使用符合电压的线圈
切断电源后,活动铁芯不能退回	粉尘夹入活动铁芯滑动部分	清除粉尘

表 11－2　溢流阀的常见故障及排除方法

故障现象	原因分析	排除方法
压力虽上升,但不溢流	1. 阀内部的孔堵塞	1. 清洗
	2. 阀芯导向部分进入异物	2. 清洗
压力虽没有超过设定值,但在溢流口处却溢出空气	1. 室内进入异物	1. 清洗
	2. 阀座损伤	2. 更换阀座
	3. 调压弹簧损坏	3. 更换调压弹簧
	4. 膜片破裂	4. 更换膜片

表 11－2(续)

故障现象	原因分析	排除方法
溢流时发生振动(主要发生在膜片式阀,启闭压力差较小)	1. 压力上升速度很慢,溢流阀放出流量多,引起阀振动	1. 出口处安装针阀,微调溢流量,使其与压力上升量匹配
	2 因从压力上升源到溢流阀之间被节流,阀前部压力上升慢而引起振动	2. 增大压力上升源到溢流阀的管道口径
从阀体和阀盖向外漏气	1. 膜片破裂(膜片式)	1. 更换膜片
	2. 密封件损伤	2. 更换密封件

表 11－3　减压阀的常见故障及其排除方法

故障现象	原因分析	排除方法
出口压力升高	1. 弹簧损坏	1. 更换弹簧
	2. 阀座有伤痕或阀座密封圈剥离	2. 更换阀体
	3. 阀体中夹入灰尘,阀芯导向部分黏附异物	3. 清洗、检查过滤器
	4. 阀芯导向部分和阀体的 O 形密封圈收缩、膨胀	4. 更换 O 形密封圈
压力降过大(流量不足)	1. 阀口通径小	1. 使用大通径的减压阀
	2. 阀下部积存冷凝水,阀内混入异物	2. 清洗、检查过滤器
溢流口总是漏气	1. 溢流阀座有伤痕(溢流式)	1. 更换溢流阀座
	2. 膜片破裂	2. 更换膜片
	3. 出口压力升高	3. 参看“出口压力升高”栏
	4. 出口侧背压增高	4. 检查出口侧的装置回路
阀体漏气	1. 密封件损伤	1. 更换密封件
	2. 弹簧松弛	2. 张紧弹簧或更换弹簧
异常振动	1. 弹簧错位或弹簧的弹力减弱	1. 把错位弹簧调整到正常位置,更换弹簧力
	2. 阀体的中心与阀杆的中心错位	2. 检查并调整位置偏差
	3. 因空气消耗量周期变化使阀不断开启、关闭,与减压阀引起共振	3. 改变阀的固有频率

表 11－4　气缸的常见故障及其排除方法

故障现象	原因分析	排除方法
外泄漏(活塞杆与密封衬套间漏气;气缸体与端盖间漏气;从缓冲装置的调节螺钉处漏气)	1. 衬套密封圈磨损	1. 更换衬套密封圈
	2. 活塞杆偏心	2. 重新安装,使活塞杆不受偏心负荷
	3. 活塞杆有伤痕	3. 更换活塞杆
	4. 活塞杆与密封衬套的配合面内有杂质	4. 除去杂质、安装防尘盖
	5. 密封圈损坏	5. 更换密封圈

表 11 -4(续)

故障现象	原因分析	排除方法
内泄漏 (活塞两端窜气)	1. 活塞密封圈损坏	1. 更换活塞密封圈
	2. 润滑不良、活塞被卡住	2. 重新安装,使活塞杆不受偏心负荷
	3. 活塞配合面有缺陷,杂质挤入密封面	3. 缺陷严重者更换零件,去除杂质
输出力不足, 动作不平稳	1. 润滑不良	1. 调节或更换油雾器
	2. 活塞或活塞杆卡住	2. 检查安装情况,消除偏心
	3. 气缸体内表面有锈蚀或缺陷	3. 视缺陷大小再决定排除故障办法
	4. 进入了冷凝水、杂质	4. 加强对空气过滤器和除油器的管理、定期排放污水
缓冲效果不好	1. 缓冲部分的密封圈密封性能差	1. 更换密封圈
	2. 调节螺钉损坏	2. 更换调节螺钉
	3. 气缸速度太快	3. 研究缓冲机构的结构是否合适

表 11 -5 空气过滤器的常见故障及其排除方法

故障现象	原因分析	排除方法
压力过大	1. 使用过细的滤芯	1. 更换适当的滤芯
	2. 过滤器流量范围太小	2. 换流量范围大的过滤器
	3. 流量超过过滤器的容量	3. 换大容量的过滤器
	4. 过滤器滤芯网眼堵塞	4. 用净化液清洗(必要时更换)滤芯
从输出端溢出冷凝水	1. 未及时排出冷凝水	1. 养成定期排水习惯或安装自动排水器
	2. 自动排水器发生故障	2. 修理(必要时更换)
	3. 超过过滤器的流量范围	3. 在适当流量范围内使用或者更换大容量的过滤器
输出端出现异物	1. 过滤器滤芯破损	1. 更换机芯
	2. 滤芯密封不严	2. 更换机芯的密封,紧固滤芯
	3. 用有机溶剂清洗塑料件	3. 用清洁的热水或煤油清洗
塑料水杯破损	1. 在有机溶剂的环境中使用	1. 使用不受有机溶剂侵蚀的材料(如使用金属杯)
	2. 空气压缩机输出某种焦油	2. 更换空气压缩机的润滑油,或使用无油压缩机
	3. 压缩机从空气中吸入对塑料有害物质	3. 使用金属杯
漏气	1. 密封不良	1. 更换密封件
	2. 因物理(冲击)化学原因使塑料杯产生裂痕	2. 参看“塑料水杯破损”栏
	3. 漏水阀、自动排水器失灵	3. 修理(必要时更换)

表 11－6　油雾器的常见故障及其排除方法

故障现象	原因分析	排除方法
油不能漏下	1. 没有产生油滴下落所需的压差	1. 换成适当规格的油雾器
	2. 油雾器反向安装	2. 改变安装方向
	3. 油道堵塞	3. 拆卸,进行修理
	4. 通往油杯的空气通道堵塞,油杯未加压	4. 拆卸,进行修理
油杯未加压	1. 通往油杯的空气通道堵塞	1. 拆卸修理,加大通往油杯的空气通孔
	2. 油杯大、油雾器使用频繁	2. 使用快速循环式油雾器
油滴数不能减少	油量调整阀失效	检修油量调整阀
空气向外泄漏	1. 油杯破损	1. 更换
	2. 密封不良	2. 检修密封
	3. 观察玻璃破损	3. 更换观察玻璃
油杯破损	1. 用有机溶剂清洗	1. 更换油杯,使用金属杯或耐有机溶剂油杯
	2. 周围存在有机溶剂	2. 与有机溶剂隔离

【任务实施】

一、气动系统分析

分析图 11－2 所示数控加工中心的气动换刀系统图可知,在工作循环中系统的工作原理如下。

(1)主轴定位

数控机床发出换刀指令,主轴停止旋转,同时电磁换向阀 4YA 通电,压缩空气经气动换向阀 4、单向节流阀 5 进入主轴定位缸 A 的右腔推动活塞杆伸出,主轴自动定位。

(2)主轴松刀

定位后压下无触点开关,使电磁换向阀 6YA 通电,压缩空气经换向阀 6、快速排气阀 8 进入气液增压器 B 的上腔,增压器的高压油使其活塞杆伸出,实现主轴松刀。

(3)主轴拔刀

松刀的同时使 8YA 通电,压缩空气经换向阀 9、单向节流阀 11 进入缸 C 的上腔,缸 C 下腔排气,其活塞杆向下移动,实现拔刀动作。

(4)向主轴锥孔吹气

由回转刀库交换刀具,同时 1YA 通电,压缩空气经换向阀 2、单向节流阀 3 向主轴锥孔吹气。

(5)插刀

吹气片刻后,1YA 断电、2YA 通电,停止吹气;8YA 断电、7YA 通电,压缩空气经换向阀 9、单向节流阀 10 进入缸 C 下腔,推动其活塞杆上移,实现插刀动作。

(6)刀具夹紧

6YA 断电、5YA 通电,压缩空气经换向阀 6 左位进入气液增压器 B 的下腔,其活塞退回,主轴的机械机构使刀具夹紧。

(7)复位

4YA 断电、3YA 通电,缸 A 活塞在弹簧力作用下复位至初始状态,至此换刀结束。

二、故障排除

1. 吹气吹出含有铁锈的水分子

故障产生的原因是压缩空气中含有水分,采用空气干燥机即可解决。若受条件限制,没有空气干燥机,也可在主轴锥孔吹气的管路上进行两次分水过滤,设置自动放水装置并对气路中相关零件进行防锈处理,故障即可排除。

2. 主轴松刀动作缓慢

故障的原因有:气动系统压力太低或流量不足;机床主轴拉刀系统有故障(如碟型弹簧破损);主轴松刀气缸有故障等。

根据分析,首先检查气动系统的压力,压力表显示压力正常后,将机床操作转为手动,手动控制主轴松刀,发现系统压力明显下降,气缸的活塞杆缓慢伸出,故判定气缸内部漏气。拆下气缸,打开端盖,压出活塞和活塞环,发现密封环破损,气缸内壁拉毛。更换新的气缸后故障排除。

3. 插刀、拔刀动作缓慢或不动作

故障原因主要是换向阀 9 的气体泄漏。

(1)换向阀不能换向或换向动作缓慢,一般是润滑不良、弹簧被卡住或损坏、油污或杂质卡住滑动部分等原因引起的。因此,应先检查油雾器的工作是否正常;润滑油的黏度是否合适。必要时应更换润滑油,清洗换向阀的滑动部分或更换弹簧和换向阀。

(2)换向阀经长时间使用后易出现阀芯密封圈磨损、阀杆或阀座损伤等现象,导致阀内气体泄漏、阀的动作缓慢或不能正常换向等故障。此时,应根据故障相应更换密封圈、阀杆、阀座或更换新的换向阀。

思考与习题

1. 简述分析气动系统图的步骤。

2. 某冲压机有 A、B 两个气缸,A 缸为夹紧缸,需要的压力较低;B 缸为冲压缸,需要的压力较高且要快速冲压,试设计其液压系统图。

3. 使用气动系统时,应注意哪些问题?

4. 简述图 11 - 1 所示工件夹紧装置气压传动系统的工作过程,并分析各元件作用。

附录　液压及气动常用图形符号

（摘自《GB/T 786.1—2009》）

附表 1　管路、油箱、管路接口和接头

名称	符号	名称		符号
供油管路、回油管路		不带单向阀快换接头	断开	
控制管路、泄油管路			接通	
交叉管路		带单向阀快换接头	断开	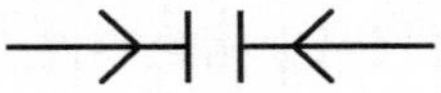
			接通	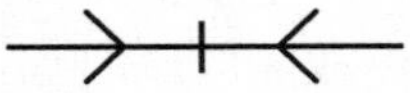
连接管路		带双单向阀快换接头这	断开	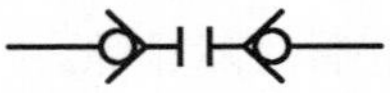
			接通	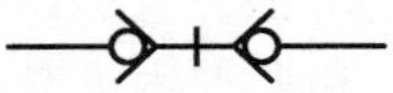
柔性管路		单通路旋转接头		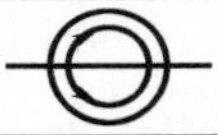
油箱，管端的液面上		三通路旋转接头		 1 2 3　1 2 3
油箱，管端在液面下		单向放气装置		

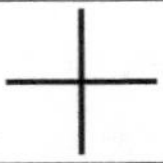

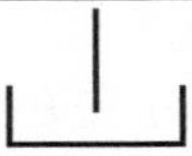

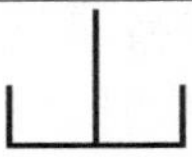

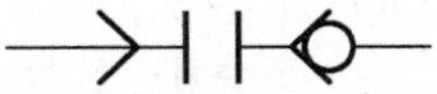

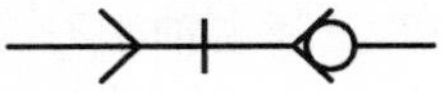

附表 2　液压泵、液压马达及液压缸

名称	符号	名称	符号
单向定量液压泵	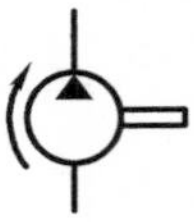	双向变量液压泵	
双向定量液压泵	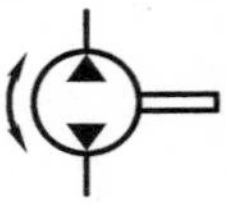	单向定量液压马达	
单向变量液压泵		双向定量液压马达	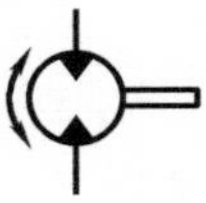

附表2(续)

名　　称	符　　号	名　　称	符　　号
单向变量液压马达		液压整体式传动装置	
双向变量液压马达		双作用单杆液压缸	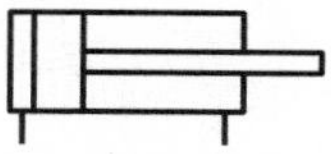
机械或液压伺服控制的变量泵	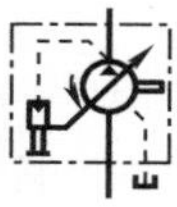	单作用单杆液压缸(带弹簧复位)	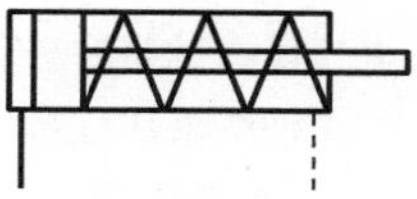
摆动液压马达	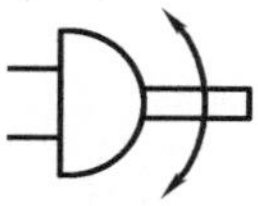	单作用柱塞液压缸	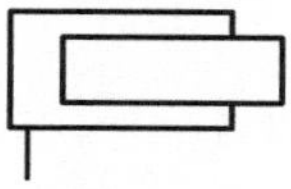
定量液压泵/马达	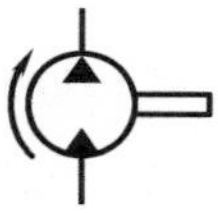	单作用伸缩式液压缸	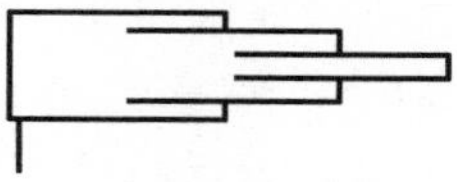

附表3　控 制 方 式

名称	符号	名称	符号
定位装置	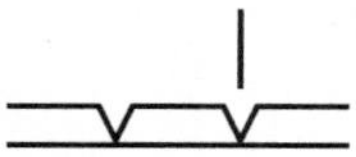	脚踏控制	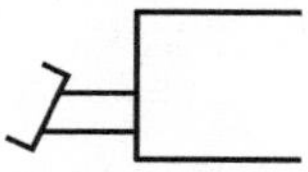
锁定装置	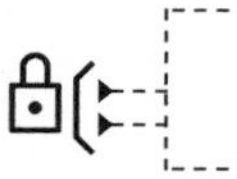	手柄式	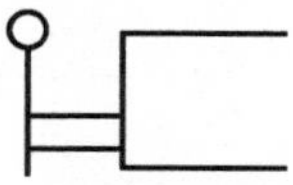
弹跳机构	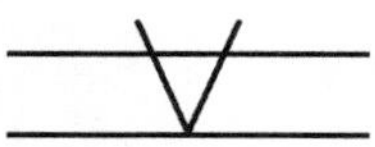	顶杆式	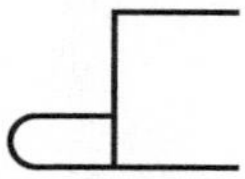
手动控制	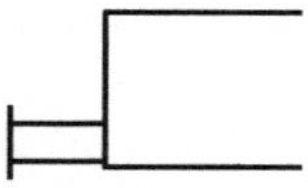	可变行程控制式	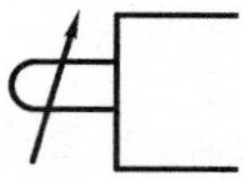
按钮控制	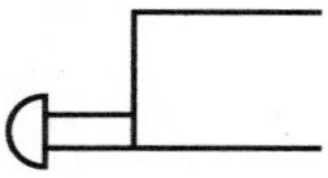	滚轮式	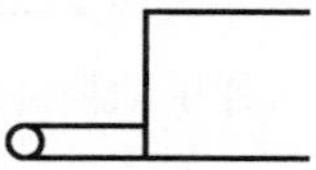

附表 3(续)

名称	符号	名称	符号
弹簧控制式		电气操纵的气动先导控制机构	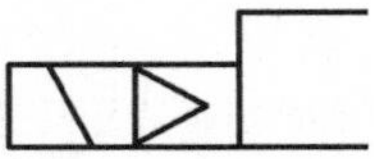
单作用电磁铁控制	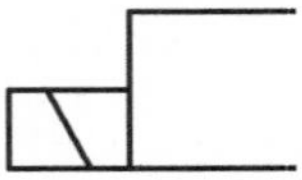	加压或汇压控制	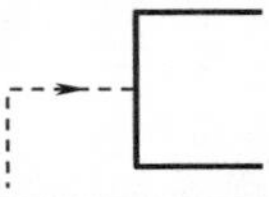
单作用电磁铁,连续控制	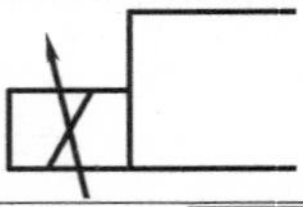	液压差动控制	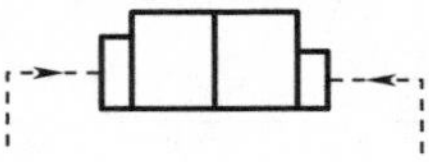
电气操纵的带有外部供油的液压先导控制机构	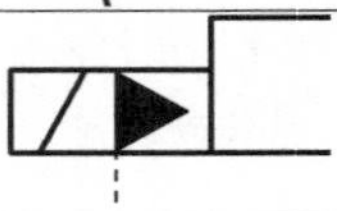	使用步进电动机的控制机构	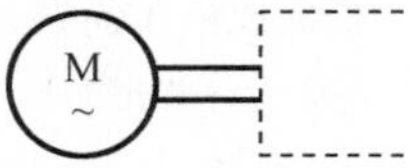 M ~

附表 4　方向控制阀

名称	符号	名称	符号
二位二通常闭阀,弹簧复位	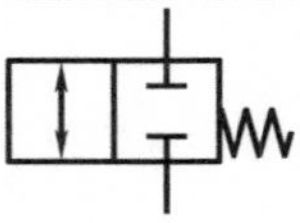	三位六通手动阀	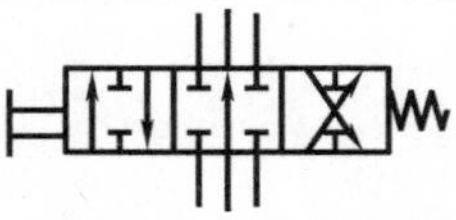
二位二通常开式液控阀,弹簧复位	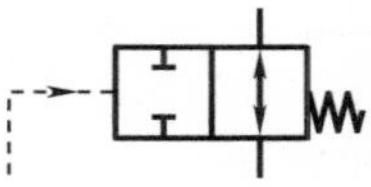	比例方向控制阀	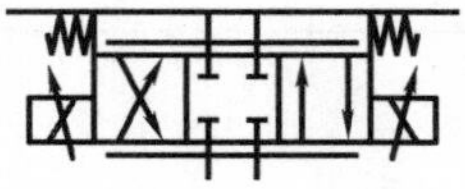
二位三通滚轮杠杆控制阀	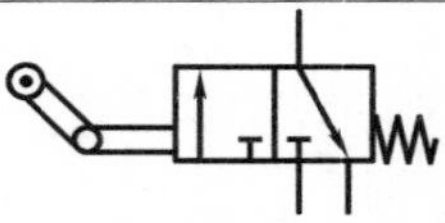	二位五通气动控制阀,压电控制气压复位	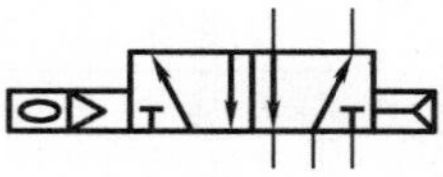
二位四通电磁阀,弹簧复位	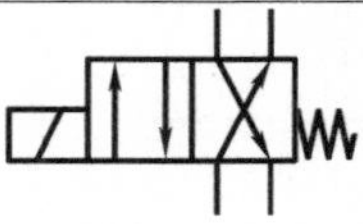	单向阀	
二位五通液控阀	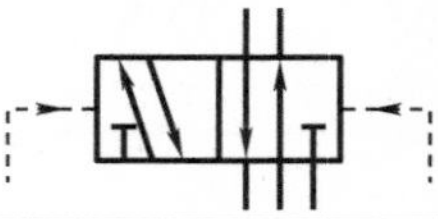	液控单向阀	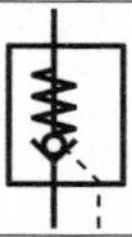
二位五通脚踏控制阀	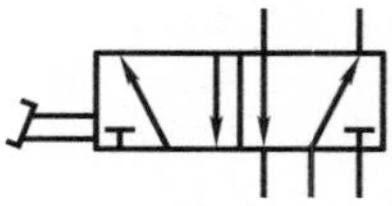	双液控单向阀(液压锁)	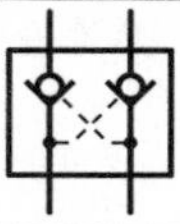
三位四通电液换向阀	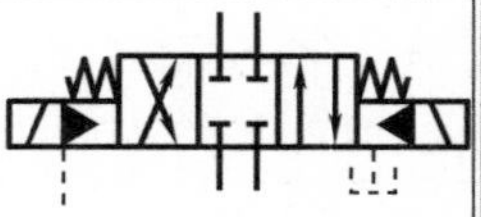	梭阀(或逻辑阀)	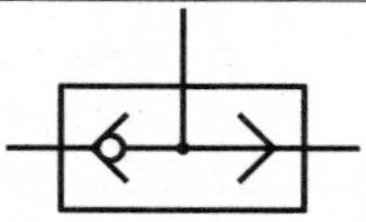
三位五通手动控制阀,位置锁定	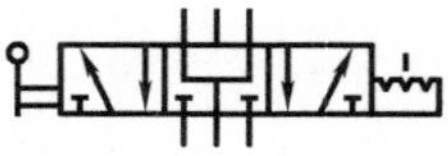	快速排气阀	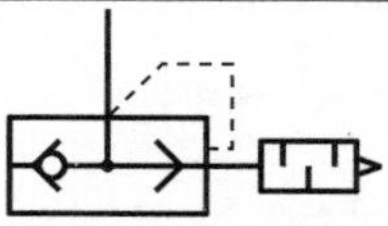

附表5 压力控制阀

名称	符号	名称	符号
直动式溢流阀	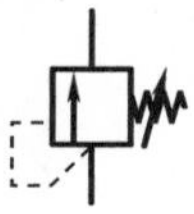	直动式顺序阀	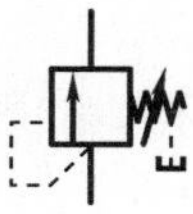
先导式溢液阀	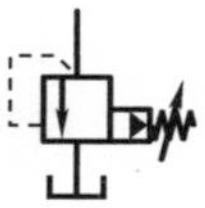	先导式顺序阀	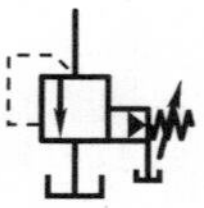
先导式比例溢流阀	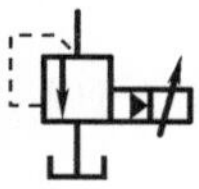	运控顺序阀	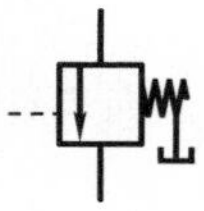
直动式减压阀	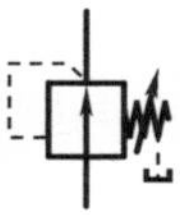	单向顺序阀(平衡阀)	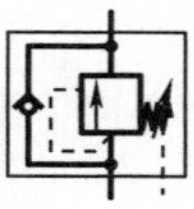
先导式减压阀	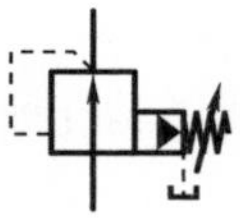	卸荷阀	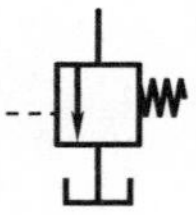
定比减压阀	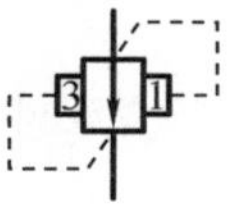	先导式电磁卸荷阀	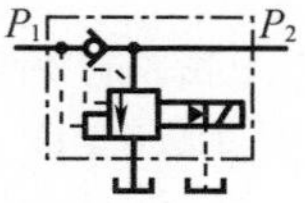
定差减压阀	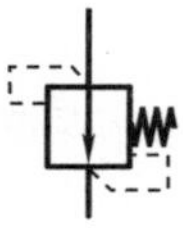	制动阀	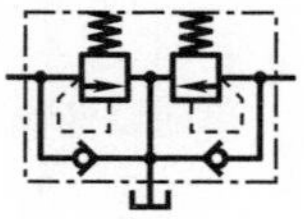
单向减压阀	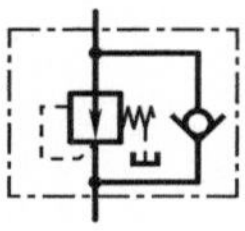	溢流油桥制动阀	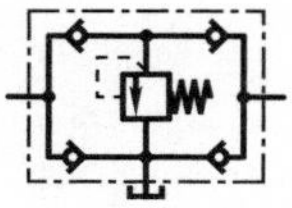

附表 6　流量控制阀

名称	符号	名称		符号
不可调节流阀		调速阀	详细符号	
可调节流阀			简化符号	
单向节流阀		旁通型调速阀		
双单向节流阀	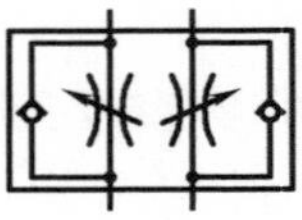	温度补偿调速阀		
截止阀		分流阀		
滚轮控制节阀（减速阀）	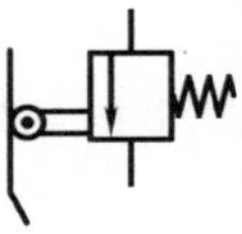	集流阀		
单向调速阀		分流集流阀		

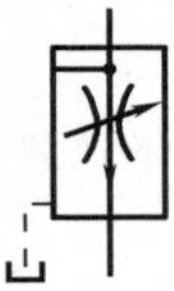

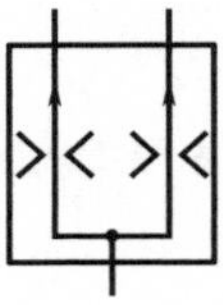

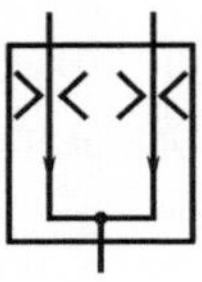

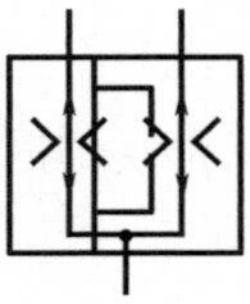

附表 6(续)

名称	符号
囊式蓄能器	
活塞式蓄能器	
弹簧式蓄能器	
重锤式蓄能器	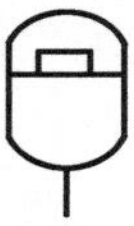
辅助气瓶	
气罐	
冷却器	
带冷却介质通道的冷却器	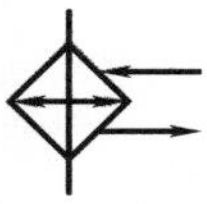
温度调节器	
加热器	
油箱通气过滤器	

名称	符号
直读温度计	
流量计	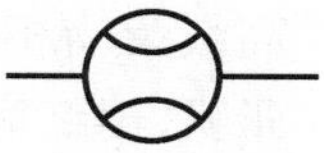
液位计	
压力指示器	
压力表	
电接触点的压力表	
压差计	
压力继电器	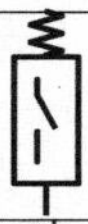
压差开关	
行程开关	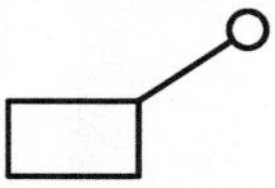
液压源	
气源	
电动机	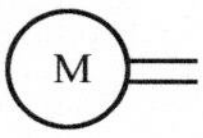 M
原动机	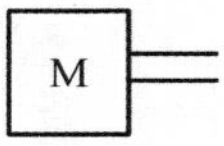 M

参 考 文 献

[1] 高殿荣.液压与气压传动[M].北京:机械工业出版社,2013.

[2] 张帆,李红梅.液压与气动控制及应用[M].北京:北京理工大学出版社,2018.

[3] 张群生.液压与气压传动[M].北京:机械工业出版社,2008.

[4] 廖友军,余金伟.液压传动与气动技术[M].北京:北京邮电大学出版社,2012.

[5] 蒋玉光,冯新伟,刘顺心.液压与气压传动项目教程[M].武汉:湖北科学技术出版社,2014.

[6] 王秋敏,赵秀华.液压与气动系统[M].天津:天津大学出版社,2013.

[7] 陈金艳,金红基.液压与气压传动[M].北京:机械工业出版社,2011.

[8] 王佳庆.液压应用技术项目化教程[M].北京:电子工业出版社,2014.

[9] 隋文臣.液压与气压传动[M].重庆:重庆大学出版社,2011.

[10] 郭侠,薛培军.液压与气动技术[M].北京:化学工业出版社,2015.